U0243965

城市规划实用丛书

城市总体规划

杨振华　曹型荣　任朝钧　编著

机 械 工 业 出 版 社

本书介绍了怎么编制城市总体规划，并对城市的起源、发展和城市规划的一些基本概念进行了系统而简要的阐述。全书共分六章，包括绪论、城市总体规划的编制、城市性质、城市规模、城市规划布局、数字化时代的城市总体规划。本书所述内容，除有关的基本原理之外，还结合了一系列编者对工作的专业性观点及实践体会，具有使用参考价值，可供从事城市规划和管理的工作者及相关研究人员参考。

图书在版编目（CIP）数据

城市总体规划/杨振华，曹型荣，任朝钧编著. —北京：机械工业出版社，2016.4

（城市规划实用丛书）

ISBN 978-7-111-53249-1

Ⅰ.①城… Ⅱ.①杨…②曹…③任… Ⅲ.①城市规划—总体规划 Ⅳ.①TU984.11

中国版本图书馆CIP数据核字（2016）第056536号

机械工业出版社（北京市百万庄大街22号 邮政编码100037）
策划编辑：赵 荣 责任编辑：赵 荣 林 静
版式设计：霍永明 责任校对：赵 蕊
封面设计：张 静 责任印制：乔 宇
保定市中画美凯印刷有限公司印刷
2016年6月第1版第1次印刷
210mm × 285mm · 11.5印张 · 341千字
标准书号：ISBN 978-7-111-53249-1
定价：65.00 元

凡购本书，如有缺页、倒页、脱页，由本社发行部调换

电话服务	网络服务
服务咨询热线：010-88361066	机 工 官 网：www.cmpbook.com
读者购书热线：010-68326294	机 工 官 博：weibo.com/cmp1952
010-88379203	金 书 网：www.golden-book.com
封面无防伪标均为盗版	教育服务网：www.cmpedu.com

前　　言

城市总体规划是研究一个城市在一定时期内经济社会的发展目标及其空间布局方案的规划活动，其结果用来指导城市各项建设的实施。城市总体规划的任务主要是确定城市的性质、规模和空间布局，科学合理地利用土地；协调城市功能，并对各项建设进行综合部署；制订实施总体规划的保障措施。城市总体规划文件是进行各项专业规划、制订详细规划、安排各项建设和城市规划管理的上位法律依据。

《城市总体规划》是《城市规划丛书》的第一册。本书除了介绍城市总体规划的常规编制办法之外，还对城市的起源、发展和城市总体规划的一些主要发展动态及基本概念进行了较系统而简要的阐述。本书由杨振华（北京市城市规划设计研究院原主任规划师、高级规划师、国务院国管局评审专家）、曹型荣（北京市城市规划设计研究院原教授级高级工程师）、任朝钧（原北京市城市规划管理局高级规划师）三人编著。全书共分六章：第一章绪论，由杨振华和任朝钧编写；第二章城市总体规划的编制、第三章城市性质和第四章城市规模，由曹型荣编写；第五章城市规划布局和第六章数字化时代的城市总体规划由杨振华编写。全书文稿、附图由杨振华统编并完善。

本书所述内容，除了简述有关的基本原理之外，还结合了编者对工作的专业性观点及实践体会，可供从事城市规划和管理的工作者及相关研究人员参考。

虽然三位编撰者都长期从事城市规划工作达50余年，但鉴于经济社会发展及建设形势变化，书中不足之处在所难免，恳请各界读者不吝斧正。

编者

目 录

第一章　绪论

第一节　城市的形成与发展

一、 城市的形成

（一）原始居民点的形成

在原始社会，因生产力低下，人类过着依附于大自然的、无固定住处的生活。最初，原始人采取穴居，树居等群居形式，尚无固定居民点。随着人类懂得使用工具，开始有了狩猎、捕鱼、务农与畜牧等生产活动，这是人类第一次分工。由于农业和畜牧业的出现，随着生产力的发展，逐渐产生了固定的居民点（又称聚居点）。这些居民点一般为人类的各种形式集聚定居地，各种居民点都是社会生产力发展的产物，既是人们生活居住的地点，又是其从事生产和其他活动的场所。

由聚族定居而形成村落，这就是最初居民点的形式。据史料记载，在8000~10000年以前，在尼罗河、底格里斯河、幼发拉底河、印度河、黄河等两岸的冲积平原上，就开始出现了初具形式的居民点。

早在新石器时代的氏族公社居民点布局中，就可看到人类已从长期的生活居住活动中总结出建设住地的经验：整个居民点选址在河边台地上，靠水源而不被淹没；周围沟墙起到防卫作用；公共活动场地位于中央，草屋或半穴居窝棚围绕四周，其中突出地有一些大的屋子；墓葬集中在村落近旁。其中比较有代表性的有陕西临潼姜寨（图1-1）和西安半坡村等遗址。位于西安的半坡村是黄河流域一处典型的新石器时代仰韶文化母系氏族聚落遗址，距今5600~6700年，遗址面积达10000m^2，共发现房屋遗迹45座、圈栏2处、窖穴200多处、陶窑6座、各类墓葬250座，是祖先穴居时代的代表性村落（图1-2、图1-3）。

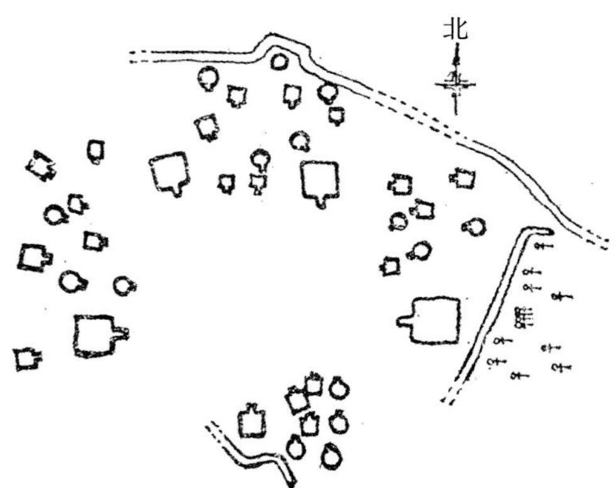

图1-1　陕西临潼姜寨的村落遗址平面示意图

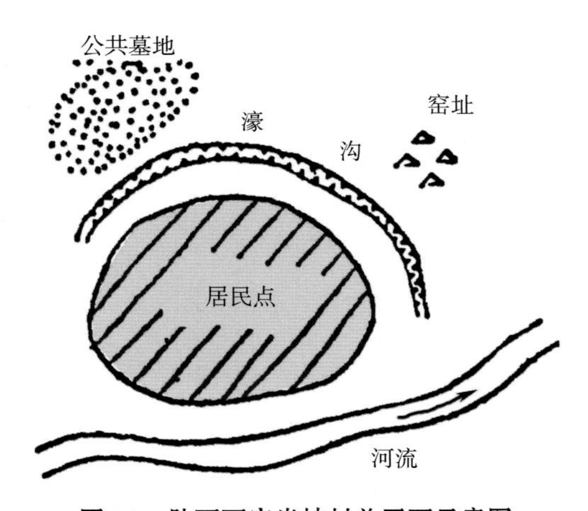

图1-2　陕西西安半坡村总平面示意图

图1-3　半坡村的穴居遗址

（二）城市与乡村的分化

随着生产力的发展、第一次人类社会劳动的大分工，农业和畜牧业分开，开始发生剩余商品交换，因而需要有交换的固定市场，于是就出现了市集或城邑之类的形式。后来，第二次人类社会劳动的大分工，手工业与农业分开，随着土地与生产资料私有制出现，出现了国家。在从原始公社制向奴隶制的过渡时期，在居民点中区域开始分化为两种不同类型——城市与乡村：城市以手工业和商业为主导经济；农村以农业为主导经济。据史实证明，在公元前三千年左右，在古埃及境内外便开始有了城市与乡村的分化。

《周礼·考工记》中述说的“匠人营国”，就是营建都城之意。一些文字学者亦对汉字“国”做过这样的解析：“[国]字就是以 [戈]亦即武器，守卫一定的疆土：[口]，它以城墙围绕”。在甲骨文卜中，“邑”字是象征城池的“口”下跪着一个人，而外城称之为“郭”，甲骨文以表示，意即由上下两座城门楼拱卫着城池。后来又发展到的字形，就与后代出现的城池形制十分近似了。

（三）城市与乡村的对立

在人类的社会发展的历史过程中，城市与乡村的生产力发生了质的变化，并向两极分化：城市的手工业、商业市场逐渐发展为大工业与商业中心，乡村在落后愚昧中虽然也有发展，但是其发展与城市相比较还是极其缓慢。城市集中了各种社会资源，逐渐变为国家政权的聚集据点，乡村渐渐地处于经济上与政治上依附于城市，并走向从属于城市的地位。

二、 城市的发展

城市发展与人类社会发展密不可分。人类发展史中每一次生产工具的重大变革，都会改变人类的生产方式和生活方式，同时促进城市的大发展和大变化。因此，生产方式是城市发展的决定要素和原动力。

（一）城市发展的三大阶段

城市的产生与发展是由于人类社会的需求而产生，又随着社会的发展而发展。其过程大致经历了三大阶段。三大阶段之间的关系具体详见表1-1。

表1-1　城市发展三大阶段关系一览表

项　目	第一阶段	第二阶段	第三阶段
社会历史时期	奴隶社会、封建社会	资本主义初期	资本主义后期、社会主义
生产方式	以人力、畜力维系的小农经济	以机械技术支撑的蒸气-电动方式社会化大生产经济	以信息化、智能化、集约化为动力的社会化大生产经济
主体经济形态	第一产业	第二产业	第三产业
城市阶段	农耕时期城市	工业化时期城市	信息化时期城市
城市形态	封闭型城池	城市呈开放型自由发展	城乡一体化、区域联动
城市功能	防御为主，是手工业生产与商品交换场所，为封建统治者的政治活动和享乐地	大工业生产基地，商贸交易中心，是产业、资本和人口的聚集地，是资本主义社会的政治经济文化中心	信息化产业中心，智能化聚集地，社会服务中心，是一定地域的政治经济文化中心
城市发展状态	发展缓慢	快速无序膨胀	城市化稳步、有序发展
城市环境	人口少，建设规模小，密度低，与自然环境协调	人口多，建筑密度高，职住混杂，消费高，交通拥挤，住房困难，社会矛盾和城市矛盾尖锐低，环境恶化	社会进一步和谐公正，重视生态环境保护和历史文化传承
城市规划理论	我国古代在城池选址和房屋建造用“堪舆学”，用《周礼·考工记》、《商君书》《管子》《墨子》等经典指导城市规划建设；国外则以古罗马《建筑十书》、中世纪的《按艺术原则进行设计》等经典为规划理论	16世纪从空想社会主义到霍华德的《田园城市》开创了近代城市规划的启蒙阶段；19世纪开始提出“卫星城”“邻里单位”“小区规划”“有机疏散”《雅典宪章》等理论为解决城市诸多矛盾的指导思想，《新都市主义宪章》《威尼斯宪章》等试图缓解社会和城市与自然环境的矛盾冲突	《人类环境宣言》《马丘比丘宪章》《北京宣言》等认为人类活动中日趋重要的是城市生态、大气污染及气候变暖的挑战，重视城市规划中对生态环境保护修复、交通治理、基础设施建设，强化区域规划及“互联网+”形势下的智慧城市建设。
城市规划建设	以满足社会安全防御和封建统治阶级需求而规划建设	以满足资本家的利润追求为宗旨，城市由无序漫延逐步走向有规划的建设，城市规划的重点为城市人、地、房的规模性布局	城市规划向区域规划发展，以城乡一体化、低碳生态环境、宜居为规划建设方向，以高效安全的交通和市政基础设施建设为支撑保障

（二）城市的发展轨迹

1. 公元前的原始状态城市

现知世界上最早的城市是距今约5000年的古巴比伦，它大致位于今天的伊拉克境内的美索不达米亚平原。流经伊拉克的底格里斯河和幼发拉底河的两河流域，产生过饮誉世界的两河文明，孕育了璀璨夺目的古巴比伦文明。古巴比伦与古中国、古埃及、古印度一并称为“四大文明古国”。巴比伦古城废墟和巴比伦“空中花园”遗迹被列为世界奇观（图1-4、图1-5）。

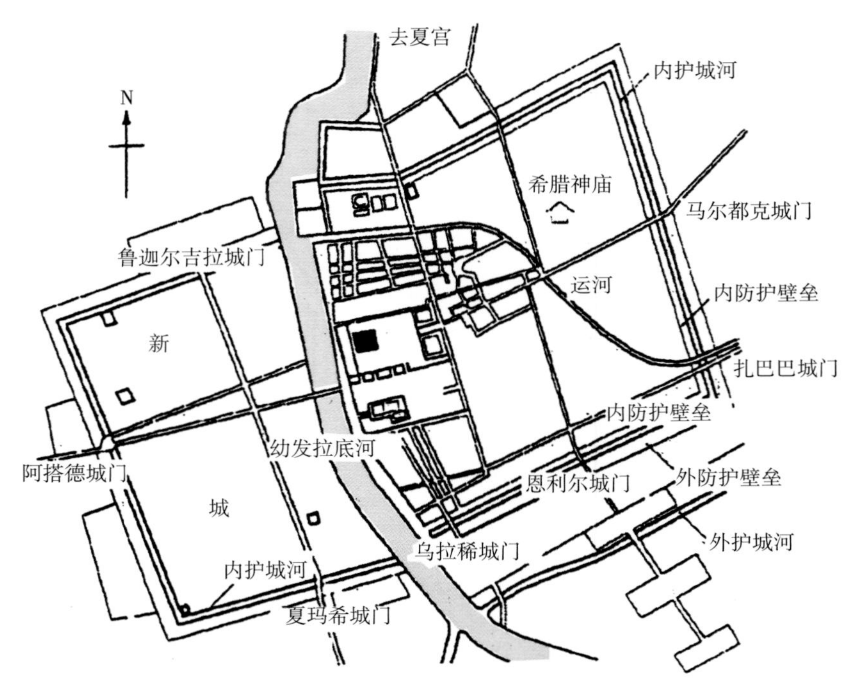

图1-4 巴比伦城平面图

图1-5 巴比伦古城鸟瞰示意图

中国最早的城市在商周时代。商王城形成距今3500年左右，城郭南北长约2000m，东西宽约1800m，其遗迹在郑州市区地下；周王城形成距今2800年左右，遗址为不十分规则的方形，面积约2890m×3320m，若以m折算周代的尺度，与“方九里”记载大致相近，中心部分的建筑遗址，分布在城中央偏南，也与“王城居中”的历史记载相符，其城址在现今洛阳市区下面（图1-6、图1-7）。

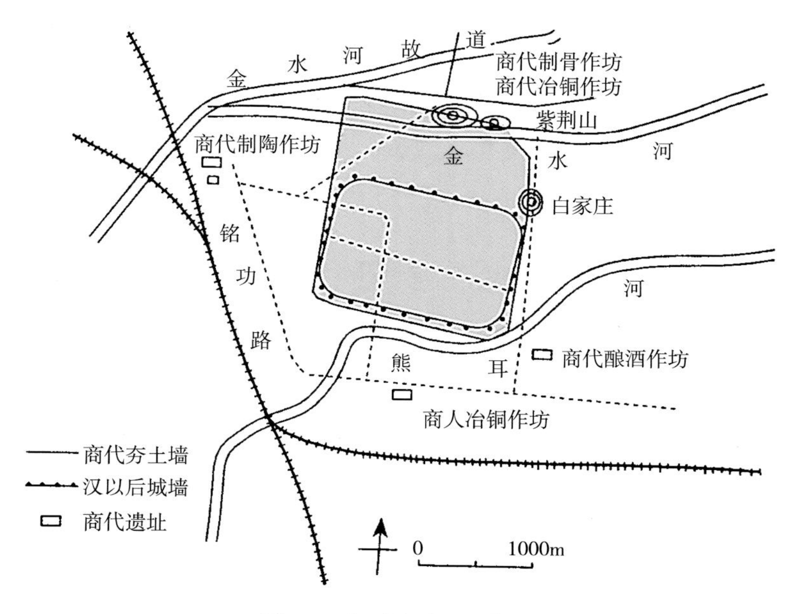

图1-6 商王城平面示意图

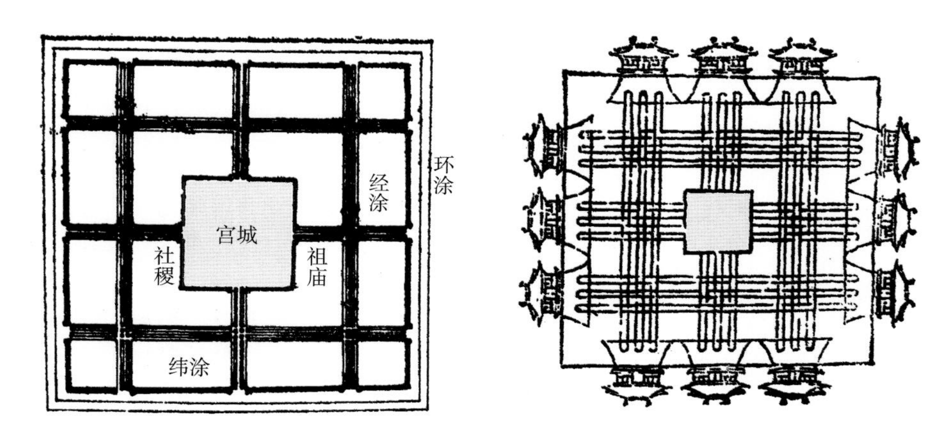

图1-7 周王城复原想象图

2. 中国古代的典范城市

（1）北魏洛阳城 北魏（386~534年）是由鲜卑族拓跋氏建立的封建王朝，是南北朝时期北朝第一个朝代，又称后魏，其都城洛阳可算是世界历史上面积最大的都城，旧址在今天河南省洛阳市区东15km处。都城轮廓方正，规模宏大，有三重城郭、12个城门，整个外郭城以内有320个方形的坊，每坊均四周筑墙，每边长300步，即当时的1里（图1-8）。

（2）汉长安城 公元前206年~公元8年的汉长安城，位于西安城西北方向。它是中国历史上第一个国际性大都会，也是当时世界上规模最大的都城，其城垣内面积36km^2，加上建章宫等遗址，遗址保护总面积达到65km^2，占西安四大遗址保护总面积108km^{2}的60%，占到未央区全区262km^{2}的1/4。汉长安城又是中国历史上建都朝代最多、历时最长的都城，是汉民族文化形成过程中的中心。汉长安城遗址是我国迄今规模最大、遗迹最为丰富、保存最为完整的古城遗址，早在1961年即被国务院列为第一批重点文物保护单位的“国家级”大遗址。都城的道路系统是方格网，极为严整，有东西大街14条、南北大街11条。其中宫前的横街实测宽达220m，朱雀大街150m，气势极为宏伟，城内一般的东西向道路也宽达40~75m，南北向道路宽达47~68m，坊区内道路宽达15~30m。城内河道与城外水系全部连通（图1-9）。

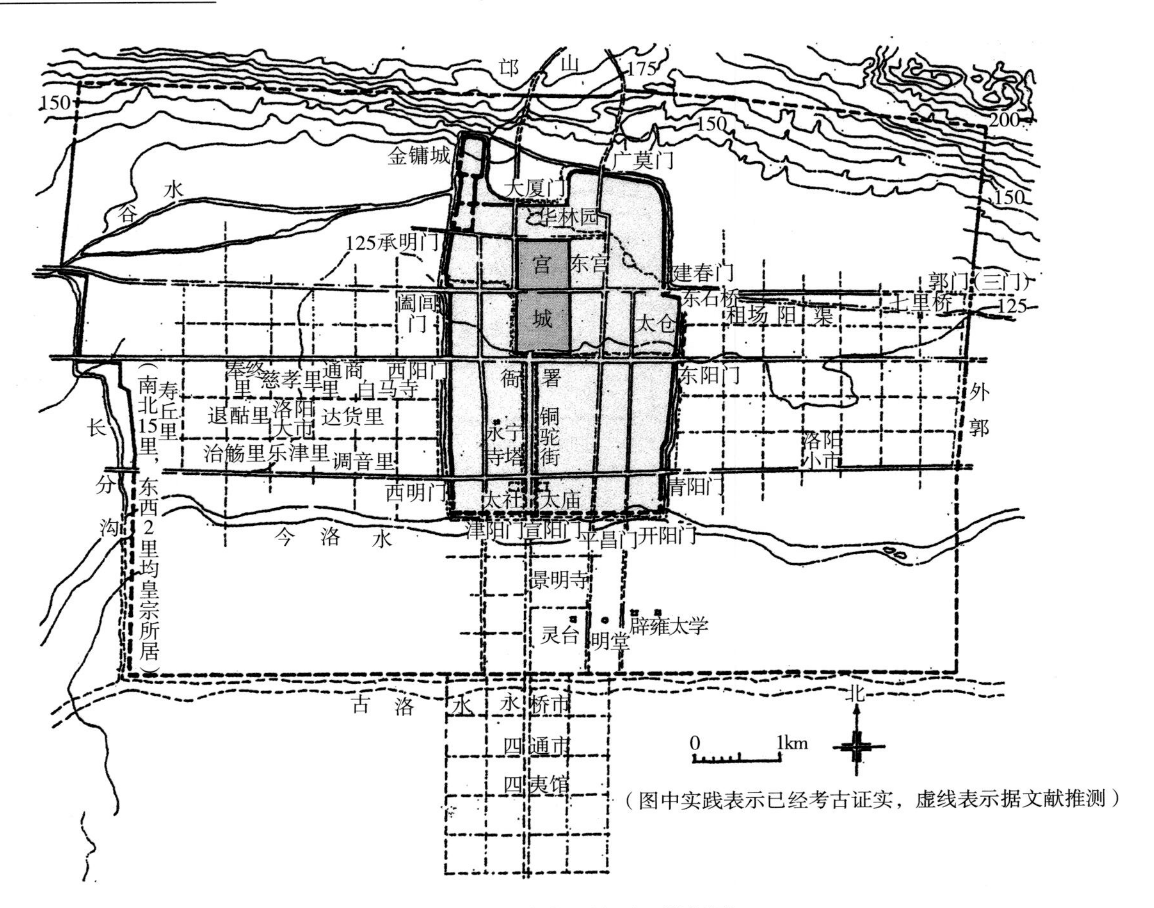

图1-8　北魏洛阳城平面推想图

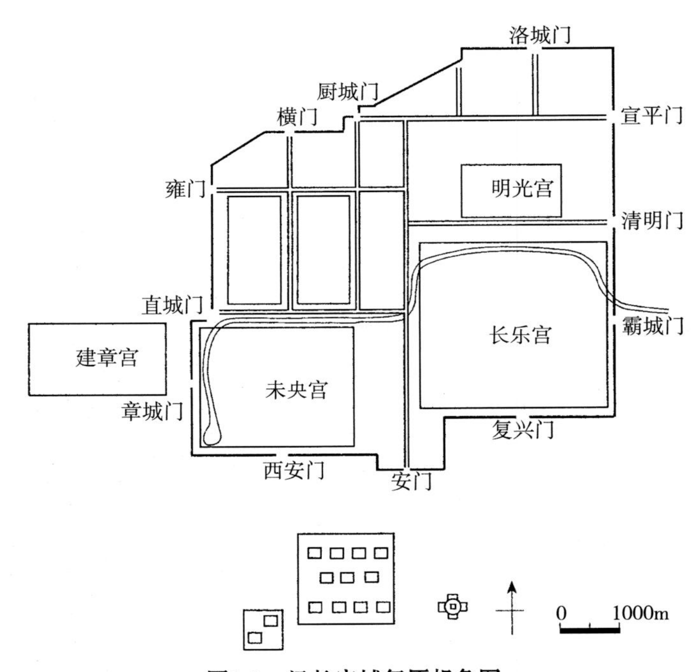

图1-9　汉长安城复原想象图

（3）曹魏邺城　曹魏邺城遗址位于河北省临漳县西南20km的漳河北岸，遗址范围包括如今河北临漳县西南（邺北城、邺南城、铜雀台遗址）和河南省安阳市东北（曹操高陵、西门豹祠）。曹魏邺城以一条东西干道，将城市划分为两部分，北半部为贵族专用，南半部为一般居住区。邺城遗址在中国城市规

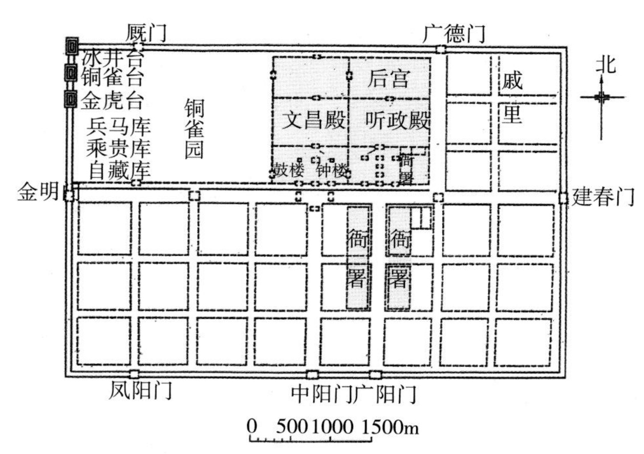

图1-10 曹魏邺城平面想象图

划建设史上具有率先示范的独特地位，是东亚地区古代都城建设的样本，一直是中外城市规划和史界的关注学热点之一。邺城遗址对中国后世长安、洛阳等古城建设乃至日本、韩国等东亚国家古都建设影响深远（图1-10）。

（4）唐长安城　唐代的京都长安城，由郭城、皇城、宫城所组成。城垣规模极为宏大，建筑雄伟。根据考古发掘，外郭城为长方形，东西（由春明门到金光门）长9721m（包括东西两墙厚度在内，下同），南北（由明德门到宫城北面玄武门偏东处）长8651m，城市由外郭城、宫城和皇城三部分组成，总面积达到84km^2，是现存明代西安城大8倍多。城内街道横平竖直、纵横交织，划分出110座里坊。此外还有东市、西市等大型工商业区和芙蓉园等人工园林。城市总体规划整齐，布局严整，堪称中国古代都城的典范。唐时长安城内人口100余万，唐长安城是当时全国政治、经济与文化的中心和最大的国际性城市，也是当时规模最大、人口最多的世界第一大都市（同时代的欧洲古城人口规模只有几万至十余万人）。

唐代长安城在规划和建设采用的三套城和里坊制规制，对以后中国国都及国外城市建设起到了极为重要的楷模示范作用。如宋代开封城和元、明、清北京城就基本沿袭了长安城的规划特点，日本的京都城和奈良的平城京规划建设也受到唐长安城的影响（图1-11、图1-12）。

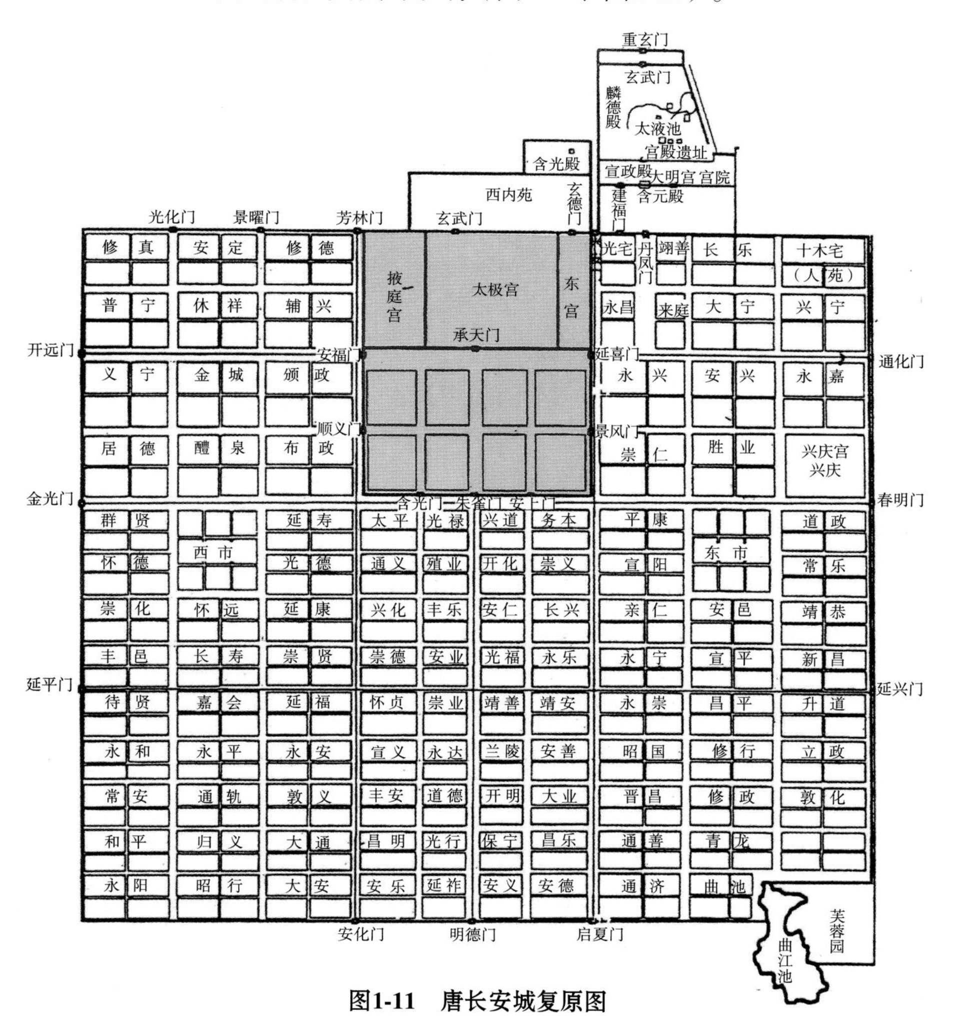

图1-11 唐长安城复原图

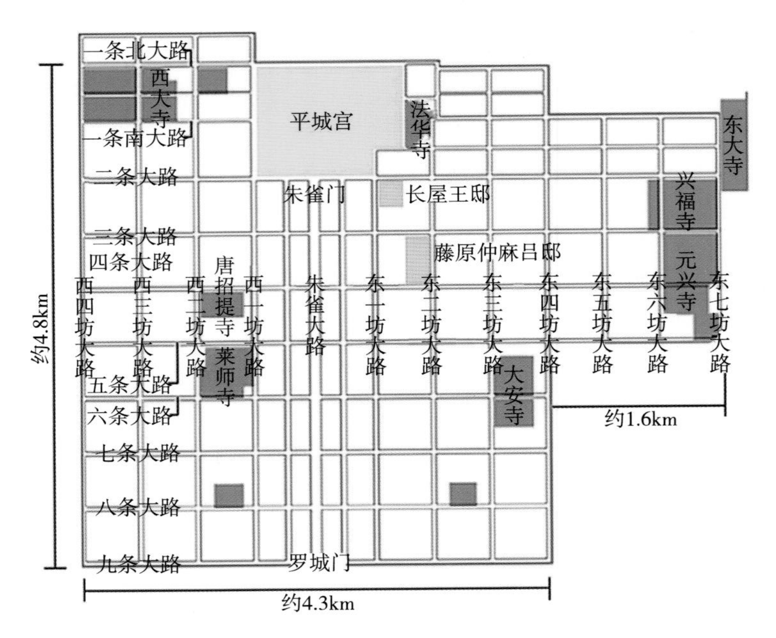

图1-12　日本在奈良建造的平城京

（5）元大都　元大都，是元朝于1267~1274年在北京修建的都城。元大都城市格局秉承了我国古代营都“左祖右社”和“前朝后市”的典型格局。其主要特点是三套方城、宫城居中和轴线对称布局。三套方城分别是宫城、皇城和内城，各有城墙围合。皇城位于内城的南部中央，突出皇权至上的思想，宫城位于皇城的东部，并在元大都城的中轴线上。在都城东西两侧的齐化门和和义门内分别设有太庙和社稷坛，商市集中于城北。也有学者认为，元大都的城市格局还受到道家的回归自然的阴阳五行思想的影响，表现为自然山水融入城市和各边城门数的奇偶关系。元大都的城市格局一直影响到明清两代的京城规划，直至如今的北京城市总体规划布局（图1-13）。

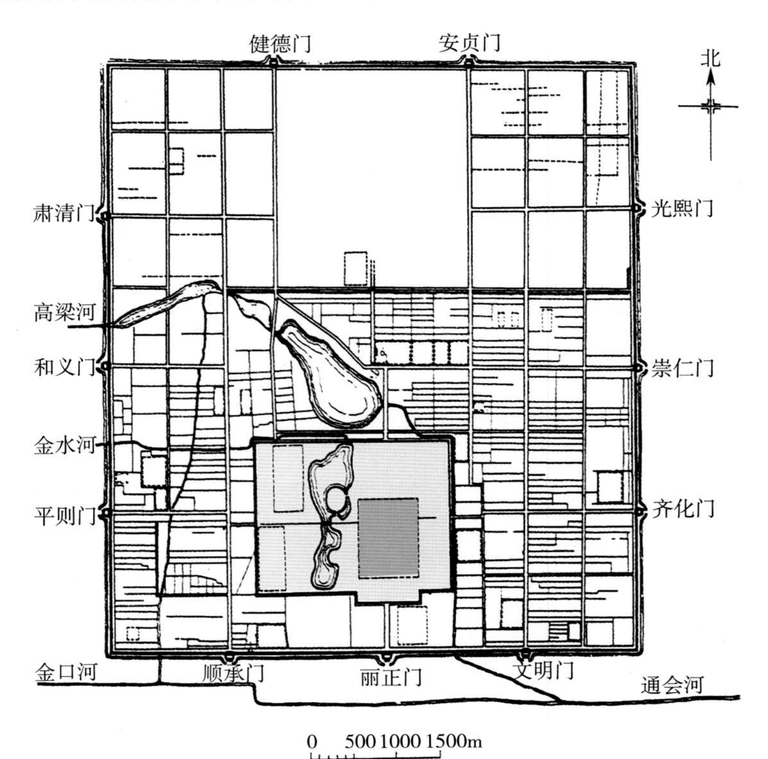

图1-13　元大都平面复原想象图

（6）明清北京城　明北京城的营建，从永乐四年（1406年）开始，到永乐十八年（1420年）才基本上竣工，前后延续了十五年之久，东西城墙沿用元大都旧城郭。因元大都北城大多为荒芜的田野草原，明代筑北京城时把北城墙从元大都的北城墙向南收缩，南墙则因宫城南移而向南拓展。所以明北京的位置比元大都稍向南移，并非全在元大都旧址上重建，面积也由元大都的50.9km^{2}缩减为35km^2。城市人口接近120万人。其核心部分紫禁城是中国明、清两代24个皇帝的皇宫。明朝第三位皇帝朱棣在夺取帝位后，决定迁都北京，即开始营造紫禁城宫殿，至明永乐十八年（1420年）落成。依照中国古代星象学说，紫微垣（即北极星）位于中天位置，属天帝所居，是以皇帝工作和居所，称为紫禁城（图1-14）。

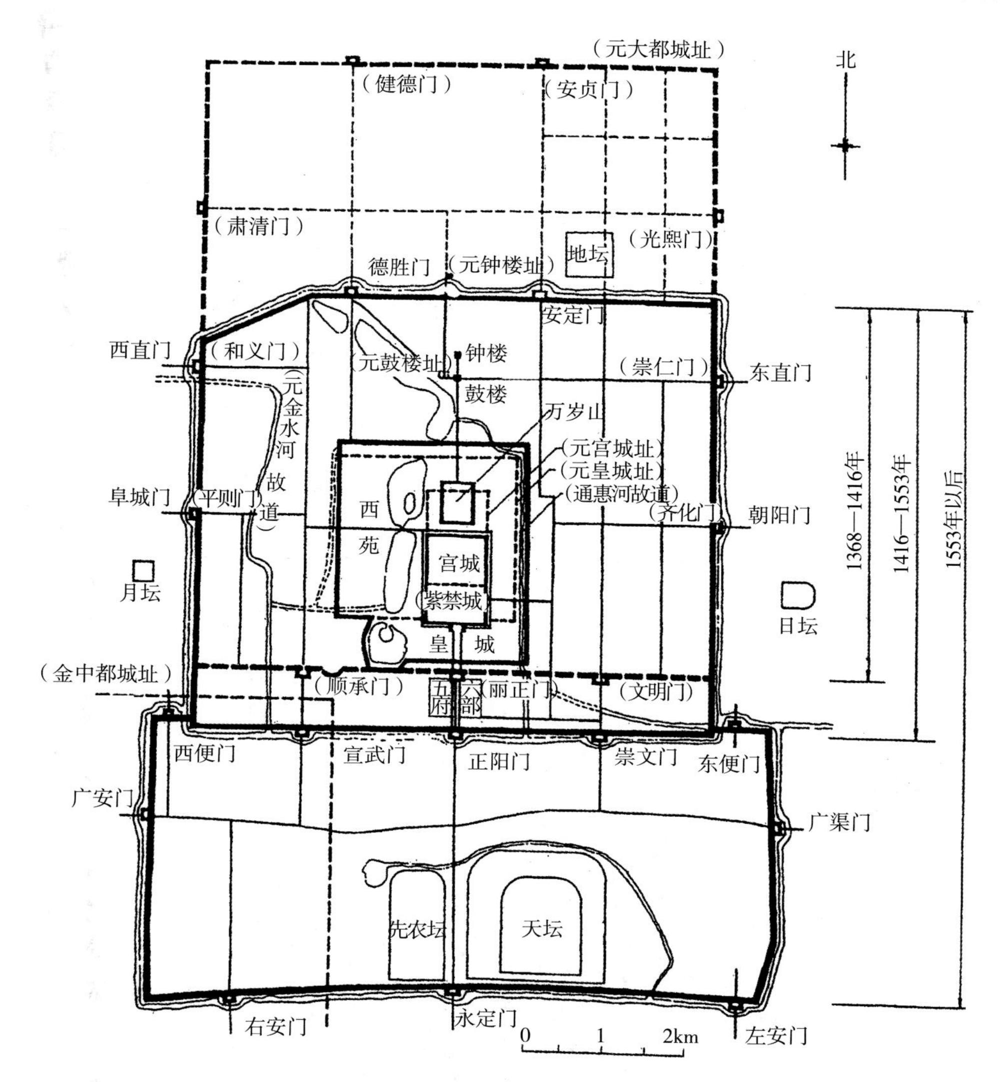

图1-14　明清北京城址沿革示意图

从18世纪的后半叶开始，社会的发展经历了从农业经济向工业经济，从原始社会、封建社会向资本主义社会的演进过程。工业化和科技革命促使生产力空前提高和科技的突飞猛进，它不仅促进了原有城镇的扩展，而且导致了新兴城市的涌现。城市逐渐成为人类社会的主要聚落形式。因此，城镇化的进程是与工业化进程和科技革命紧密相关的。

三、城市的兴衰

（一）城市的兴起

水是生命之源，也是城市赖以生存与发展之源。人类的生存繁衍离不开水环境，因而古今城市大都

“逐水而居”，选址多靠近河流、湖泊，并位于向阳的河岸台地上。以防御野兽和外部落的侵袭，在城外围挖沟筑 。这些沟是一种防御性构筑物，也是城池的雏形。

人类是城市的主体，城市规划建设必须满足人的生存和发展需求，城市也是人工环境与自然环境相结合的综合融合体。“人本论”追求的目标是人与自然的和谐共处，要创造性地利用自然环境，尤其是水环境，才能使城市环境变得自然而适于居住；城市的规划与建设，首先要尊重当地自然条件，尊重自然规律。只有这样才能规划和建设出有生命力的活力城市。

纵观历史上的多个强国，无一不是凭借滨海的有利条件，如英国、法国、荷兰、西班牙、德国、俄国、日本、美国等；而世界上所有的繁华都市，也无一不依托靠着水的环境，特别是依靠淡水资源（表1-2）。

表1-2　都市与水源的生存关系一览表

城市名称	依托水源	城市名称	依托水源
纽约	克劳顿河、额脱斯克河	阿姆斯特丹	须德海及100多条河道
华盛顿	波托玛柯河	堪培拉	格里芬湖
巴黎	塞纳河	开罗	尼罗河
温哥华	费雷塞河	里斯本	特茹河
莫斯科	莫斯科河	东京	东京湾及9条河
柏林	柏林河	北京	永定河、金口河-莲花河、高梁河等
伦敦	泰晤士河	上海	黄浦江、苏州河

经济和社会的发展是现代城镇形成的原动力。工业化不仅极大地提高了农业生产力，也导致了农业剩余劳动力从农村向城镇大规模地迁移，并在城镇中不断地创造了第二产业和第三产业。这种趋势不仅推动了既有城镇的扩展，还形成了大批的新兴城镇。尽管其他因素也许会使城镇化进程出现波动，但无法改变产业化导致城镇化和城镇化促进了产业化的总趋势。从21世纪开始至今，全世界人口中已有60%左右生活在城镇，城市用地也不断地迅猛扩展（图1-15）。

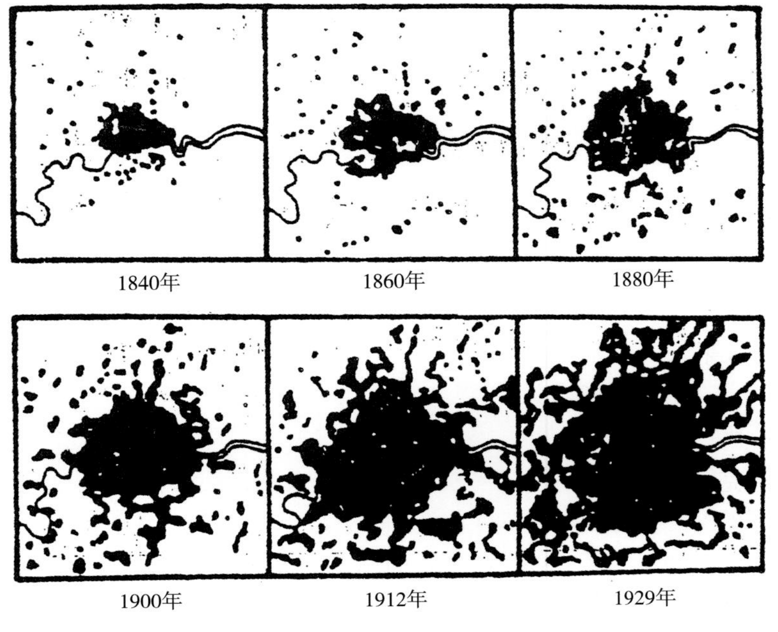

图1-15　伦敦城市发展示意图

（二）经济、文化、社会发展促进城镇化步伐

随着我国改革开放，城市发展已经进入新的时期。目前，我国正经历着一个规模巨大、速度极快的城镇化进程。城市发展带动了整个经济社会发展，并已成为现代化建设的重要引擎。

我国正处在从乡村社会向城市社会转型的关键期。一组数字见证了我国城市的快速发展：常住人口城镇化率从1978年的近18%上升到2014年的近55%；城市人口从1.7亿人增至7.5亿人；城市数量从193个增加到653个；每年城镇新增人口2100万人，城镇化率30%~70%是城镇化快速发展的阶段，其中超过50%就意味着从农业社会向城市社会转型。

我国的城镇化正迅速接近世界的平均水平（表1-3、表1-4）。

表1-3 中国城镇化水平变化统计表

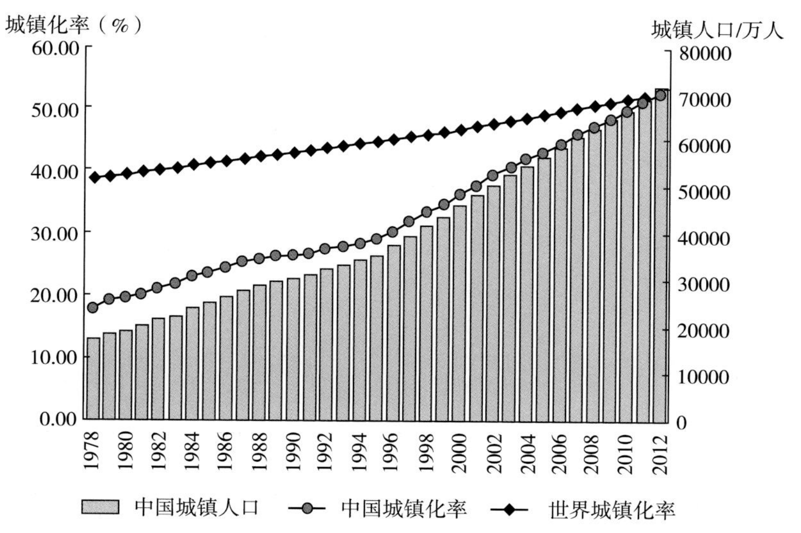

表1-4 中国城市（镇）数量和变化统计表

城市人口规模/人	1978年/个	2010年/个
城市	193	658
1000万以上	0	6
500万~1000万	2	10
300万~500万	2	21
100万~300万	25	103
50万~100万	35	138
50万以下	129	380
建置镇	2173	19410

注：2010数据根据第六次全国人口普查数据整理。

（三）城市因自然条件而衰败

英国学者大卫·沃克写有一本著名的专著——《消失的城市》，书中列出世界上曾显赫一时的11个大城市，其中就有我国的3个古城，它们是楼兰、高昌和统万，它们多因自然条件恶化加之兵灾而消失在地图上。值得一提的是，楼兰和高昌都曾经是古丝绸之路上的两个重镇（图1-16）。

楼兰是古楼兰国（后改称鄯善国）的都城，位于当年浩渺的罗布泊旁，建城于公元前3世纪，全城面积10.82km^2，因水面枯竭而被塔克拉玛干沙漠而吞噬（图1-17）。

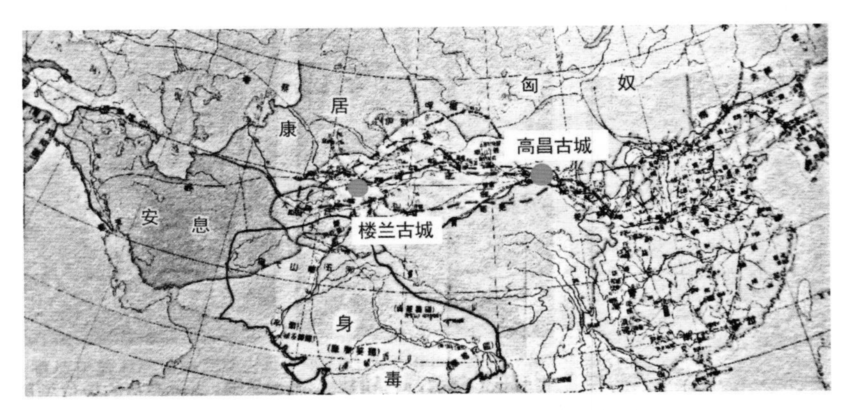

图1-16　古丝绸之路上的重镇楼兰和高昌

图1-17　古丝绸之路上的重镇楼兰城遗址

2000多年前的“王城”高昌古城，位于东西交通的十字路口，曾经是国际性的商贸都会。高昌有宫城、内城、外城三重，周长5.4里，城墙高11.5m，厚达12m，固若金汤。唐代玄奘取经途中曾抵达这个高昌国都，因它曾是西域四大佛教之都之一。高昌毁灭于唐末兵乱及吐鲁番的自然环境恶化（图1-18、图1-19）。

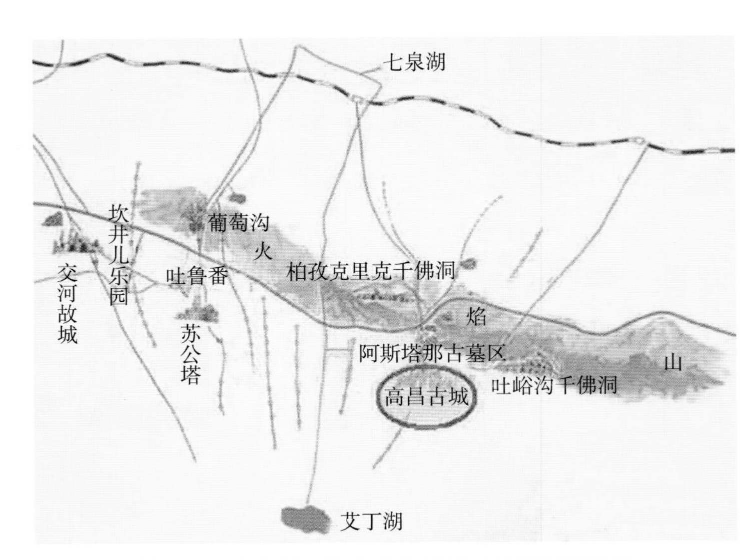

图1-18　古丝绸之路上的重镇高昌城平面形势图

图1-19　高昌城遗址

曾贵为西夏王国都城“大夏国”的统万城，其名称即有“一统万国”的气势。统万城建成于公元5世纪纪初，为唯一的匈奴都城，城池也有宫城、内城和外郭三部分构成。现已淹没在浩瀚的毛乌素大沙漠之下（图1-20）。

图1-20　古丝绸之路上的重镇统万城遗址

约300年前因洪水肆虐而被深埋水下，被称为“东方庞贝”的古泗州城始建于北周，隋朝时毁于战乱，唐代重新兴建。唐代至明代该城处于黄河与长江的漕运中心，商船货船往来不断，曾繁荣一时，有“水陆都会”之称。但随着“黄河夺淮”“蓄清刷黄”等政策的实施，泗州城频繁遭受水害。清康熙十九年，繁盛了千年的泗州城在一场持续数十日的暴雨中彻底淹没（图1-21）。

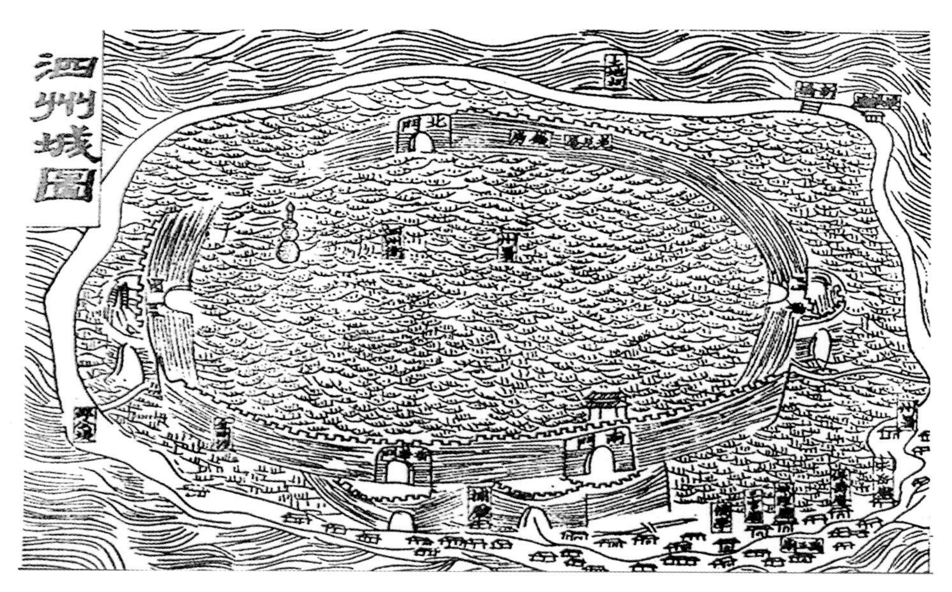

图1-21　泗洲城图

现在，由于全球性的气候变暖，致使海平面上升，正在逐步威胁到低海拔地区城市的安全。专家们预测，我国沿东海地区正受到海水上升的可能危害（图1-22、图1-23）。

图1-22　气候变暖后的渤海湾

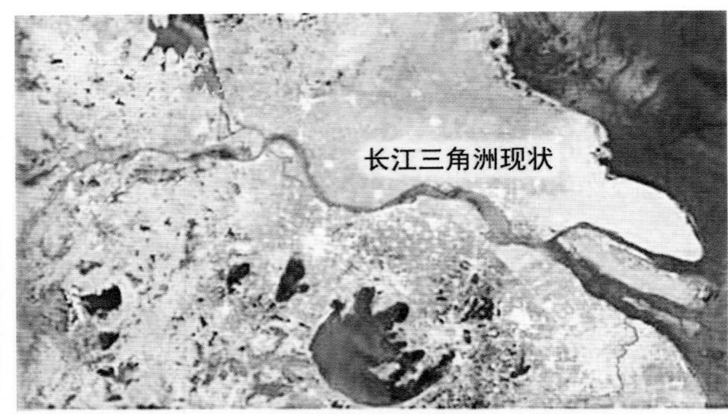

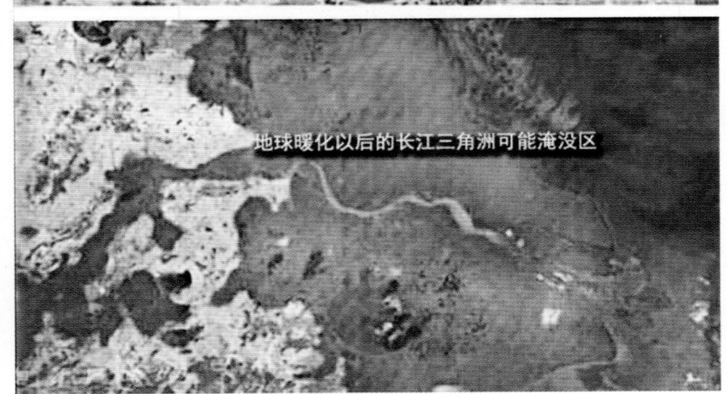

图1-23　气候变暖后的长三角

第二节　城市规划科学的形成

一、古代的“营国”学说

城市规划科学并非近现代才出现，早在春秋战国之际的《周礼·考工记》就记述了关于周代王城建设的空间布局：“匠人营国，方九里，旁三门。国中九经九纬，经涂九轨。左祖右社，前朝后市。市朝一夫”。

在营建都城方面，元大都的规划可以说是比较全面地体现了《周礼·考工记》的布局。在元大都基础上改建的明北京城也都较多地继承了《周礼·考工记》的规矩，以至于影响了如今的北京城市总体规划布局。

元大都的城址选择完全遵循了“凡立国都，非于大山之下，必于广川之上。高毋近旱，而水用足”。这是在本质上遵从“天人合一”的理念而演绎来的一种规划择址纲领。《左传·昭公二十五年》中说：“夫礼，天之经，地之义也，民之行也。”《左传·隐公二十年》还论述：“礼，经国家，定社稷，序民人，利后嗣者也。”因此，我国古代列朝，全都离不开“以礼治国”的文治国策；而礼的本质，就是政治之道。在营国中塑造并仰仗一种“天人合一”的文化特征观念。这古代老子在《道经》中称：“人法地，地法天，天法道，道法自然。” 更是把人、地、天、自然四者的关系十分紧密地串连成一体。

《周礼·考工记》中曾经记载：“匠人建国，水地以县，置槷以县，以景为规，识日中之景，与日入之景，昼参诸日中之景，夜考之极星，以正朝夕”。可见，当时人们已经会用天文知识来确定朝向。天文学家刘秉忠主持修建元大都城时，准确地测量了子午线，都城的中轴线正是以对准永恒不动的北极星为定位准星，从而也确定了整个都城的方位，因此元大都的中轴线就是子午线的方位，当时它与罗盘所指的磁北有一个2° 10′ 的北偏西偏角（注：由于磁北逐年在不断变异，现已变化为5° 50′ ）（图1-24）。

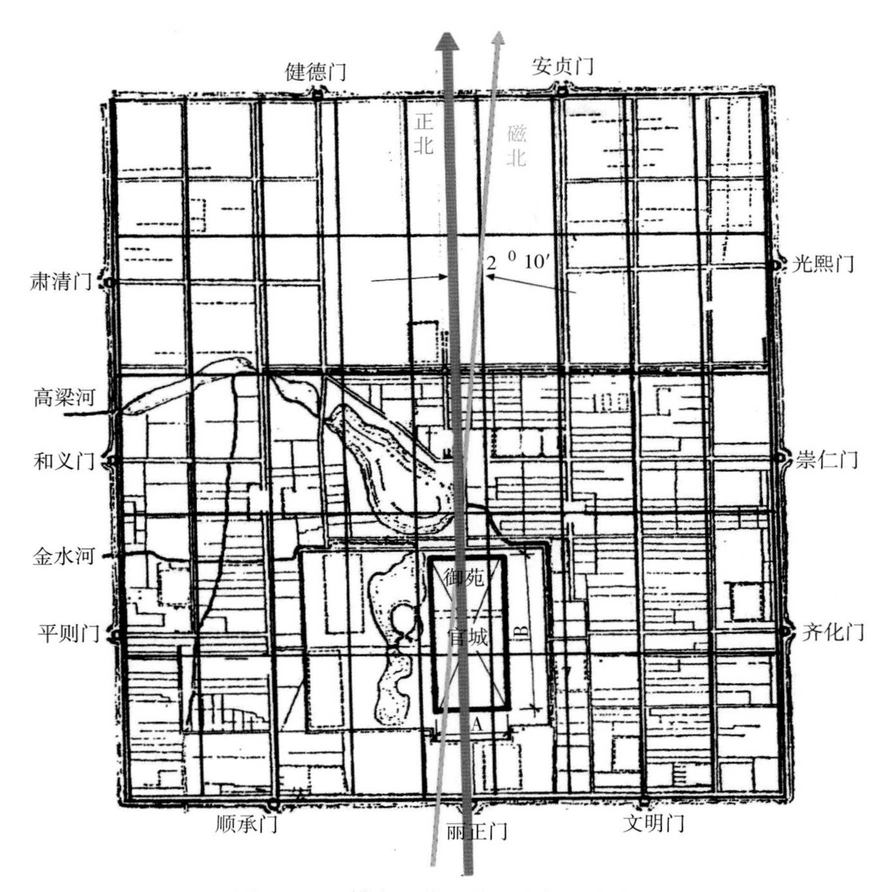

图1-24 “辨方正位”的元大都城定位图

先人们在城市规划方面极为敬畏自然。应该肯定，《管子》及其“风水”的理论和实践，正是我国城市规划的宝贵文化遗产。抛开风水理论中一些玄虚迷信的部分不谈，其理论反映了中国城市规划理论中“自然观”的一面。无论是“天人合一”还是“藏风得水”都说明了中国城市在选址和建设过程中以人为本和对所在环境的尊重，这种尊重正是基于一种科学的态度。

如果说《周礼·考工记》对中国政治性大城市的规划具有决定性的影响作用的话，那么“风水”理论在中小型城市的规划中发挥着更明显的影响力。在中国规划史上，很多城市的规划与建设同时反映了上述思想，这思想一直影响着我国的城市规划。其中典型的例子如南京1949年以前的《首都规划》，它是在西方的功能分区规划思想传入中国之后，共同作用造就了一个又一个富于个性的人居之城（图1-25）。

图1-25 《首都规划》总平面示意图

二、近现代的城市规划科学发展进程

近现代的城市，由于现代产业的发展和现代生活的需要，对城市交通和市政基础设施，都有了更新的要求。在一定意义上，现在城市可以说是环境优先、“交通第一”。这一切都促使了，现代城市规划科学的形成和发展。

（一）现代城市规划科学的理论

城市规划理论伴随着社会和生产力的发展需求而诞生，因此社会所彰显的特性，也就是城市规划理论所阐述的中心内涵。随着现代工业的迅猛发展，城市危机亦随之产生并恶化。1896年德国人佛立齐写了《未来的城市》一书，两年后英国人霍华德著书《明天——一条引向真正改革的和平道路》，他们不约而同提出了“花园城市”及“田园城市”的理想，其理论是要设法将现代城市的技术成就和乡村大自然的优点结合起来。建议发展环形放射的小城市，每个三万人。城市中心为公园，围绕公园的是行政和公共建筑，行政公共建筑外围，是一至二层的住宅区，再外围是工业区，然后是农业带。城市不再允许向外扩展，如果需要，可以发展再建一个这样的城市，形成“卫星城”。这种在中心城外围发展卫星城的模式，一直不同程度地影响至今（图1-26、图1-27）。

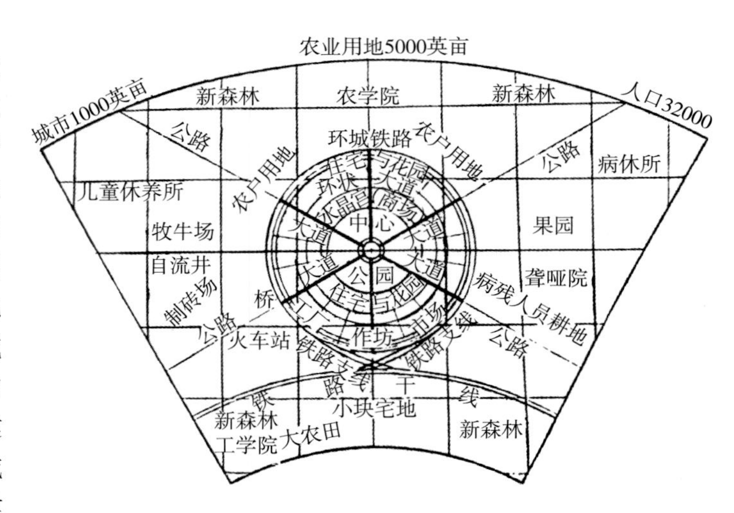

图1-26　霍华德城乡融合的“花园城市”结构示意图

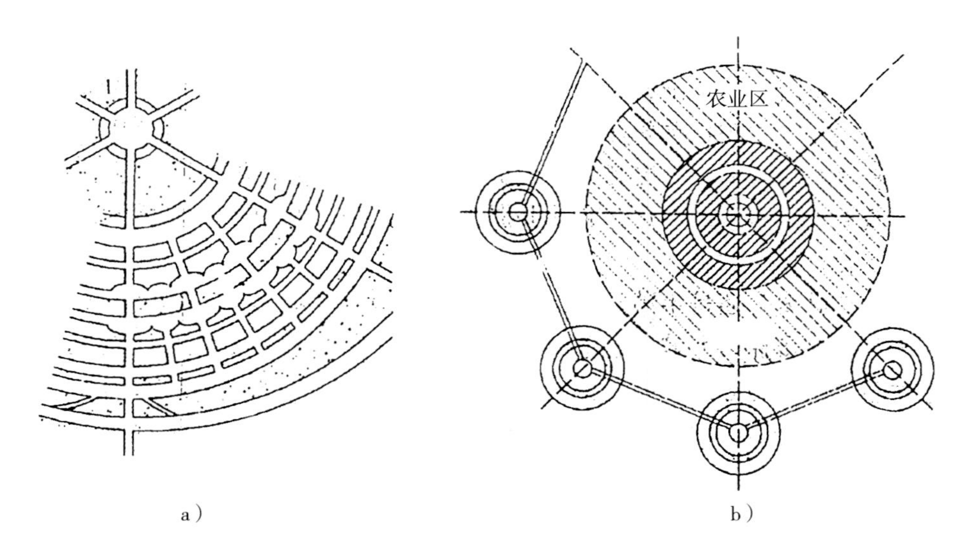

图1-27　霍华德“田园城市”方案图

a）田园城市平面的局部　b）各田园城市之间以农业区相隔

鉴于城市用地日益紧张，法国人勒·柯布西耶反对以往的城市分散主义思潮，面对大城市的建设现实，用全新的规划和建筑方式，通过紧密型的大城市和现代化的技术力量造就新一代城市。他的 “城市集中主义”包含在两部重要著作中：一部是发表于1922年的《明日之城市》（The City of Tomorrow），另一部是1933年发表的《阳光城》（ The Radiant City）。用这种思维，他于1925年提出了巴黎改建的新设想方案，主张在市中心干脆全部兴建60层以上的摩天大楼群，围绕摩天大楼建设56层的住宅，摩天大楼中布置大型公共建筑，以解决交通、日照、通风及环境绿化等问题（图1-28、图1-29）。勒·柯布西耶的这种规划思想，也为现代城市规划中的诸多综合性难题开创了一条可供借鉴的途径。

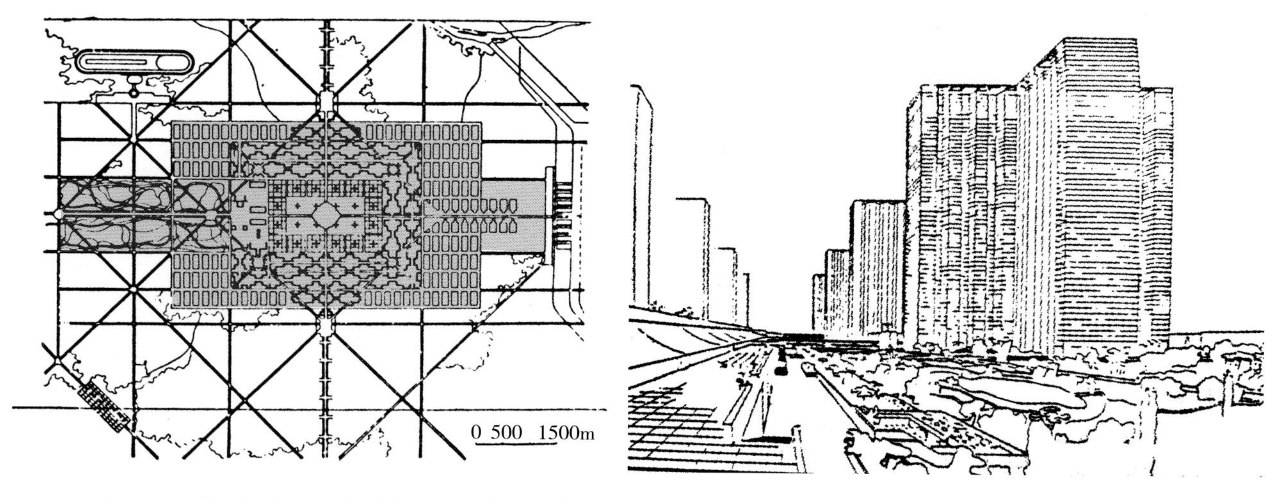

图1-28　勒·柯布西耶的“明日之城市”方案图　　**图1-29　勒·柯布西耶的“巴黎重建计划”**

（二）“城市规划”的含义

关于城市规划的定义有多种不同的解读。有的从纯艺术观点出发，把城市规划作为一门建筑艺术看待；有的则从纯功能出发，把城市规划片面的作为分配城市土地。在近代，对“城市规划”的宏观定义和目标大致经历了如下5个阶段：

1. 城市规划定义为解决“居住、工作、休息、交通”四大功能的手段

1933年国际现代建筑协会（CIAM）在希腊的雅典开会，提出了一个后来被称为《雅典宪章》的城市规划大纲，把城市规划定义解释为解决“居住、工作、休息、交通”四大功能的手段，显然，这是片面地从机械唯物论出发来看待问题。

2. 城市规划是“人居环境”

1972年联合国在斯德哥尔摩召开的人类环境会议上通过了《人类环境宣言》，该宣言首次提出了“只有一个地球”的口号。1976年的世界人居大会首先在全球范围内提出了“人居环境”概念，至今已发展为“宜居环境”，城市规划则以构建“宜居城市”为目标。

3. 城市规划必须突出生活环境与自然环境的和谐共处主题

1977年12月，一些城市规划设计师在秘鲁的利马集会，会后发表了著名的《马丘比丘宪章》，提出了如何在城市迅猛的发展中更有效地使用人力、土地和资源等诸多问题，注重生活环境与自然环境的和谐共处问题。《马丘比丘宪章》中的理论观点，对城市规划理论的发展和建设，具有划时代的指导价值。

4. 城市规划应该可持续发展

1978年，“可持续发展”的概念在联合国环境与发展大会第一次被正式提出。1980年由世界自然保护同盟等组织制定了《世界自然保护大纲》，着重强调必需将人类发展与资源保护相结合。会后，布朗于1981发表了《建设一个可持续发展的社会》，首次提出了保护自然基础、开发再生资源控制人口增长的可持续发展三大途径。

1987年，世界环境与发展委员会提出了《我们共同的未来》的报告，提出了必须保障资源环境保护与经济社会发展两者兼顾的可持续发展道路。1996年在世界第二次人居大会上，提出了两大主题：“人人享有适当的住房”和“城市化进程中人类住区的可持续发展”，并通过了《伊斯坦布尔宣言》。

5. 城市规划要满足“低碳绿色”战略

20世纪后期，因气候变暖致使全球性天象异常，联合国为了解决气候变暖，减少二氧化碳排放量和节能减排、保护环境问题，1997年在日本京东召开世界气候大会，并通过了工业化国家承担强制性减排目标的《京都议定书》。进入21世纪后，在2011年12月南非德班世界气候大会上，对未来几十年的全球

气候变化，确定了新的路线。为此，联合国多次召开世界气候大会，呼吁大力发展“绿色经济”，加快经济结构和发展模式的转型。

上述一系列的战略思想，正在并继续影响着现今的城市总体规划编制方向。

（三）现代城市规划的实践

1. 规划建设“卫星城”

由于工业化造成中心城市规模的急剧膨胀，疏散中心城市的工业和人口压力，成为大城市规划的新课题，规划建设“卫星城”被提到了议事日程。莫斯科是最早编制卫星城的大城市之一（图1-30）。

英国在第二次世界大战之后，在建设卫星城方面也是走在最前的。为了疏散伦敦过密的人口和工业，在其周围先后建造了哈罗、斯特文内儿等8个第一批卫星城镇（图1-31），吸取了伦敦市区五百多家工厂和1400多万居民。此后，英国的卫星城镇陆续发展达40多个。

霍华德学说（图1-32）的继承者雷蒙·恩温于1922年写了一本专著《卫星城市的建设》，主张卫星城由绿带包围不再发展。这种主张影响了一个时期的卫星城规划（图1-33）。

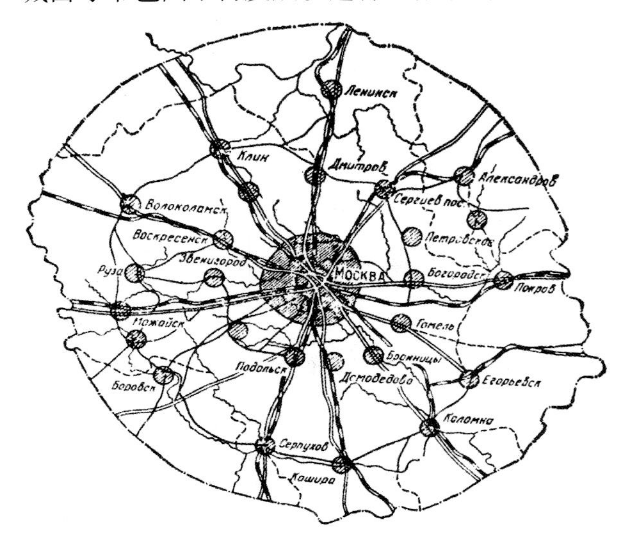

图1-30　莫斯科卫星城规划（1921~1924年）

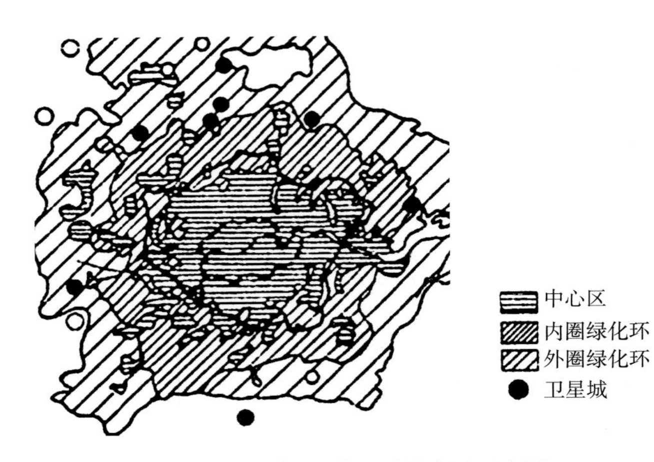

图1-31　伦敦8个卫星城布局示意图

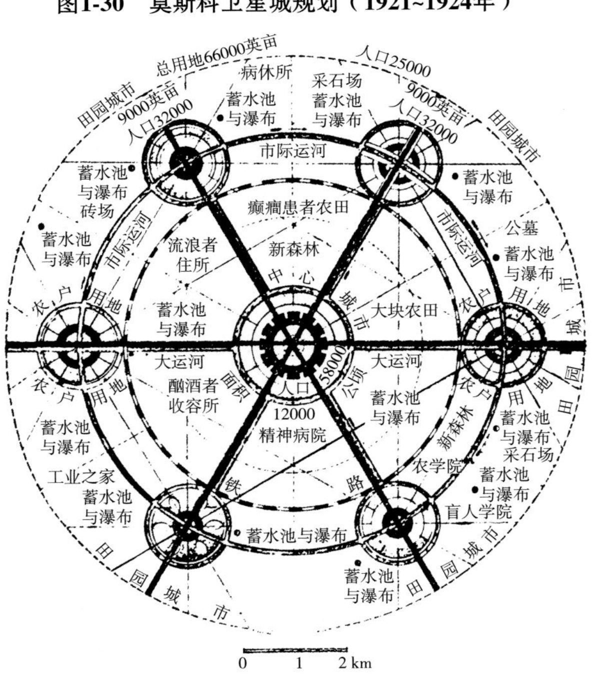

图1-32　霍华德构思的卫星城市群结构示意图

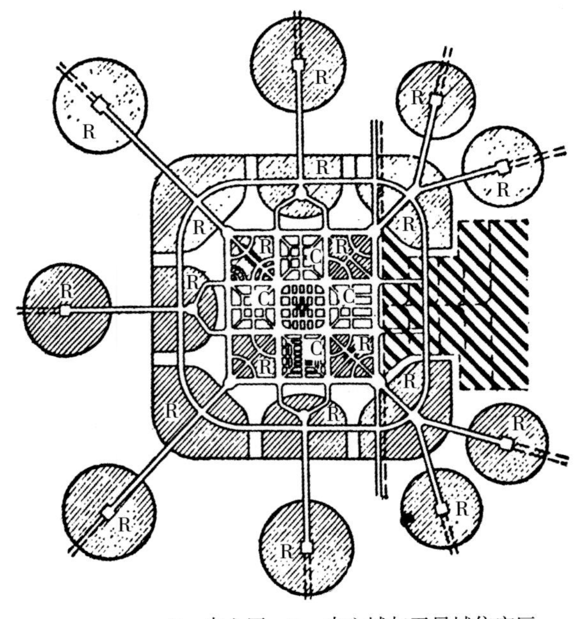

图1-33　恩温卫星城镇总体布局结构图

2. 多中心城市结构

与此同时，莫斯科因为19世纪50年代制订的城市总体规划对城市规模的控制缺乏科学的预测，不久便突破了用地及人口的控制指标，不能适应时代的发展求，于1971年批准了新的总体规划方案，该规划方案有两个基本特点，一是城市规划结构从单中心演变成多中心，即划分成8个规划片。二是综合考虑社会、经济和技术诸方面的问题，相应地制订了地区和郊区的规划。它放弃了单一中心的传统模式，改为以红场、克里姆林宫所在地区为核心片，其余7片环绕四周。八大片规划的实质，是要编制8个既独立又互相联系的城市分区布局。市区总面积为878.7km²，并保留环外100km²备用地。每个规划片做到劳动力和劳动场所的相对平衡、都有各自的市级公共中心，连同中间的“都市中心”，形成“星光放射”状的市级多中心体系。这种多中心的总体规划结构模式对现在大城市中心区的布局思想产生了深远影响（图1-34）。

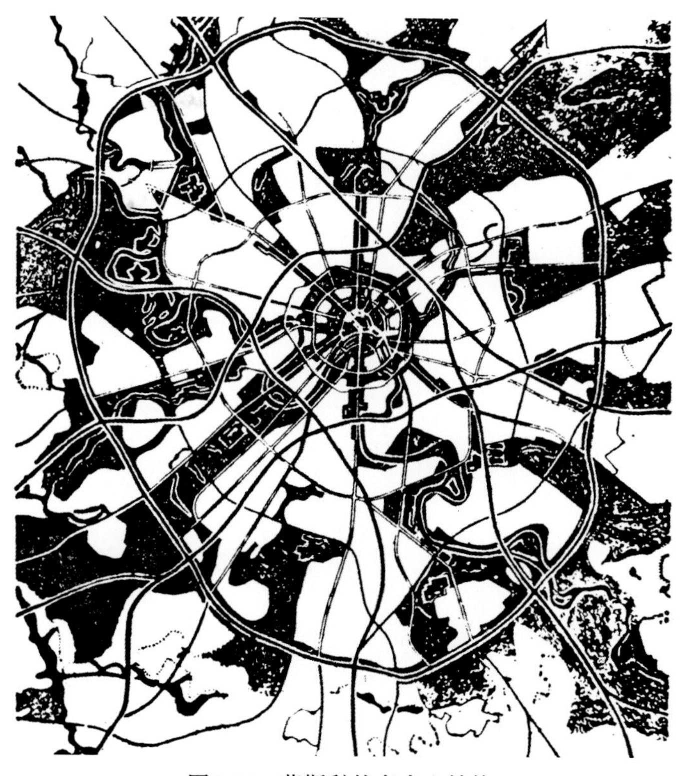

图1-34　莫斯科的多中心结构

3. 新一代总体规划纷纷涌现

第二次世界大战以后，为了恢复被破坏的城市，德国、波兰等多个国家集中力量解决总体规划问题；也有破坏较少的城市进行局部的改建。荷兰是城市规划比较先进的国家，因为国土较小，1941年就制定了区域规划的法律，1955年有90%的城市有了规划及建设计划。欧洲在现代城市规划方面向世界提供了宝贵的理论和实践经验。

在一些发展中国家，也按照新的城市规划理论，进行了许多新城的规划建设实践。巴西著名建筑师奥斯卡·尼迈耶为他的祖国规划设计了巴西新国都巴西利亚（他还设计了著名的位于纽约的联合国总部），巴西利亚城市虽不很大，但很有特色：一是政治中心突出，二是交通流畅，三是环境绿化好。巴西利亚号称“绿地之上的城市”，其生态建设极为优秀，全市绿地面积达60%。巴西利亚的规划建设被称为现代城市规划设计的里程碑之作（图1-35）。

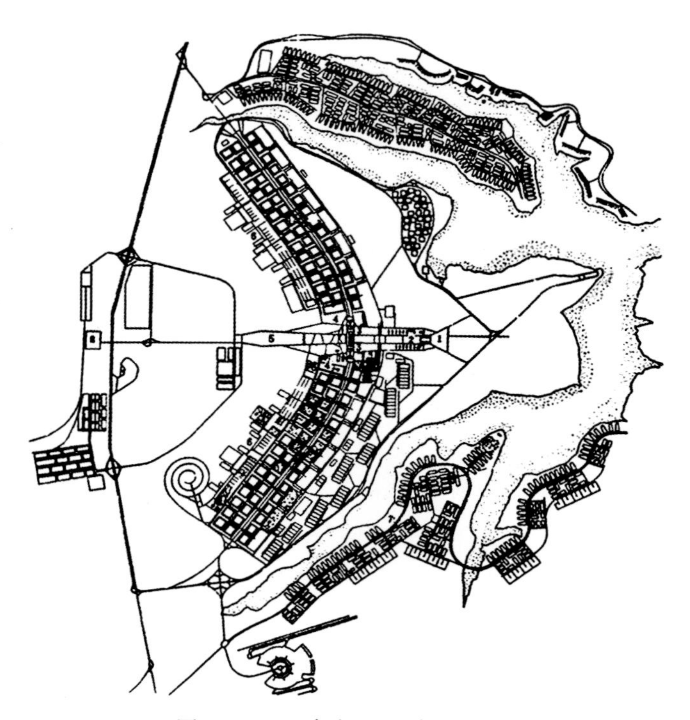

图1-35　巴西新都巴西利亚总平面

印度旁遮普邦的新首府昌迪加尔城市规划是由法国建筑师勒·柯布西耶设计的，面积约3600km²，人口规模为50万。规划突出了“人的感受”思想，空间开敞，把条条绿带穿越市区，所有道路节点设环岛式交叉口。行政中心、商业中心、大学区和车站、工业区由主要干道连成一个整体，次要道路将城市用地划分为800m×1200m的标准街区，横向步行商业街贯穿全城，是城市规划与生态环境融合的有益尝试（图1-36）。

4.“新城”运动方兴未艾

20世纪初开始流行的卫星城规划经过实践，由于规模小、就业面窄、生活居住配套不足，发展前景不好；更有的沦为单纯居住的“卧城”，反而增加了与中心母城间的潮汐式交通压力。于是，规模更大、具有“反磁力”效应的新城规划便应运而生。

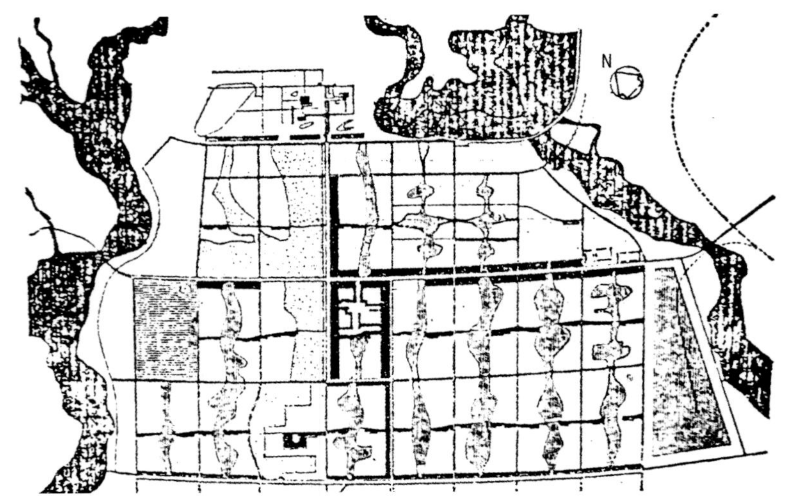

图1-36 印度昌迪加尔城市总体规划结构示意图

（1）英国 英国在20世纪50年代开始就率先进行了新城的规划建设，前后经历了三代新城实践。第一代和第二代新城实践结果是1955~1966年间建设的新城。英国第三代新城是指1967年后建设的新城。在伦敦周围先扩建3个旧镇，这三个旧镇是密尔顿·凯恩斯，北安普顿和彼得博罗，它们每个至少要达到20万人。密尔顿·凯恩斯是一个独立新城，被作为英国第三代新城的代表作，并声称将适应21世纪城市生活的要求（图1-37）。

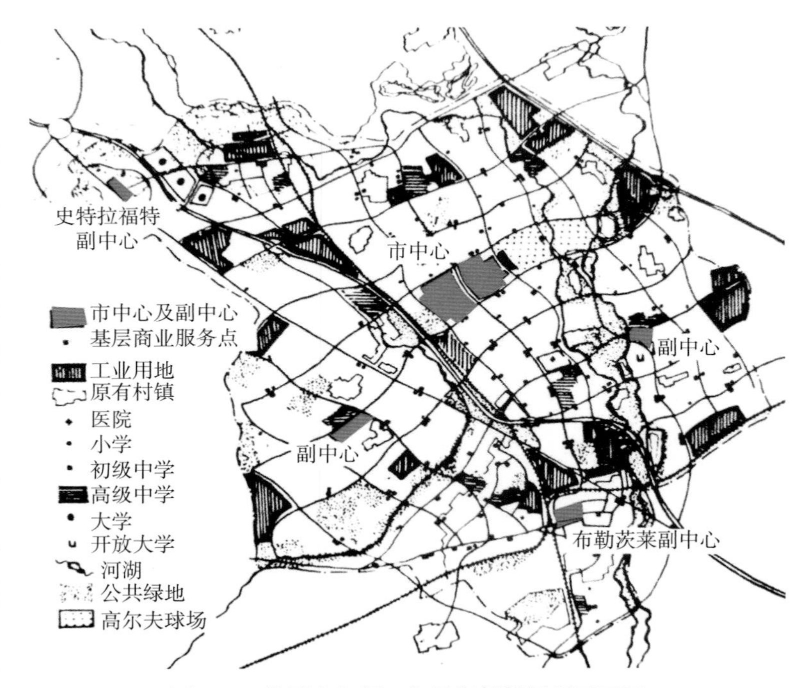

图1-37 英国密尔顿·凯恩斯新城规划平面图

（2）法国 法国大巴黎地区规划沿塞纳河两岸呈双轴线布局9个新城群，它们是综合性地区中心，每个新城可为其周围100万居民服务，这种布局格式打破了传统巴黎城的聚焦式结构，分散巴黎市中心的经济与行政职能，其中德方斯是其中最早得到实施的一个。它位于巴黎市中心主轴线香榭丽舍大街的延长线上，与卢浮宫、星形广场在同一条轴线，德方斯于1965年开始建设，是一个集行政、文教和居住三者一体的综合区（图1-38~图1-40）。

（3）美国 从1961年开始，美国在首都华盛顿外围规划了哥伦比亚新城，它距华盛顿市中心48km，距巴尔的摩市中心24km，面积约5300多hm^2，规划人口11万人。哥伦比亚新城的结构模式是以10个花瓣形组团所组成。每个组团人口约1万~1万5千人，各由3~4个邻里单位组成，每个邻里单位居住800~1200户，新城中心是以地区中心作为服务范围的，可为25万人服务（图1-41）。

（4）日本 从20世纪50年代起，日本经济在战后快速发展，东京的人口数量猛增。日本政府在1956年成立了首都圈整备委员会，开始研讨转移部分首都职能的问题，以疏散猛增的城市人口。1963年9月，政府批准了条件较好的筑波这一选址，并于1968年开始动工兴建新城。

筑波，位于距离东京50多km的筑波山西南麓。40多年来，这座科技新城集中了数十个高级研究机构和2所大学，是当时世界最知名的科技城之一。但是，筑波新城当初是为了分流东京人口而建立，如今其高新技术的产值在筑波总产值中所占的比重十分低，“科技城”的称号已有名无实，被世人称为“错进错出”。2011年，筑波被日本政府指定为国际战略综合特区，又迎来了一次发展机遇。目前，筑波提出了“面向未来推进全球化创新”的口号，正在谋求以“生活创新”和“环保（绿色）创新”为主

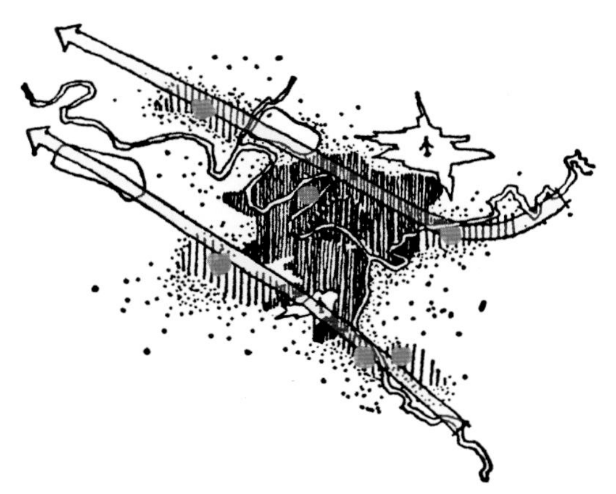

图1-38 大巴黎地区沿塞纳河两岸呈双轴线布局的新城群

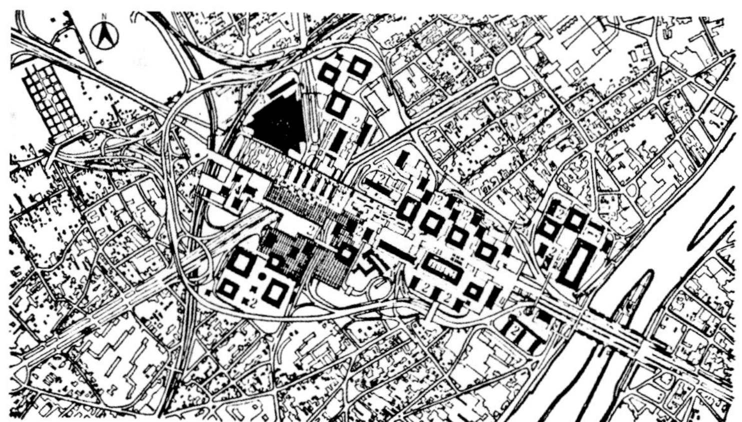

图1-39 德方斯中心区规划总平面图

图1-40 德方斯新城与巴黎旧城的对应空间关系

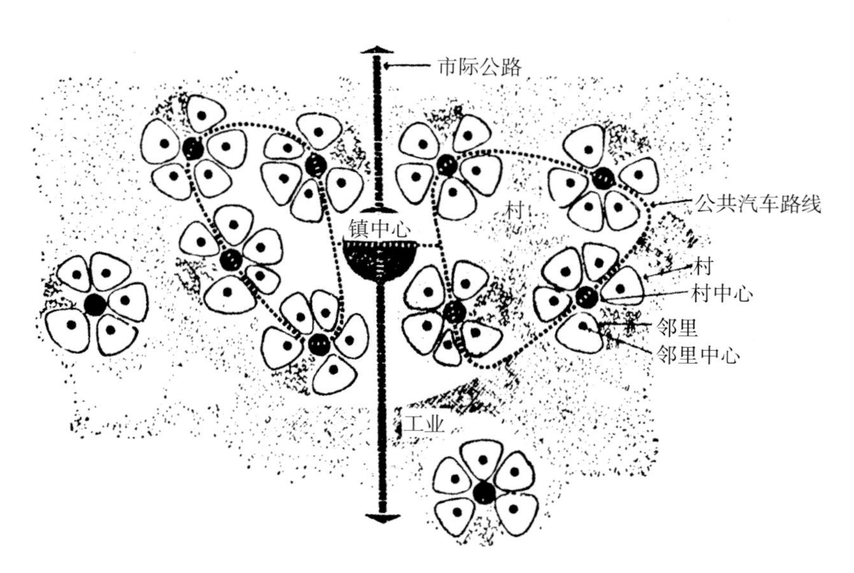

图1-41 哥伦比亚新城结构示意图

导，以新一代癌症治疗技术、生活支援机器人的实用化、藻类生物能源的实用化、世界级纳米技术基地、新药品和医疗技术研发、核医学检查药剂国产化和打造机器人医疗器械和技术的生产基地七大新科技领域为目标，努力拓展筑波科技新城的未来发展（图1-42）。

此外，在大阪湾东北沿海岸，以大阪为中心，以半径50km呈新月形的区域，包括京都、神户等大城市和历史古都奈良在内构成了大阪都市圈，人口达1700万人。在上述城市相互连接的轴心上，组成了人口、产业、文化等高度集中的多中心网络型的都市圈区域结构，激发城市了活力（图1-43）。

（5）中国　北京城市总体规划（2004-2020年）规划明确提出了“两轴—两带—多中心”的城市空间布局构思，新城是新的城市空间结构中的重要节点。根据规划，将发展新城11个，以有效疏解中心城区的压力。这些新城分别是：通州、顺义、亦庄、大兴、房山、昌平、怀柔、密云、平谷、延庆、门头沟。目前正在重点发展位于东部发展带上的通州、顺义和亦庄3个人口规模达100万的新城，该3个新城将成为北京中心城人口和职能疏解及新的产业聚集的主要地区，形成规模效益和聚集效益（图1-44、图1-45）。

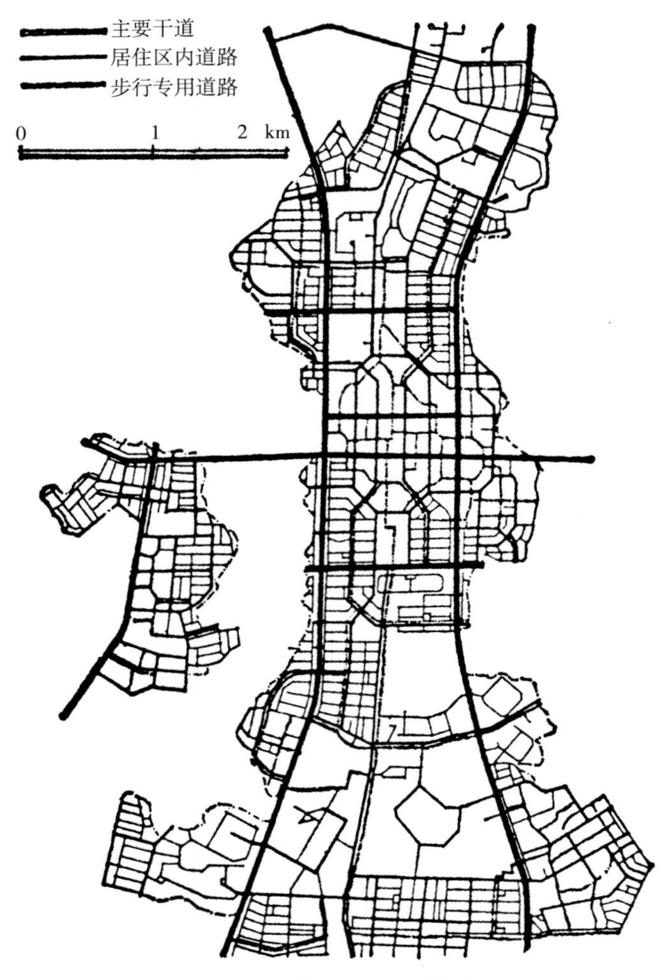

图1-42　筑波新城规划图

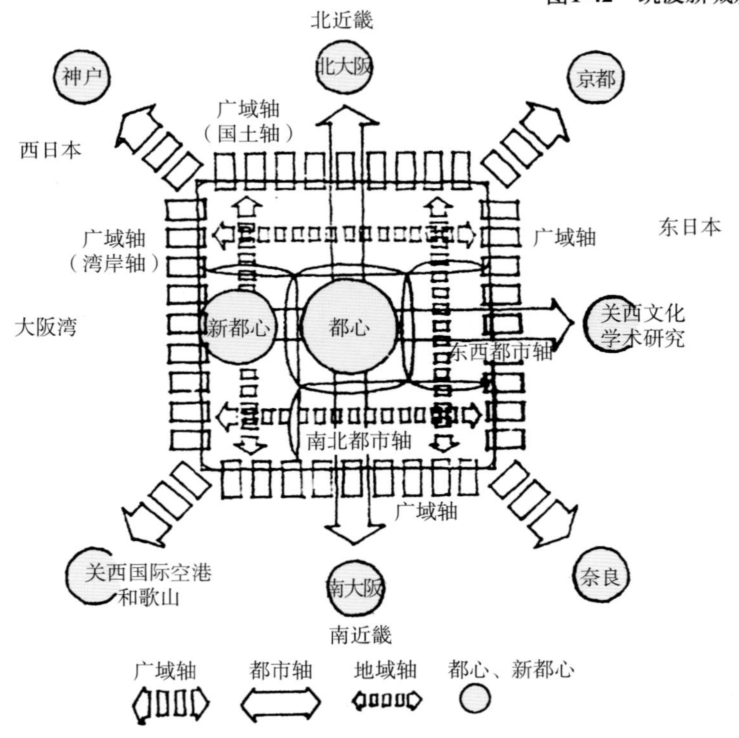

图1-43　大阪中心城基本格局结构示意图

图1-44 北京新城规划布局总平面图

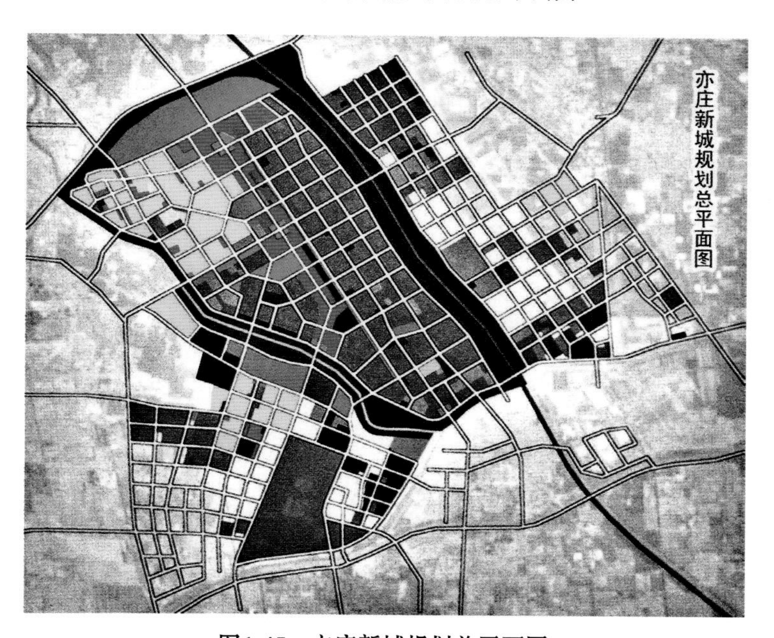

图1-45 亦庄新城规划总平面图

第三节 城市规划基本概念

通过城市、城市规划学的产生和发展及城市与自然环境的研究，可以对城市的本质有较深刻的认识。

一、对城市的认识

（一）城市的含义

城市的定义：城市是一定社会的物质空间形态，其人口具有一定规模，其居民大多数从事于非农业生产活动的聚居地。

人们聚居形成社会，城市的本质是人类社会生存活动的一种物质空间形态。一定社会是指人们在一定历史时期，一定地域可形成的一定的社会状态。不同时期、不同地域所形成的不同社会状态是不同的，其城市的物质空间形态也不同，其人口规模、文化意识、居民的非农业生产活动方式、生活聚居形式也不同。

古代城市，从我国文字的字义看，城是一种防御性的构筑物，市是交易场所。可以说城市是具有防御功能和商品交换的、非农业生产职能的聚居地。城市与农村的区别主要是产业结构之不同，也就是居民可从事的职业不同，还有居民的人口规模、生活方式及聚居密度之不同。

现代城市的含义，主要包括三个方面：人口数量、产业结构及形政管辖的意义。

我国1955年曾规定市、县人民政府的所在地，常住人口大于2000人，非农业人员超过50%，即为城市型居民点。工矿区常住人口如不足2000人，在1000人以上，非农业人口超过75%，也可以定为城市型居民点。

城市型居民点，按其行政区划的意义，可以有直辖市、市、镇等。目前是按一定的人口规模、国民经济产值并经过一定的常批手续而加以划定的。建制市及建制镇，只是行政管辖意义上的不同，在本质上并无不同。城市按行政管辖又可分为地级市、县级市等。

（二）城市的构成

城市由自然和社会两大要素所构成。自然包括土地、水、空气和生物等，社会则由人、人的物质生产生活而产生的政治、经济和文化所构成。

城市的兴衰，是城市各要素运动变化和相互作用的结果：城市因城市要素的良性互动而兴盛发展；也因城市要素的恶性变化而衰败甚至消亡。

（三）城市的特征

1）城市是人类适应自然、改造自然的产物；是人类社会以自然环境为载体，以第一产业为依托的非农业生产活动的聚居地。

2）城市是人类社会发展、经济活动最积极、最活跃的政治经济、文化中心，它对一定区域的影响具有巨大的辐射力和吸引力。

3）城市是人类物质文明和精神文明发展的产物，是历史文化的积淀，是社会发展的里程碑，是人类文明进步的重要标志。

4）城市是一个社会化、多功能、有机的整体，是一个复杂的、动态的综合体。

城市的产生、发展和建设，受政治、经济、文化和科技及地理环境等多种因素影响。城市是由于人类在聚集中对安全防御、生产、生活等方面的需求而产生，并随着这些需求变化而发展。人类聚居而形成社会，城市建设要适应和满足社会的需求，同时受到自然环境和科学技术发展的促进和制约。这就是城市发展与社会发展的本质关系。

（四）城市用地功能的构成

城市用地主要由居住类、生产类、公共服务类、市政基础类（含交通、能源、水、环卫、安保等）四大功能用地可组成。根据《中华人民共和国城乡规划法》（以下简称《城乡规划法》）和“城市用地分类”标准，城乡规划用地分为城乡用地和城市建设用地两个层面。（见国标GB 50137—2011《城市用地分类与规划建设用地标准》）。

1）城乡用地分为建设用地和非建设用地2大类、9中类、14小类（省略）。

2）城市建设用地，按使用功能其分为8大类、35中类、42小类。其中8大类功能用地为：

①居住用地。

②公共管理与公共服务设施用地。

③商业服务业设施用地。

④工业用地。
⑤物流仓储用地。
⑥道路与交通设施用地。
⑦公用设施用地。
⑧绿地与广场用地。
注：在某些城市还有特殊用地、发展备用地等。

城市是由上述八类功能用地构成的一个有机整体。这八类用地及其设施在城市空间布局上和规模大小上，都是根据各自的功能特点，按一定比例设置的。不同功能设施之间是相互依托、相互制约的。在城市规划工作中只有科学、合理地配置好这八类城市用地，城市建设才能得到健康、有序的发展。

当今，我们国家正处在城市化高速发展时期，根据社会发展和市场化的需要，某些用地功能正向可兼容的综合化方向过渡。

（五）城市发展的动因和条件

纵观城市发展史、可以显示出人类社会对物质财富和精神文明的追求是城市发展的动因，科学技术进步、生产方式推动了社会和城市发展。但是城市能否如愿发展，必须具备如下条件：

（1）自然条件　是指良好的自然环境和丰富的自然资源，这是城市发展的物质基础。

（2）社会条件　是指良好的政治、政策及和谐、稳定的社会环境是城市发展的必要条件。

（3）经济条件　城市建设需要巨大的资金支撑，充足的人力、物力、信息流不断地交换而生存和发展的。良好的交通条件和运输方式是城市发展的重要条件。

我们只有不失时机地把握好城市发展的动因和条件，才能把城市规划好、建设好。

二、对城市总体规划的认识

（一）城市总体规划的含义和任务

1. 城市总体规划的含义

城市总体规划是对城市未来发展进行谋划的一种手段。是城市政府根据城市社会生活和社会经济发展的需求，根据现实的社会条件和自然条件的可能，对城市未来发展及各项城市建设进行的城市空间布局和建设时序的综合部署。

2. 城市总体规划的任务

是根据一定时期城市的社会、经济发展目标，确定城市性质、规模和发展方向，合理利用城市土地，协调城市空间功能布局，维护公共生活空间秩序及各项城市建设而进行的未来空间时序的综合安排。城市总体规划是城市建设和城市管理的依据，是实现城市社会经济发展目标的很重要手段。

在我国社会主义市场经济体制下，城市规划的根本任务是合理、有效、公正地创建和谐、有序的城市和工作生活环境。这项任务包括实现社会政治经济的决策意志，及实现这种意志的法律、法规和管理体制，同时也包括实现这种意志的工程技术、生态环境保护、文化传统保护和空间美化设计，以指导城市空间的和谐发展，以满足社会、经济、文化发展及市民的物质文明、精神文明日益发展的需要。

3. 城市规划与城乡规划

中国现阶段正处于城市发展、农村城市化快速发展时期。由于城市迅速发展、城乡争地加剧、生态环境恶化，社会矛盾重重。城市规划本身就城市论城市，已不能解决城市问题和社会发展问题，必须走城乡一体化发展道路。为此，2007年10月我国颁布了第一部《城乡规划法》，社会经济发展，从城市规划扩展到了“城乡规划”。继后又开展了“区域规划”和“国土规划”工作。

根据《城乡规划法》，城乡规划的根本任务是协调城乡空间布局，改善人居环境、促进城乡经济社会全面协调可持续发展。打破城、乡二元体制，促进城乡居民的居住、生产、文化生活得到协调发展，促使城乡生态环境得到保护和修复。为城乡社会创造一个公正、和谐、安全、舒适、充满生机的生活环境。

由于城市在城乡一体化的发展中占有主导作用，城市是社会、经济的主体，因此城市规划依然是城乡规划的核心内容，是城乡规划的重要组成部分。

（二）城市总体规划在国民经济和社会发展中的地位和作用

城市总体规划在不同历史时期有着不同的地位和作用。

在农业时期，封建统治阶级出于政治和军事需要，通过城市规划而达到防卫和安居的目的。那时的城市规模小而少，城市生活依附农业生产而生存，城市不是社会生活的主体，城市规划在国民经济和社会发展中不占主导地位和作用。

工业化时期，工业革命创造了巨大财富，工厂、资本、人口迅速向城市集聚，城市迅速膨胀发展。城市社会经济已成为国家和地区的社会经济主体。但是，由于城市的工业、人口是无计划的，自发展起来的，造成城市环境恶化，交通拥挤、社会矛盾加剧。为解决上述矛盾，人们开始认识到规划的重要性，呼吁城市规划，并提出了一些城市改造和城市发展的规划设想及规划方案。但此时的城市规划还不具备法律地位。城市规划没有法律保障。

后工业化时期，因城市化水平提高了，城市和城市经济，成为国家社会生活的主体。由于现代城市生活内容更加丰富、城市功能结构更加复杂、人文水平要求更高了，城市规划、建设和管理，对国民经济和社会发展起着极为重要作用。这些国家大都以立法形式确立了城市规划在国家生活中的法律地位，人人必须遵守，依法办事。

我国1989年颁布的《城市规划法》和2007年颁布的《城乡规划法》确立了城市规划和城乡规划在我国社会经济发展中心的法律地位。《城乡规划法》规定：各级人民政府都要根据城乡经济社会发展需求制定本地城乡规划，要先规划后建设，认真实施规划。在规划区内进行建设活动，必须遵守本法。从此，城市规划、建设和城市管理得到了法律保障。

（三）城市规划工作的特征

城市中产业和人口的高度集中，城市问题十分复杂，城市规划涉及政治、经济、社会、文化、工程技术、美学艺术及人民生活的广泛领域，因而城市规划工作具有如下特征：

1. 城市规划是综合性工作

城市的社会、经济、环境等要素，既相互依存又相互制约，城市规划要对各项要素进行统筹安排，使之各得其所、协调发展。综合性是城市规划的重要特征，如考虑建设条件时，涉及气象、水文、地质等问题；研究城市性质、规模时，涉及自然资源和社会条件等诸多问题；研究城市空间布局、城市景观风貌、园林绿化时，又从城市功能、建筑艺术的角度来分析；当具体布置各项建设项目时，又涉及大量工程技术问题，上述问题，都密切相关，不能孤立对待。因此，城市规划工作者应有广泛的知识面，树立全面观点，具有综合工作能力，在工作中主动与有关部门协作配合。

2. 城市规划是政府组织、市民参与的公共性工作

城市规划是根据城市社会经济发展目标，确定城市发展方向，合理安排城市用地和各项城市建设的综合部署。城市规划工作涉及城市的方方面面和各个部门，关系到每个市民的居住、工作和生活。这是一项内容广泛、专业性很强的公共性工作。必须由当地人民政府组织、专家领衔、市民参与，在深入调查研究，准确把握城市的社会状况和自然状况的条件下，才能制定出一个科学、合理的好规划，确保城市健康、有序地发展。因此，城市规划工作者在编制城市规划时，必须在当地政府的组织领导下，和有关部门密切合作，广泛听取市民意见。使编制规划过程同时也是宣传规划、动员实施规划的过程，使城市规划真正成为当地政府组织城市建设的有力手段。

3. 城市规划是政策性很强的工作

城市规划既是城市各种建设的战略部署，又是组织合理的生产、生活环境的手段，几乎涉及国家经济、社会、文化有关的每个部门。特别是在城市总体规划中，一些重大问题的解决都必须以国家有关方针政策为依据。例如，城市的性质、规模、工业配置，居住面积的规划指标，各项建设的用地指标等，不仅是技术和经济的问题，而且关系到生产力发展水平、人民生活水平、城乡关系、消费与积累比例等重大问题。因此，城市规划工作者必须加强政策观点，努力学习国家各项方针政策，在工作中认真贯彻

执行。

4. 城市规划是一项长期性的工作

城市规划既要预计今后一定时期发展和估计长远发展的要求，又要解决当前建设问题；既要有现实性，又要有预见性。但是，社会是在不断发展变化的，影响城市发展的因素也在变化，在城市建设过程中，会不断产生新情况、新问题，提出新要求。因此，作为指导城市建设的城市规划也不可能是一成不变的，应当根据实践的发展和外界因素的变化，适时地加以调整或补充，不断地适应发展需要，使城市规划逐步更趋近于全面地、正确地反映城市发展的客观实际。所以说城市规划是城市发展的动态规划，是一项长期性、经常性的工作。

虽然规划要不断地调整和补充，但是每一时期的城市规划都是建立在当时的政策和经济社会发展计划的基础上，经过调查研究而制定的。城市规划一经政府主管部门批准，就具有法律效力，它是一定时期内指导城市建设的依据。因此，城市规划一经批准，必须保持相对的稳定性和严肃性，不得随意变更，只有经过法定程序才能调整和修改。

（四）城市规划工作的基本内容

城市总体规划的基本内容是依据社会经济发展目标和各项环境要求，根据区域规划要求，在充分研究城市的自然、社会、经济和技术发展条件的基础上，制定城市发展战略，确定城市性质，预测城市发展规模，选择城市用地布局和发展方向，按照工程技术和环境要求，综合安排城市各项工程设施，并提出近期控制引导措施。主要有以下10项主要内容：

1）收集完善基础资料和实地现场踏勘调查。

2）研究区域和城市的社会经济发展目标的条件和措施。

3）研究确定城市性质、发展规模，拟定城市分期建设的技术经济指标。

4）确定城市功能的空间布局，合理选择城市各项用地，考虑城市的长远发展方向。

5）提出市域城镇体系规划，确定区域性设施的规划原则。

6）拟定新区开发和旧区利用、改造的原则、步骤和方法。

7）确定城市各项市政基础设施和工程措施的原则和技术方案。

8）拟定城市建设艺术布局的原则和要求。

9）拟定城市分期建设计划，安排重要的近期建设项目，为当前建设工程设计提供依据。

10）拟定实施规划的法律保障条例。

由于每个城市的自然条件、社会条件、现状条件、发展战略、性质、规模和建设速度各不相同，规划工作的内容也随具体情况而变化。新建城市，其建设地点主要取决于该地区的资源条件、生产力的合理配置，选择用地时应着重了解当地的自然条件、交通运输情况等。在新城第一期建设时，应在满足工业建设的同时，妥善解决城市基础设施和生活服务设施的建设。面对旧城，在规划时要充分利用城市原有基础，依托老区，发展新区，有计划地改造老区，使新、老城区协调发展。

性质不同的城市，其规划的内容各有特点和侧重。如在工业为主的城市规划中，着重分析原材料、劳动力来源，能源、交通、水文、地质情况，工业布局对城市环境的影响，以及生产与生活之间矛盾的研究。而风景旅游城市规划，风景区和风景点的布局、风景资源的保护和开发、生态环境的保护，旅游设施的布置及旅游路线的组织都是规划工作的侧重点。历史文化名城，要充分考虑有价值的建筑、街区的保护和地方特色的重要因素等。

社会因素也是城市规划应当考虑的重要问题。如就业岗位的安排、老年人问题、不同职业、不同收入水平、少数民族的风俗习惯、不同文化背景的社会团体之间的协调等社会发展条件在城市规划中也应予以高度重视。

总之，城市规划必须从实际出发，既要符合城市发展普遍规律的要求，又要针对各种城市不同性质、特点和问题，根据社会经济发展需求和现状条件，确定规划主要内容和处理方法。社会不断发展，城市不断新陈代谢，城市的发展目标和建设条件也在不断变化，所以城市规划的修订、调整是周期性的长期工作。

三、我国城镇化的特性

我国城镇化发展迅猛，但是在人口多、生态环境比较脆弱、资源相对短缺及区域发展不平衡的总体背景下推进的，这决定了我国必须从社会主义初级阶段这个最大的实际出发，遵循城镇化发展规律，走出具有中国特色新型城镇化道路。

（一）我国推进城镇化的基本原则

1. 以人的城镇化为核心

为了加快我国的农民工市民化发展步伐，根据国家职能部门的预测，将要有数亿的非城镇户人口将进城落户，以人的城镇化为核心的大趋势正在形成。同时，稳步推进城镇基本公共服务对常住人口的全覆盖，使全体居民共享现代化建设成果。

2. 城乡统筹

促进城镇发展与产业支撑、就业转移和人口集聚相统一，理顺以工促农、以城带乡、工农互惠、城乡一体的新型工农、城乡关系。形成“六化”格局：推动信息化和工业化深度融合、工业化和城镇化良性互动、城镇化和农业现代化相互协调。

3. 优化布局，集约高效

以综合交通网络和信息网络为依托，合理控制城镇开发边界，严格控制城镇建设用地规模，严格划定永久基本农田，优化城市内部空间结构，促进城市紧凑发展，提高国土空间利用效率。

4. 生态文明，绿色低碳

节约集约利用土地、能源、水等自然资源，强化环境保护和生态修复，形成绿色低碳的生产和生活方式以及城市运营模式。

5. 传承文化，彰显特色

形成符合实际、各具特色的城镇化发展模式。根据不同地区的历史文化及自然禀赋，努力体现地域的差异性；提倡形态多样性，防止千城一面；发展有历史记忆、文化脉络、地域风貌、民族特点的美丽城镇。

（二）我国推进城镇化的发展目标

概括主要有下述四项发展目标：

1. 城镇化水平和质量稳步提升

城镇化健康有序发展，计划到2020年，常住人口城镇化率达到60%左右，户籍人口城镇化率达到45%左右，努力实现农业转移人口和其他常住人口在城镇落户。

2. 城镇化格局更加优化

实现“两横三纵”为主体的城镇化基本战略格局，新一代的城市群集聚经济、人口功能明显增强，东部地区城市群一体化水平和国际竞争力明显提高，中西部地区城市群成为推动区域协调发展的新的重要增长极。城市规模结构更加完善，中心城市辐射带动作用更加突出，中小城市数量增加，小城镇服务功能增强。

3. 城市发展模式科学合理

密度较高、功能兼容的集约紧凑型开发模式将成为主导，人均城市建设用地指标进一步严格控制在100m^2以内，建成区人口密度逐步提高。绿色生产、绿色消费成为城市经济生活的主流，节地、节水、节能、节材的“四节”型城镇进一步普及。

4. 城镇生活和谐宜人

稳步推进义务教育、就业服务、基本养老、基本医疗卫生、保障性住房等城镇基本公共服务覆盖全部常住人口，基础设施和公共服务设施更加完善，消费环境更加便利。自然景观和文化特色得到有效保护，城市发展个性化，城市管理人性化、智能化。

（三）新型城镇化主要指标

我国的新型城镇化主要指标大致可分为4大类18小类，具体见表1-5。

表1-5 新型城镇化主要指标一览表

	指标	2012年	2020年
	城镇化水平		
1	常住人口城镇化率（%）	52.6	60左右
2	户籍人口城镇化率（%）	35.3	45左右
	基本公共服务		
3	农民工随迁子女接受义务教育比例（%）		≥99
4	城镇失业人员、农民工、新成长劳动力免费接受基本职业技能培训覆盖率（%）		≥95
5	城镇常住人口基本养老保险覆盖率（%）	66.9	≥90
6	城镇常住人口基本医疗保险覆盖率（%）	95	98
7	城镇常住人口保障性住房覆盖率（%）	12.5	≥23
	基础设施		
8	百万以上人口城市公共交通占机动化出行比例（%）	45※	60
9	城镇公共供水普及率（%）	81.7	90
10	城市污水处理率（%）	87.3	95
11	城市生活垃圾无害化处理率（%）	84.8	95
12	城市家庭宽带接入能力/Mbps	4	≥50
13	城市社区综合服务设施覆盖率（%）	72.5	100
	资源环境		
14	人均城市建设用地/m^2		≤100
15	城镇可再生能源消费比重（%）	8.7	13
16	城镇绿色建筑占新建建筑比重（%）	2	50
17	城市建成区绿地率（%）	35.7	38.9
18	地级以上城市空气质量达到国家标准的比例（%）	40.9	60

注：1. 带※为2011年数据。
2. 城镇常住人口基本养老保险覆盖率指标中，常住人口不含16周岁以下人员和在校学生。
3. 城镇保障性住房包括：公租房（含廉租房）、政策性商品住房和棚户区改造安置住房等。
4. 人均城市建设用地：按国家《城市用地分类与规划建设用地标准》规定，人均城市建设用地标准为65.0~115.0m^2，新建城市为85.1~105.0m^2。
5. 城市空气质量国家标准：在1996年标准基础上，增设了$PM_{2.5}$浓度限值和臭氧8h平均浓度限值，调整了PM_{10}、二氧化氮和铅等浓度限值。

四、城市规划的编制

（一）城市规划编制的依据

1）依据国家《城乡规划法》和地方《城乡规划条例》，依法编制城市规划方案。

2）依据国家和地方出台的有关城乡规划设计的技术规范、标准等法规性的文件，用于指导城乡规划各层次、各阶段规划方案的编制。

3）依据国民经济和社会发展规划以及与城乡发展、城市建设有关的方针政策，开展城乡规划的编制工作。

4）依据城乡社会的生产、生活需求和社会环境 及自然环境条件，组织编制城乡规划。

（二）城乡规划的编制原则

1. 遵循国家发展在一定时期的方针路线和计划政策

国家关于经济和社会发展的中长期规划及各阶段的“五年规划”，都是编制或修编城乡总体规划的重要依据；城乡规划应该在总体规划和空间布局方面予以体现与落实。

2. 在区域规划的总体布局框架内，科学合理地拟定城市发展目标

城市总体规划的上位依据是区域规划，它是更大空间范围内的统筹部署，如京津冀、环渤海、“长三角”、“珠三角”、云贵川等地域，它是编制各地城乡规划的依托；城市仅是依存于区域的“个体”，城市规划应该要符合区域产业布局、人口发展、环境保护、防灾减灾、国防建设及公共安全等的前提下，根据本城市社会经济发展的需求及现实条件的可能拟定城市发展目标，只有如此，城市才能有正常意义上的有序发展。

3. 以城乡一体化的规划原则，统筹兼顾，协调配置，和谐发展

总体规划应在城镇与乡村统筹兼顾、协调发展的原则指导下，坚持在人口与资源、三大产业布局、资源配置、环境保护等方面协调兼顾，实现真正的城乡一体化发展目标。

4. 坚持适用、经济、美观及城市安全

在城市功能布局和城市空间规划中，贯彻勤俭建国方针，用最少的投入（包括人力、物力、财力和资源承载力），获取最大的效益，即社会、经济、环境三大效益，并把城市安全放在重要位置。对于国外的先进经验和优秀的规划范例，可以吸收其精髓实质，而不宜盲目追求它的标准和形式。要在国力允许的前提下，把实用、经济、美观结合起来，提升民族文化自信力，杜绝“山寨式”城市和怪异的“形象工程”。

5. 合理利用自然资源，节约用地，节约用水和能源，发展绿色循环经济

我国人口多、土地资源不足，合理使用土地、节约用地是我国的基本国策，也是我国长远利益所在。城市规划必须树立“一要吃饭，二要建设”的全面观念，对每项城市用地必须精打细算，在城市功能的合理性和建设运行的经济性的前提下，各项发展用地的选定，要尽量使用荒地、坡地，少占或不占良田沃土。

城市规划应贯彻城市建设与生态环境保护相结合原则。城市发展建设，尤其是工业建设对生态环境保护有一定影响，但绝不是对立的、不可协调的。城市的合理布局是保护城市生态环境的基础，城市自然生态环境和各项特定的环境要求，都可以通过适当的规划技巧，把建设开发和生态环境保护有机地结合起来，力求取得经济效益、社会效益和环境效益的统一。在城市总体规划中，合理利用自然资源、节能减排，低碳生态，是经济发展与生态环境保护达到和谐的必由之路。

6. 保护生态环境，保护历史文化遗产，建设宜居文明城市

城市、乡镇、村落乃至山水环境，都是历史文化遗存的载体。促进新技术在城市发展中的应用，保护历史文化遗产，继承优秀的文化传统，对保持城市发展过程的历史延续性，对城市物质文明和精神文明建设具有重要意义。在城市规划中，必须保护优秀历史文化遗产，对有纪念意义、教育意义和科学艺术价值的文物古迹，把开发和保护、继承和发展结合起来。在少数民族地区，结合当地的风俗习惯，努力创建具有民族特色的城市风貌。

7. 突出有规划、有计划分期实施和基础设施先行

从实际出发，就是从我国国情和当地市情出发。任何城市规划的制定，包括规划指标的选用、建设标准的确定、分期建设目标的拟定，都必须符合国情和市情。因为我国幅员广大，城市众多，各地自然、区域、经济、社会发展程度不同，城市规划不能简单地采用统一模式，应具体分析，提出切实可行的规划方案。并贯彻勤俭建国方针，编制切实可行的分期实施规划。

基础设施是城乡赖以正常运行、经营和发展的保障，现代城镇。乡村的建设规划，必须坚持基础设施先行，尤其是交通、市政基础设施和环保、防灾等规划，要把它们从传统的“配角”的角色调升为支撑保障的地位。

（三）城乡规划的编制内容

城市规划是城市政府关于城市发展的决策。城市规划工作的步骤、阶段划分与编制方法，基本上都是按照由抽象到具体、从战略到战术的层次决策原则进行。

根据我国“城乡规划法”规定，城乡规划包括城镇体系规划、城市规划、镇规划、乡规划和村庄规划。城市规划、镇规划分为总体规划和详细规划。总体规划的专业性规划除了传统的内容之外，还应该包含文化旅游、低碳生态、智慧城市等章节。

在我国，编制总体规划的实际工作中，为了便于工作的开展，在正式编制城市发展规划之前，首先由城市人民政府组织制定城市总体规划纲要，对确定城市发展的主要目标、方向和内容提出原则性意见，作为规划编制的依据。

编制城市发展战略层面的规划是研究确定城市发展目标、原则、战略布置等重大问题，表达的是城市政府对城市空间发展战略方向的意志，城市规划纲要、城镇体系规划、总体规划都属于这一层面。

制定控制引导层面的规划是对具体每一块用地的未来开发利用做出法律规定，它必须尊重并服从发展战略对其所在空间的安排，但也可以依法对上一层面的规划进行调整。我国控制性详细规划和修建性详细规划都属于这一层面。

（四）城市规划的审批

城市规划必须坚持严格的分级审批制度，以保障城市规划的严肃性和权威性。

1）城市规划纲要必须经城市人民政府审核同意。

2）国务院城乡规划主管部门会同国务院有关部门组织全国城镇体系规划，并由主管部门报国务院审批。省、自治区人民政府组织编制省域城镇体系规划，报国务院审批。

3）城市人民政府组织编制城市总体规划。直辖市的城市总体规划由直辖市人民政府报国务院审批。省、自治区人民政府所在地的城市以及国务院确定的城市的总体规划，由省、自治区人民政府审查同意后，报国务院审批。其他城市的总体规划，由城市人民政府报省、自治区人民政府审批。

县人民政府组织编制县人民政府所在地镇的总体规划，报上一级人民政府审批。其他镇的总体规划由镇人民政府组织编制，报上级人民政府审批。

规划的组织编制机关编制的省域、市域城镇体系规划、城市总体规划、镇总体规划，在报上一级人民政府审批前，应先经本级人民代表大会常务委员会审议，并将审议意见和根据审议意见修改规划的情况一并报送。

4）城市、县人民政府城乡规划主管部门根据城市、镇总体规划的要求，组织编制本城市、镇的控制性详细规划，经本级人民政府批准后，报本级人民代表大会常务委员会和上一级人民政府备案。

5）城市、县人民政府城乡规划主管部门和镇人民政府可以组织编制重要地块的修建性详细规划。修建性详细规划应当符合控制性详细规划。

以上关于城市规划工作中各个阶段的内容和审批办法的规定，是根据我国现阶段的“城乡规划法”的实际情况制定的。

城市总体规划一经批准就具有法律作用，必需保证城市总体规划应有的严肃性及连贯性。

五、城市规划的实施

城市规划依法批准后，就具有法律作用。政府有关部门将依法实施规划管理、规划监督检查和规划修改，确保城市建设按规划落实。

（一）城市规划实施管理

1）城乡各级政府根据当地社会经济发展水平和城乡居民的工作、生活的需要，有计划、分步骤地组织实施城乡规划。城市建设和发展应当统筹兼顾，优先安排基础设施及公共财物设施的建设，妥善处理新区开发与旧区改造的关系，严格保护自然资源和生态环境，认真保护历史文化遗产和传统风貌，统筹风景名胜区建设，充分利用地下空间、节约用地、综合开发。

2）城乡规划行政主管部门按照一定法律程序，通过办理建设项目的申报审批手续来实施规划管理。具体措施如下:

①核发“规划（选址）意见书”或“规划设计条件”。按照国家规定，建设单位在报道有关部门批

准或者核准前，向城乡规划主管部门申请核发“选址规划意见书”或“规划设计条件”以便开展土地征用、规划设计等工作。

②核发“建设用地规划许可证”。需要提供国有土地用权的建设项目，由城市城乡规划主管部门依据政府有关部门批准 文件及“选址规划意见书”，核发建设用地规划许可证。

③核发“建设工程规划许可证”。在城乡规划区内进行任何建设，建设单位或个人应当向城乡规划主管部门申请办理建设工作规划许可证。规划主管部门，依据“规划设计条件”和“修建性详细规划方案”核发“建设工程规划许可证”。

上述“一本两证”是城乡规划管理的三个法律性文件，任何建设项目必须依法实施，不可随意改动，这是实现规划的有力保障。

（二）城乡规划的监督检查

1）城市人民政府、城乡规划主管部门，应当加强对城乡规划的编制，审批、实施和修改的监督检查。对依法应该编制规划而未编制或未按法定程序编制、审批、修改的城乡规划；对不具有相应资质等级单位编制城乡规划的；对人民政府、城乡规划主管部门及有关行政管理部门，未按法定程序，或法律法规越权审批的单位和个人，对未取“建设工程规划许可证”，或未按许可证规定而进行建设的单位和个人应依法给予查处。

2）城乡规划监查部门对建设工程施工放线挖槽时，到达现场依法验线验槽，确保建筑位置按规划施工。建设工程竣工后，规划监查部门依法实施竣工验收，凡未按批准的规划许可证规定进行施工的单位或个人，依法给予处罚。对临时建筑未按规定、违法占地、违法建筑，规划监查部门应依法及时查处，确保城乡建设依法按城乡规划实施。

（三）城乡规划的修改

我国《城乡规划法》规定城乡规划包括城镇体系规划、城市规划、镇规划、乡规划和村庄规划。城市规划、镇规划分为总体规划和详细规划。详细规划分为控制性详细规划和修建性详细规划。上述不同阶段的规划方案，是由不同级别的有关政府部门依法编制审批的。上述规划方案依法批准后，便具有法律作用，任何单位或个人都无权随意修改。但是，在现实工作中往往因政治、经济、文化的影响变化，对城乡社会经济发展提出新要求，或因具体建设项目的特殊需求，原来审定的规划设计方案或规划设计条件已不适应，需要修改。建设单位必须报请原审定的政府有关部门，按照法定程序和权限依法进行修改和调整，任何单位和个人无权修改，否则，视为违法。

城乡规划是城乡社会经济发展的蓝图，是建设城乡、管理城乡的依据；是协调城乡空间布局、改善人居环境、促进城乡经济社会全面协调可持续发展的法律保障。规划者必须以极大的努力，依照《城乡规划法》科学制定出好规划，严格按城乡规划去建设城市、管理城市，才能保障城乡社会经济全面、稳步、健康地发展。

第四节　总体规划的编制要领

一、坚持规划的“两条腿走路”总方针

我国的城市规划与欧美发达国家相比，他们的总体规划除了有必要的文本图纸之外，还有比文本图纸更多而完整的实施法律保障。而我国的城市总体规划一般只是局限于自然学科门类研究，满足于定方向、定指标、定布局，却缺乏社会学科的支撑保障。似乎是一条腿走路，总是走不好。应该肯定，我国的城市总体规划的文本理念很好、指标很多、图表也很丰富，但传统的规划文稿偏重于论述，缺乏必要的论证，如阐述依据、保障性法规条例和实施细则。如此的规划文件容易使城市总体规划的内容空泛，也致使城市总体规划总是频繁地修编和修改，使总体规划失去法律文件应有的严肃性和连续性。

二、规划立法至关重要

总体规划有两大功能：引导与控制，它必须有法律的、经济的和行政的手段来加以保障。因此，总体规划的编制或修改，不能仅停留在传统的修修补补，而应该是一次更高层面的深化改革；只有从战略性的顶层综合全面筹划思维，总体规划的编制才能取得革命性的进展。

在我国2015年4月颁布的《中共中央国务院关于加快推进生态文明建设的意见》中，着重指出必须“加强城乡规划‘三区四线’（禁建区、限建区和适建区，绿线、蓝线、紫线和黄线）管理，维护城乡规划的权威性、严肃性”（表1-6）。

表1-6　城乡“三区四线”规划及管理内涵

序号	区线名称	用地内容	规划管理要求
1	禁建区	基本农田、行洪河道、水源地一级保区、风景名胜区核心区、自然保护区核心区和缓冲区、森林湿地公园生态保育区和恢复重建区、地质公园核心区、道路红线和区域性市政走廊范围、文物保护单位范围城市绿地、地质灾害易发区、矿产采空区等	禁止城市建设开发活动
2	限建区	水源地二级保区、地下水防护区、风景名胜区非核心区、自然保护区非核心区和缓冲区、森林公园非生态保育区、湿地公园非保育区和恢复重建区、地质公园非核心区、陆海交界生态敏感区和灾害易发区、文物保护单位建设控制地带、文物地下埋藏区、机场噪声控制区、市政走廊预留和道路红线外控制区、矿产采空区外围、地质灾害低易发区、蓄滞洪区、行洪河道外围一定范围等	限制城市建设开发活动
3	适建区	已经划定为城市建设用地的区域	合理安排产业、生活、生态用地，确定开发的时序、模式和强度
4	绿线	城市各类绿地范围的控制界线	规定保护要求和控制指标，严控城市建设开发活动
5	蓝线	规划中确定的江、河、湖、水库、渠道和湿地等地表水体保护控制地域的界线	规定保护要求和控制指标，禁止城市建设开发活动
6	紫线	划定国家历史文化名城内的历史文化街区，省、自治区、直辖市人民政府公布的历史文化街区，以及城市历史文化街区以外经县级以上人民政府公布保护的历史建筑保护范围的界线	规定保护要求和控制指标，控制城市建设开发活动
7	黄线	对城市发展全局有影响、必须控制的城市基础设施用地的控制界线	规定保护要求和控制指标，控制城市建设开发活动

在依法治市的指导思想统领下，应该把总体规划中各重要的条文，分别对应地制定配套的实施条例细则，其篇幅甚至要比传统的城市总体规划说明书更多才可以。总体规划的文件应包含相应的立法条例法规文本，同时编制、同时上报、同时审批。并建立与之相适应的机制。也只有这样，才能确保城市总体规划不再沦为空谈。

华盛顿的总体规划在1789年由法裔美国人皮埃尔·夏尔·朗方主持规划设计，由于经过严格的立法审批，220多年来虽经多次政府更迭，其严控的城市功能、完整的格局和严谨的空间轮廓，一直受到法律的严格保护控制，成为世人肯定的城市规划和建设管理楷模（图1-46~图1-48）。

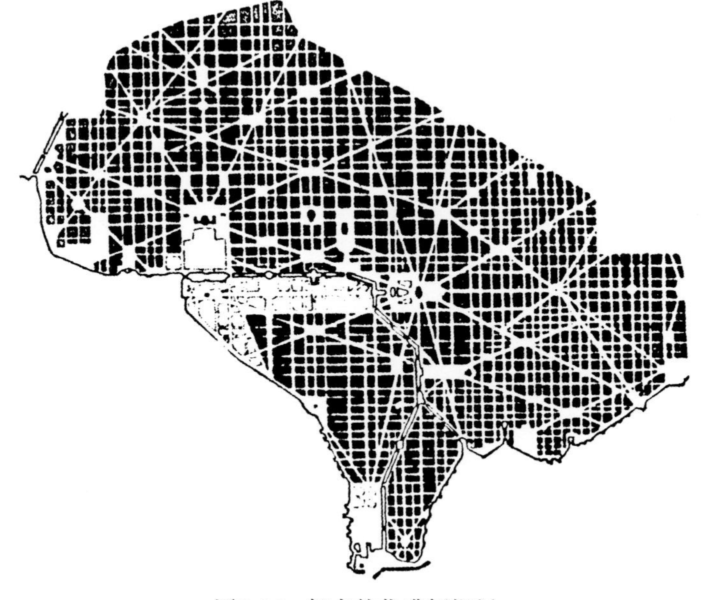

图1-46　朗方的华盛顿规划

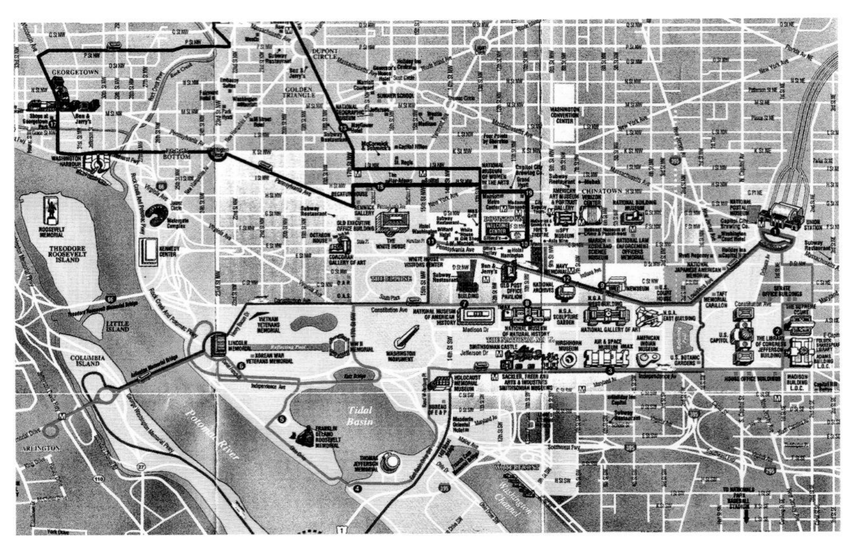

图1-47　华盛顿中心区总平面

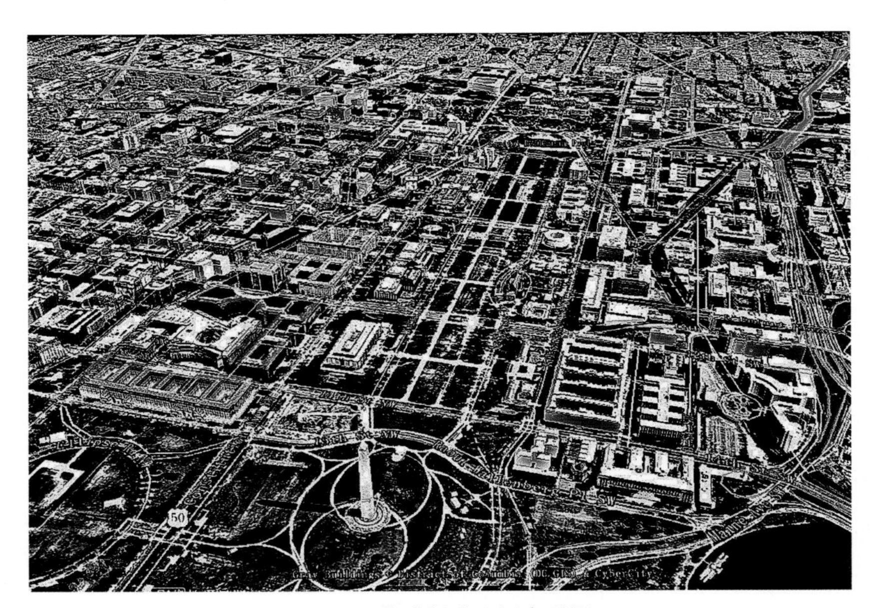

图1-48　华盛顿中心区鸟瞰图

在这方面，城市总体规划的完整成果宜参考欧美发达国家“两条腿走路”的做法：规划文稿和图纸要有，更要有实施总体规划的一系列配套法规条例。

三、加强科学论证

对总体规划中重要的指标和数据，提出后必须补充论证依据，才能切实地实现。

（一）人口规模

许多总体规划提出的人口控制指标，往往不到规划期末就突破人口指标，使得城市的土地、环境、交通等各方面总是陷于被动的局面，而总体规划的人口屡“控制”也往往屡失控，跳不出其恶性旋涡。一些市级及以上的城市，户口并不局限于本市级行政主管部门控制，应该由与该市人口组成的各相关部门联合控制，或者经由授权，赋予市级行政主管部门职权，用一元化的体制才能真正有效地调控。

（二）产业布局

要切实有效疏解中心大城市的人口、土地和资源环境压力，应迁出不符合城市性质和发展目标的项目。其中一些影响较大的产业，需要市级以上相关部门统筹。

（三）历史文化保护

尽管在总体规划文稿中有许多关于历史文化保护的条款，但若没有配套法律条例，便容易变成一系列软目标，无法保障有效实施的“硬”办法，致使问题屡禁不绝、层出不穷。此外，历史文化保护问题除了阐述一系列硬件之外，还应该补充建设诸如人文环境方面的软件内容。

（四）环境保护

多年来，一直提出环保设施必须“三同时”（同时规划设计、同时建设、同时投入使用），但因为各方因素的限制未能很好实现。环境保护现在已提到了各地政府的紧迫议事日程上，编制总体规划时应考虑提供严格的配套立法，避免沦为空谈。

其他总体规划的各重要内容，也同样需要科学论证和法律条例的支撑保障。

第五节　区域规划概述

一、区域规划概念释义

（一）区域规划的定义

以跨越市域空间范围的视角，将与自然地理、环境要素、交通体系和经济社会关系密切的地区融合为一个整体，对区域内的产业经济、社会活动、交通组织、生态平衡、环境保护等要素，进行战战略性的部署。

（二） 区域规划的任务

充分发挥区域整体优势，全面整合区域资源，合理利用环境条件，科学规划人口分布、产业布局，为区域经济社会发展和生态环境建设，实施一体化的空间布局和法规性的支撑保障。

（三） 区域规划的内容

1）分析区域内外的自然环境及资源，统筹社会发展环境条件，确定经济社会发展目标，提出区域规划纲要。

2）根据自然地理和地质条件，划定全域的三类用地范围：

①建设用地。

②农业用地。

③非建设、非农业用地。

3）拟定城镇、乡村体系总体规划，确定其功能性质、用地范围及规模。

4）拟定产业规划与空间布局。

5）拟定区域内外交通及运输体系规划。

6）拟定旧城保护改建、新区建设、文物保护规划。

7）拟定城乡市政基础设施、环境保护设施、水利建设、能源建设、安全防灾设施等专项规划。

8）拟定大数据、智能化城乡体系规划。

二、区域规划理论的提出

早在1915年英国人盖迪斯在《演变中的城市》一书中首先提出了“集合城市”的区域规划概念，并在以后的规划实践中得到了逐步发展。

第二次世界大战后，由于城市矛盾出现了复杂化，人们逐渐认识到不能仅在城市的辖区范围内考虑问题，必须从区域的，甚至国土的更大范围内来研究诸如资源配置、生产力分布、交通架构、生态环境保护等方面的要素进行整体思考和规划调节，从而避免了产业重复配置、人口无序流动、环境资源捉襟见肘等弊端。在一些发达国家，首先研究了经济区域规划，大城市仅作为其中的一个经济单位、社会单位和城市系统；人们把目光由城市、市镇转向了区域，区域规划得到了广泛的重视和应用。

巴黎、伦敦、华盛顿等欧美大城市率先编制了大首都圈的区域规划：巴黎在1965年打破了旧概念，制订了“巴黎地区战略规划”，采用了“保护旧城历史文化、发展新城镇群”的方针，摒弃在一个地区内只修建一个单一中心的传统概念，代之以规划一个新的多中心布局的区域，把巴黎的发展纳入新的大巴黎圈之内（图1-49）。

伦敦及英国东南部的区域规划，几个几十万人口的新城有效疏解了伦敦中心区的压力（图1-50）。

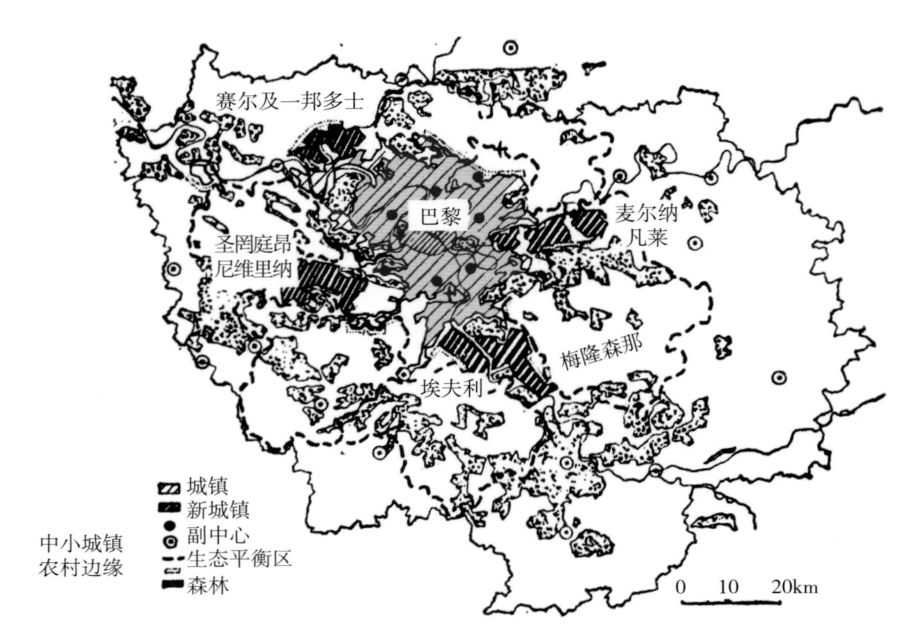

图1-49　大巴黎地区的区域规划示意图

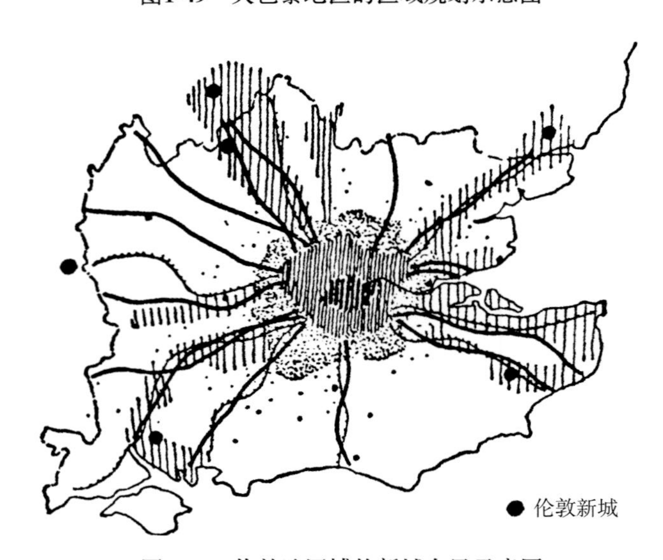

图1-50　伦敦跨区域的新城布局示意图

华盛顿首都区在第二次世界大战后城市化的速度很快，其增长速度也是美国各大城市中增长最快的。为适应首都发展，美国国会于1952年通过了“首都规划法”，于1954年和1961年相继进行了首都特区规划，采用了“放射形长廊”的区域规划方案（图1-51）。

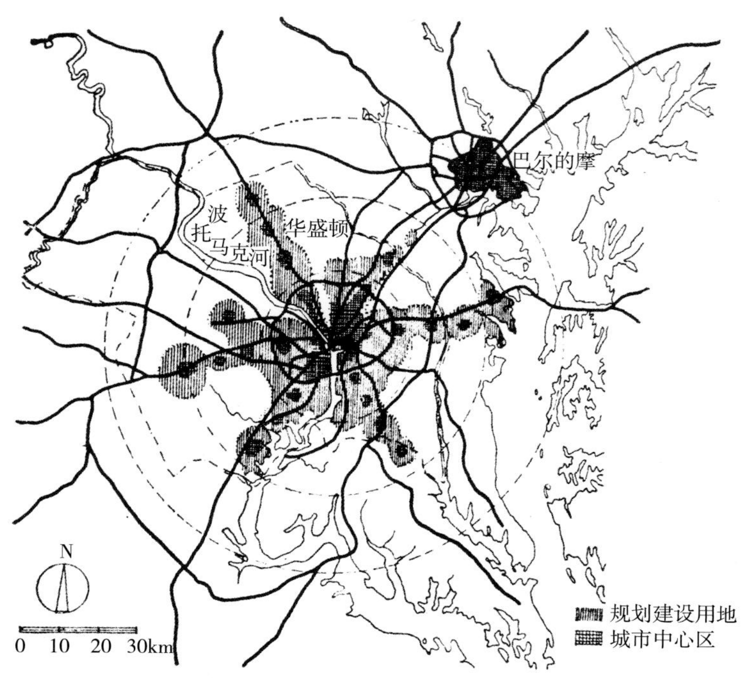

图1-51 华盛顿地区“放射形长廊”区域规划布局示意图

三、《新都市主义宪章》

（一）背景简析

由于城市中心区的衰落、城区用地的无序蔓延、环境恶化及农田和原野生态的被蚕食丧失，使城市总体布局模式正面临着一个相互关联的新挑战。怎么恢复都市地区中心和市镇的活力，重新配置无序蔓延的郊区成为具有真正社区和多样化的城区，保护自然环境，以及保护已有的文化传统遗产，正成为紧迫的任务。

（二）《新都市主义宪章》的诞生

“新都市主义协会” 于1993年在北美召开专题会议，研究探索有关城市改造和新区规划的理念与方法。出席会议的170名来自政府、民间团体的领导、社会活动家和各界专业人士。在会议上，与会人士摒弃了局限于某一个城市规划与建筑的思维模式，而着眼在经济、交通、人口、资源、环境等更为广阔的领域，探索更合理解决问题的途径，从而形成了《新都市主义宪章》。该宪章是指导现代城市总体规划的里程碑，对编制好现代城市规划的发展具有划时代的指导意义。

（三）《新都市主义宪章》的精神

会议主张通过以下原则来指导城市规划和设计、开发实践及制订公共政策：

1. 地区：大都市、城市和城镇

1）大都市地区是由流域、岸线、农田、地区公园和河流盆地为地理边界而确定的地域所组成。

2）大都市地区仅是当代世界的一个基本经济单元。规划和经济战略、公共政策及政府合作必须反映这个新的现实。

3）大都市与其地域内用地和自然环境有必然的联系，这种联系是环境、经济和文化上的。耕地和自然村落对大都市就像花园对住宅一样重要。

4）位于城市边缘的新开发应该以社区和城区的方式组织，并与现有城市形式形成一个整体。

5）城镇应该带来尽量多的公共和私用空间，以支持地区经济发展，惠及不同收入的人群。工作岗位应避免贫穷区的相对集中。

6）城市和城镇的开发和再开发应该尊重历史形成的模式和边界。

7）地区的规划应该支持众多的交通选择，公共交通、步行和自行车系统应该在全区域范围最大限度地畅通，以减少对汽车的依赖。

2. 构筑社区、城区和带形走廊

1）必须肯定社区、城区和带形走廊是大都市开发和再开发的基本模式。

2）社区应该是紧凑的和功能混合使用的，走廊是地区内社区和城区的连接体，它们包括大道、铁路、河流和公园大道。

3）日常生活的许多活动应该发生在步行距离内，使不能驾驶的人群，特别是老年人和未成年人可以自理。相互连接的街道网络应该设计为鼓励步行，减少机动车的出行次数和距离，节约能源。

4）在合理规划和协调的前提下，公共交通走廊可以帮助组织大都市的结构和复苏城市中心。

5）在社区内，应能加强个人和市民的联系，这对一个真正的社区很重要。

6）集中的机构、商业活动和市政基础设施应该置于社区和城区内，学校的规模和位置应在孩童可以步行或使用自行车的范围内。

7）适当的建筑密度和土地使用应该在公共交通站点的步行距离内，使得公共交通成为机动车的一个可行替代物。

8）一系列的公园，从小块绿地和村庄绿化带到球场和社区花园，应该分布于全社区内。

3. 街区、街道和建筑布局原则

1）开发必须要充分地适应机动车交通。它只能以尊重步行和公共空间形态的方式完成。

2）街道和广场应该对步行者安全、舒适和有吸引力。合理的布局鼓励步行并使邻居相识和保卫他们的社区。

3）建筑和景观设计应植根于当地的气候、地形、历史和建筑实践。

4）重视当代的大都市中的历史建筑、城区和景观的保护及更新，以保持城市社会的连续和演变。

5）社区规划布局应为所有建筑提供清晰的地点、气候和时间感，采用自然方式的采暖通风比机械系统有更高的资源效率。

四、区域规划中“城市群”的涌现

在第二次世界大战后至今的70年内，由于工业化、交通运输业以及国际贸易的快速发展，农村城市化也随之大发展，以大城市为中心的城市群先后在世界各地出现，“城市群”成为现代总体规划的大方向（图1-52）。如大纽约、大伦敦、大巴黎、大东京圈（图1-53）等地区，我国的长三角、珠三角、环渤海、长江中游和成渝等城市群均已陆续出现。据2014年统计，全国GDP达到了63.6万亿元，而五大城市群的GDP总和就占据了约一半（图1-54）。

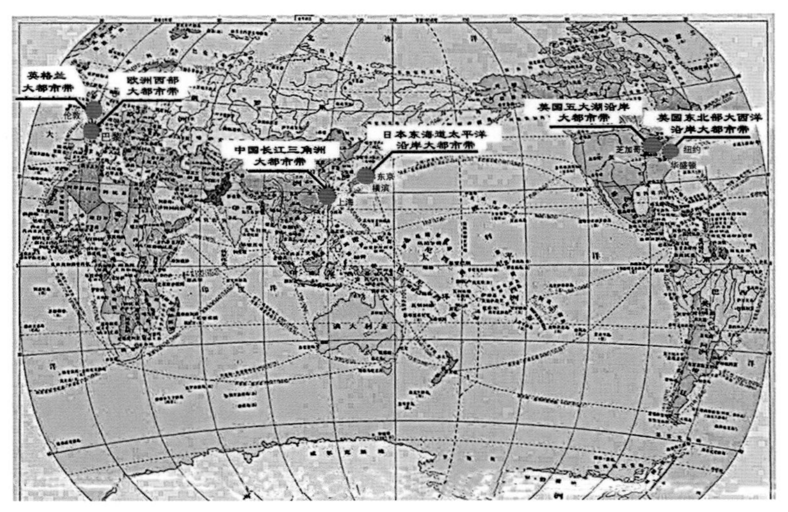

图1-52　世界六大城市群分布图

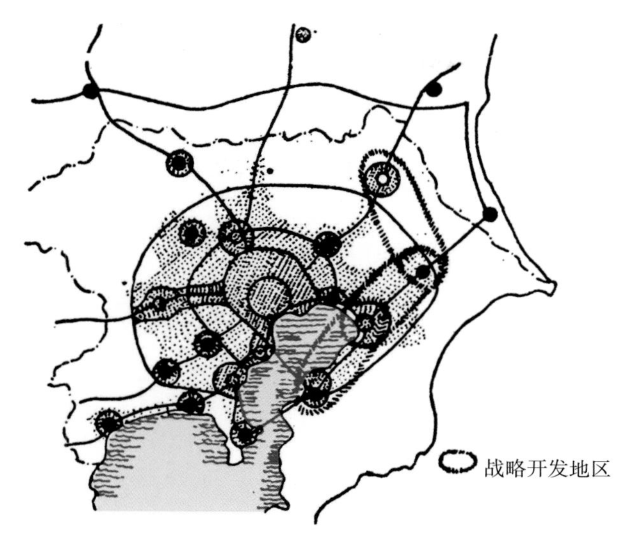

图1-53　东京都市圈复合城市群结构示意图

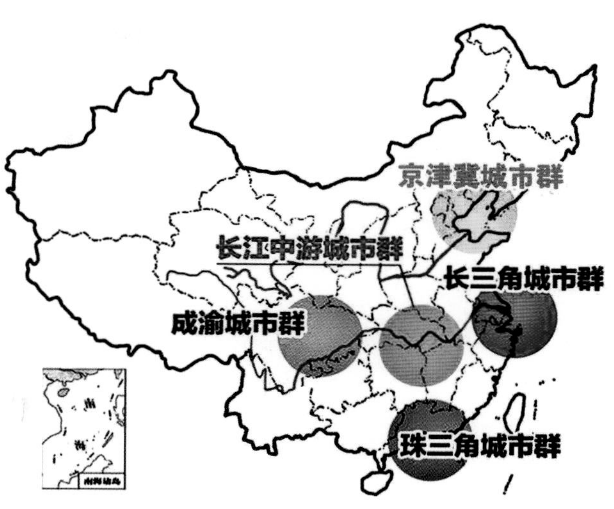

图1-54　中国五大城市群

我国已摒弃早期过分强调“发展小城镇”的思维模式，在新的城市化进程中，规划城市群已渐成主流。“珠三角”在规划城市群方面走得较早，20世纪末的广州城市交通规划即已冲破行政区辖概念，把佛山、东莞等融入以广州为核心的交通体系；现在则把广州与佛山组合成一个同城化的核心中心区——“广佛都市核心区”，向外辐射带动十多个城市一体化发展（图1-55、图1-56）。2008年12月，国家颁布了《珠江三角洲地区改革发展规划纲要》，提出：“强化广州佛山同城效应，携领珠江三角洲地区打造布局合理、功能完善、联系紧密的城市群。以广州佛山同城化为示范，以交通基础设施一体化为切入点，积极稳妥地构建城市规划统筹协调、基础设施共建共享、产业发展合作共赢、公共事务协作管理的一体化发展格局，提升整体竞争力。到2012年实现基础设施一体化，初步实现区域经济一体化。到2020年，实现区域经济一体化和基本公共服务均等化。”

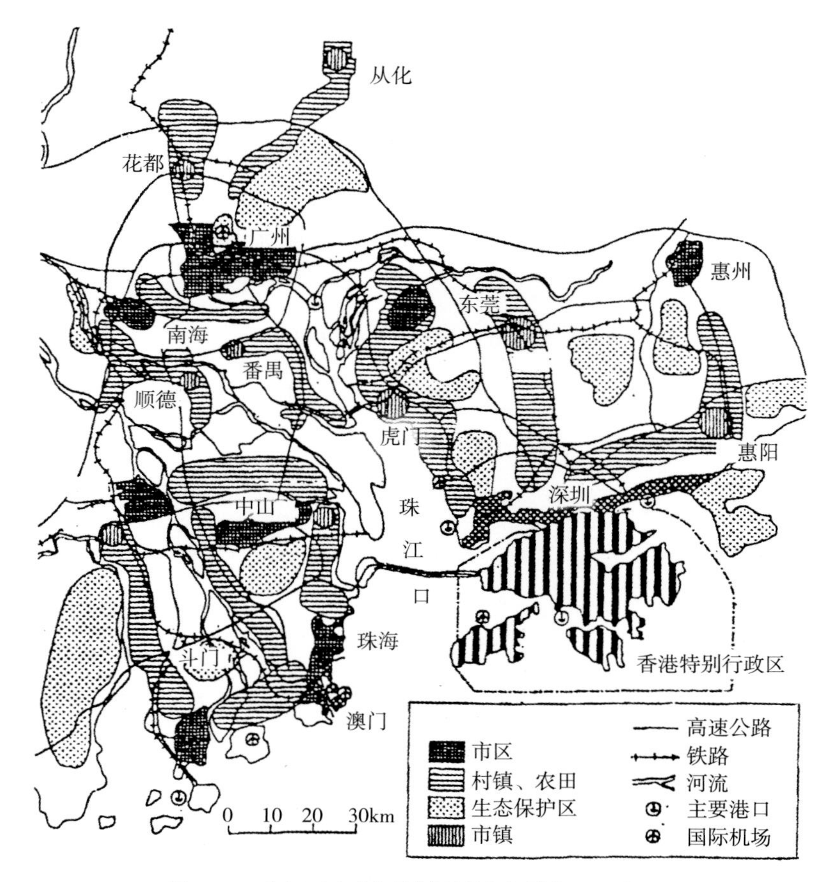

图1-55　珠江三角洲区域规划城市群布局示意图

除了以上海为辐射源的“长三角”城市群之外，国务院2015年4月批复了《长江中游城市群发展规划》，这是贯彻落实长江经济带重大国家战略的重要举措，也是《国家新型城镇化规划（2014—2020年）》出台后国家批复的第一个跨区域城市群规划。这一举措对于加快中部地区全面崛起、探索新型城镇化道路、促进区域一体化发展具有重大意义（图1-57、图1-58）。

随着城市化的大发展，更多的城市群将不断涌现。根据《国家新型城镇化规划（2014—2020年）》，未来我国还将打造培育成渝、中原、长江中游、哈长等城市群，使之成为推动国土空间均衡开发、引领区域经济发展的重要增长极。中国的城市群规划已进入正式编制阶段，初步确定打造20个城市群。包括5个国家级城市群、9个区域性城市群和6个地区性城市群。

北京早在21世纪初即已有了“大北京规划”的构思，在京津冀的空间范围内，一体化布局城市群（图1-59）。

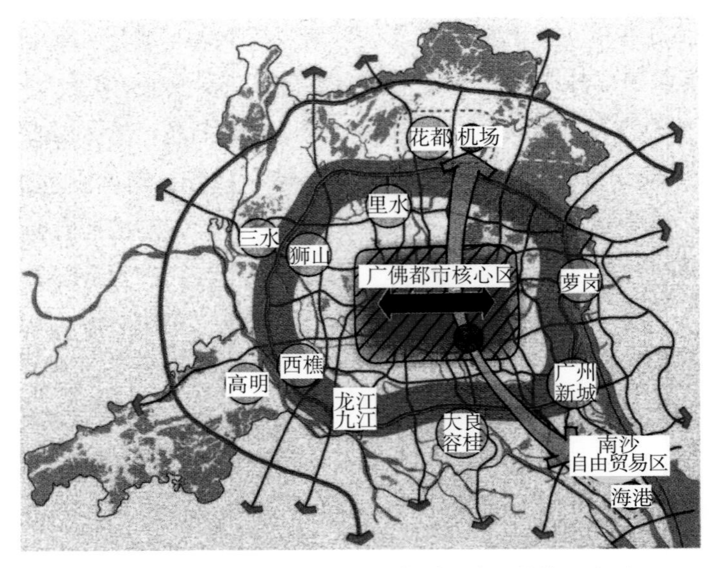

图1-56 广（州）佛（山）城市群一体化结构示意图

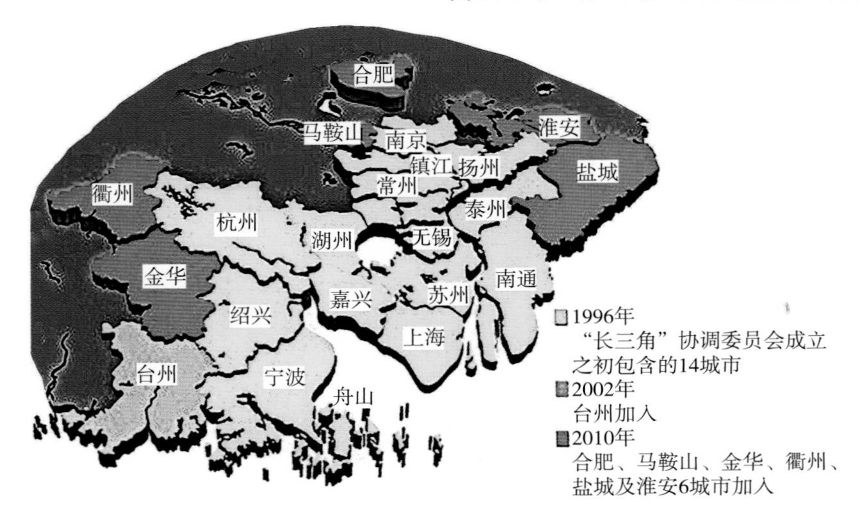

图1-57 “长三角”城市群分布图

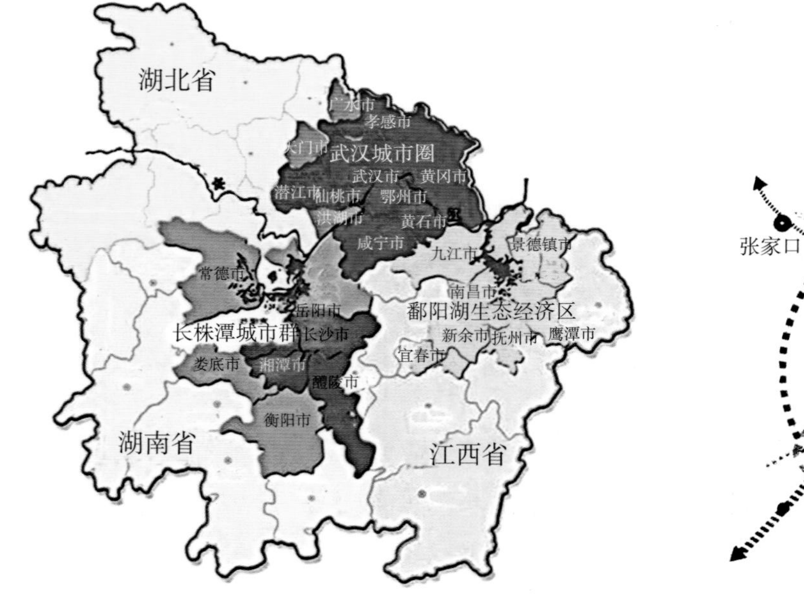

图1-58 长江中游城市群示意图

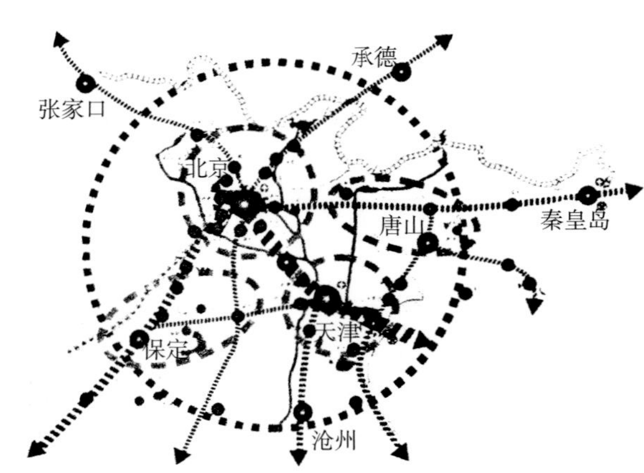

图1-59 “大北京规划”中的城市群关系示意图

只有优先编制好区域规划，才是切实编制好城市总体规划的上位依据与保障。以北京为例，以往的总体规划仅局限于北京市域的范围内研究问题，尽管规划中有“采取差异化战略，加强北京在京津冀地区、全国和全球产业链中的合作与分工”的提法，然而只是浅浅一笔，缺乏全面而具体化的内涵。目前提出了“京津冀一体化”的规划空间范围，是实施区域规划迈开的坚实第一步。今年已把京津冀协同发展列为一个重大的国家战略，并强调了“三要”，即：“要在京津冀交通一体化、生态环境保护、产业升级转移等重点领域率先取得突破；要大力促进创新驱动发展，增强资源能源保障能力，统筹社会事业发展，扩大对内对外开放；要加快破除体制机制障碍，推动要素市场一体化，构建京津冀协同发展的体制机制，加快公共服务一体化改革”。但是，仅着眼于“京津冀”有限的空间范围，尚不足以解决好合理的资源配置、产业安排、劳动力及人口统筹和环境保护等多方面的难题，还应把对京津冀的资源和环境保护有很大关联度的内蒙古、山西纳入区域规划（相当于华北行政区范围），并更宜加上环渤海经济圈，才能避免分散性重复建设（如化工、汽车、制造业、港口乃至远洋捕鱼等），更有效地控制环境污染，使北京的总体规划有更合理的区域布局和环境资源支撑。

同时，应关注增强集聚要素的吸引力。对具备行政区划调整条件的县镇可以有序改市，把有条件的县城和重点镇发展成为中小城市。培育壮大陆路边境口岸城镇，完善边境贸易、金融服务、交通枢纽等功能，建设国际贸易物流节点和加工基地（表1-7）。

表1-7 中国计划重点建设的陆路边境口岸城镇一览表

序号	面向方位	口岸城镇名称
1	东北亚	丹东、集安、临江、长白、和龙、图们、珲春、黑河、绥芬河、抚远、同江、东宁、满洲里、二连浩特、甘其毛都、策克
2	中亚西亚	喀什、霍尔果斯、伊宁、博乐、阿拉山口、塔城
3	东南亚	东兴、凭祥、宁明、龙州、大新、靖西、那坡、瑞丽、磨憨、畹町、河口
4	南亚	樟木、吉隆、亚东、普兰、日屋

第六节 建设低碳生态城市

一、急剧城市化对自然环境及人居环境的影响

城市是人类活动聚集的活跃地域，它占有着广阔的自然空间。人类为自身的生存与发展所构筑的工业环境，与所处地域的自然环境通过不断的交互作用，而形成特有的城市环境形态。城市在长期的形成与发展过程中，自然环境作为个基本的支撑条件也反过来制约着城市的生成与发展。

随着城市化在工业时代的进程，人类的经济活动加剧，原有的自然生态相对和谐的格局正不断地受到破坏。在工业化的初始期，人类为了实现经济与社会发展的目标，过度地向自然索取，超越了自然环境的承受度和自身修复极限，对环境造成严重污染和破坏，导致了全球性的生态危机。

由于城市大量的产业、人口和经济社会活动，成为能源消耗和碳排放的主要源头。全世界大城市消耗的能源占全球的四分之三，温室气体排放量占全世界的80%，联合国2010年发市的《世界城市化展望2009修正版》指出，到2010年年底全球有50.5%的人口生活在城市中，到2050年，这一比例将上升至69%。巨大型城市不断涌现，根据联合国预测，到2025年，人口超过1000万人的巨型城市将有29个，人口在500万人~1000万人之间的特大城市将有46个。而我国的城市化也正处在快速发展阶段，到2015年，会有近60%的人口生活在城市当中。因此促进能源节约，减少碳排放的城市发展成为刻不容缓的关键。

我国目前大部分城市尚处于工业化的初始期阶段，也处于生态环境保护最脆弱的时期。概括起来，城市经济发展及其生态环境之间不同程度地存在着以下十大矛盾：

1）城市工业迅速发展与越来越多的工业资源短缺之间的矛盾。

2）城市产业增长、人民生活水平提高与能源供应紧张之间的矛盾。

3）城市生产和生活用水日益增加与水源紧缺、水域污染的矛盾。

4）城市建设迅速扩大和城市郊区耕地迅速减少之间的矛盾。

5）城市过度抽取地下水及地面建筑密度过大，产生日趋严重的地下水位“漏斗”，引起城市地面逐渐下沉的矛盾。

6）城市现代化建设与保护城市文物、景观资源之间的矛盾。

7）城市经济发展与引起环境污染加剧之间的矛盾。

8）城市经济发展与基础设施建设滞后之间的矛盾。

9）城市建设用地扩大与保护森林、绿地之间的矛盾。

10）城市人口密集地迅速增长和居住环境质量日益恶化之间的矛盾。

随着小汽车数量在城市密集地猛增，已成为污染物排放和产生温室气体的重要来源之一（图1-60）。

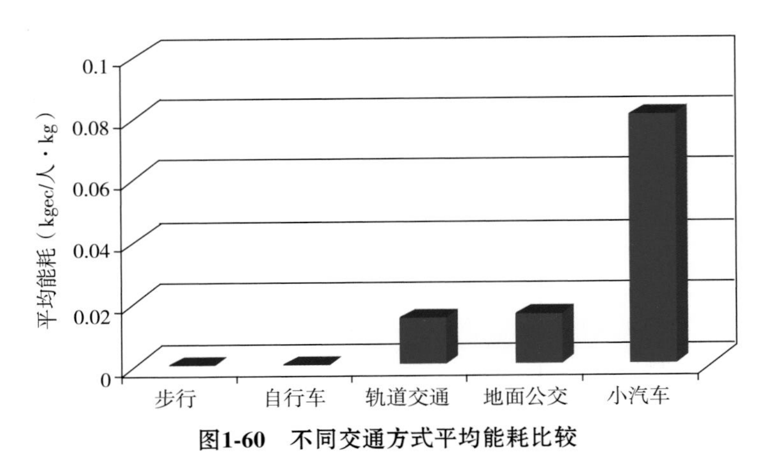

图1-60　不同交通方式平均能耗比较

上述的诸多问题不仅在大城市严重存在，中小城市也不同程度地存在。城市小环境与区域大环境之间互相影响，生态环境的恶化已到了让人难以容忍的程度。

二、建设低碳生态城市的意义

当前，世界已进入低碳发展、绿色发展和循环发展的新时代，倡导绿色生活、弘扬生态文化，已成为新时代的主旋律。

低碳生态城市定义：生活健康舒适、环境清洁优美、人尽其才、物尽其用、地尽其利、人和自然协调、生态环境良性循环。

研究城市环境问题，不仅要关注区域大环境对城市带来的影响，更要高度重视城市发展给区域大环境带来的影响，这是城市规划的一项战略性重要任务。

为了摆脱城市的负面环境困扰，使人们充分享受城市生活的宜居条件，在20世纪下半叶出现了“生态城市”的概念。根据生态学理论，人们认识到自然环境是一个庞大、复杂的生态系统，人类本身仅是其中的一个组成部分；只有保持好各系统、各部分之间的平衡，人类本身的生存载体才能实现可持续的发展。

当前，保护地球，节能减排，保护自然环境及保护物种的多样性，已成为全人类的共识。城市发展必须要有利于生态环境保护，实现与自然环境和谐发展，才是正确的最高目标。建设生态城市，要按照生态学的规律来规划城市、建设城市和改造城市。

随着人们对环境的作用与影响的认知，为了维护人类自身的生存与发展，已逐步树立了积极的自然生态观，并重新审视和评价人类活动与自然环境的共生与共存的关系，尤其是对快速城市化所带来负面的环境影响。关于生态城市规划的论述，都是强调城市社会要与自然环境和谐相融，维护人类社会和城市可持续发展。

三、低碳城市规划相关理论研究

低碳城市规划方面的理论研究主要涉及城市相关的碳排放结构及总量，深入研究碳排放与城市空间结构的相互关系，以及通过合理的城市规划布局以实现减少碳排放的目的。

从能源终端使用的角度看，碳排放的来源可以分为产业、居民生活和交通运输三大部分。其中居民生活主要指建筑物使用过程中的能源消耗，包括供电、供暖、垃圾处理等。美国的碳排放总重中建筑物碳排放占39%，交通碳排放占33%，产业碳排放占28%，建筑和交通碳排放占总量的72%，而这两方面也正是与城市规划直接相关的。

当人口总量和收入水平不变的情况下，通常条件下，人口的密度越高，人均的碳排放量越小，碳排放的总量也越小。因此高密度、紧凑型的城市发展模式将促进公交导向型开发（TOD）发展模式；增加基础设施的运营效率，可以有效减少碳排放总量；同时，高密度，紧凑的发展模式可以节约大量建设土地，用来保护生态环境，增加碳汇。而低密度、蔓延式的发展模式将促使更多的居民选择小汽车出行，不仅增加基础设施建设成本，同时大幅度增加碳排放。

根据研究，2006年我国各地区碳排放密度由东南部沿海向中西部地区递减，CO_2高排放的区域主要集中在东部沿海发达地区，最突出的是长三角、珠三角、京津冀和环渤海地区，这与中国人口分市的集中地区相吻合. 对于北京、上海、天津等特大城市，人口总量的急剧增加，将不可避免地导致碳排放总量的持续上升。中国单位GDP的碳排量及年增长率放在全球是处于最高水平的，详见表1-8。

表1-8　中国与世界水平的碳排放比较表

项目	单位	世界	东亚 太平洋区	中等下组	中国	南亚地区	高收入组	美国	瑞典
人均国民收入c	$	7995	2182	1905	2370	880	37572	46040	47870
城市人口比率c	%	50	43	42	42	29	78	81	84
单位能源GDP b	$/koe	5.2	3.4	3.4	3.2	4.8	6.3	5.5	5.9
人均能耗b	koe	1820	1258	1019	1433	468	5416	7768	5650
生物质废物能b	%	9.8	14.7	15.2	12.0	30.4	3.4	3.4	18.4
人均用电量b	kwh	2751	1669	1269	2041	453	9675	13564	15231
化石燃料发电b	%	66.4	82.0	79.0	82.6	78.3	62.0	71.3	2.6
水力发电b	%	15.9	15.0	16.3	15.2	17.4	11.4	6.8	43.1
单位GDP的CO_2排放a	kg/$	0.5	0.9	0.8	1.0	0.5	0.2	0.5	0.2
人均CO_2排放a	t	4.5	3.6	2.8	4.3	1.1	12.6	19.5	5.4
CO_2排放增长a （1990~2005年）	%	29.5	123.4	93.5	131.2	106.7	19.1	20.4	−1.9

出处：世界银行袖珍绿色数据手册2009。数据年份：a. 2005；b. 2006；c. 2007。

四、制定控制指标体系

规划好低碳生态城市是一门较新的重要课题。我国在这方面，已有不少研究和初步实践。

近年来，许多研究机构参考国际国内的相关法规和做法，总结出了一系列控制指标，经归纳整理大致可有4类系统、10类结构和32项指标，详见表1-9。

表1-9　低碳生态城市指标体系及评价标准一览表

系统	结构	指标项目	指标值	备注
经济发展	经济结构	第三产业占GDP比例	50%	
		农业产业化比例	85%	
		科技进步贡献率	70%	
	经济效率	市域人均GDP	4.0万元	
		市域土地产出产率	3500万元/km^2	
		万元GDP能耗	0.5t标煤/万元	国内先进
社会发展	人口结构	城镇化水平	65%	参考国外
		人口自然增长率	0.05%	
		人均期望寿命	75岁	参考国外
		市区人口密度	7000人/km^2	
社会发展	生活质量	城乡居民恩格尔系数	35%	参考国外
		城镇社会养老保险覆盖率	100%	参考国外
		城镇卫生达标率	100%	国家标准
		刑事案件发生率	2件/万人	国内先进
	科技教育	科技投资占GDP比重	2.5%	参考国外
		万人具有高等学历人数	800人/万人	
		人均受教育程度	15年	
自然环境	生态保护	自然保留地面积率	12%	国家目标
		市域土地开发强度	30%	参考国外
	环境质量	环保投资占GDP比重	2.5%	参考国外
		功能区环境质量达标率	100%	国家标准
		污染物达标排放处理率	100%	参考国外
		农业废弃物综合利用率	100%	参考国外
	资源条件	人均耕地占有量	0.8亩（533.3m^2）	安全临界
		人均水资源拥有量	2000m^3/人·年	中国国情
人居环境	基础设施	市区人均道路面积	15m^2/人	
		农村水电气集中供给率	100%	
		城镇建成区绿化覆盖率	40%	国内先进
		城镇人均公共绿地面积	16 m^2/人	国内先进
	居住条件	市区人均居住面积	16m^2/人	国内先进
		农村人均居住面积	35m^2/人	国内先进
		住宅小区物业化管理率	70%	

我国也在一些城市通过规划建设低碳生态城市的实践，更充实丰富了上表的指标，总结为9项一级指标、33项二级指标、65项三级指标的更完整全面的控制指标体系。详见表1-10。

表1-10　某市低碳生态城指标体系实践指标一览表

一级指标	二级指标	三级指标	参考指标值
低碳经济	产业结构	第三产业占GDP比重	≥80%
	能耗	单位GDP产值能耗	≤0.2t标煤/万元
		单位GDP产值耗水	≤70m³/万元
规划用地布局模式	规划用地开发强度	新开发建设用地人口密度	≥1.4万人/km²
		净容积率	≥1.0
	混合用地	功能综合性用地面积比例	≥20%
		职住平衡指数	100%
	地下空间	地下空间开发利用指标	1. 城市过街通道与周边基地地下空间的联系度≥80%； 2. 城市中心区形成连续的地下商业街； 3. 地下停车数量占停车总数量的比≥80%
绿色高效便捷交通	路网密度	综合路网密度	12km/km²
	核心街区	道路长度	≤180m
	绿色交通	绿色交通出行率	近期≥65%；远期≥75%
		公共交通比率	≥60%~70%
		公交线网密度	≥3.5km/km²
		公交站点步行可达率	100%
		公交站点密度	出行500m内覆盖率达到100% 出行300m内覆盖率≥70%
		步行、自行车慢行交通系统	建成较为完善而通畅的步行及自行车专用道系统；公用自行车租用系统；开放空间内独立慢行交通路周密度≥4.2km/km²
	道路质量	道路完好率	近期≥80%；远期≥100%
建筑环保	绿色建筑	新建绿色建筑	1. 近期100%，其中30%达国家绿建二星以上； 2. 远期100%达国家一星，国家二星≥60%；国家三星≥20%，建设超国家三星的示范建筑1~2幢
	建筑节能	新建建筑实施节能65%设计标准的比例	100%
		新建12层以下住宅应用太阳能热水系统比例	100%
		公共建筑能耗分项计量比率	100%
		新建建筑节水器具普及率	100%
		新建公共建筑应用浅层地热能等项目比例	近期10% 远期15%
		既有建筑节能改造率	50%
	绿色施工	绿色施工达标率	达到绿色施工工程标准
	住宅装修	商品住宅全装修比例	≥70%

（续）

一级指标	二级指标	三级指标	参考指标值
绿色资源利用	水资源利用	日人均生活耗水量	≤120L/人·日
		中水利用率	≥30%
		节水灌溉设备利用率	100%
		公共绿地雨水集用率	100%
	新能源利用	可再生能源利用率	≥80%
		综合式能源站及公交站	2处及以上
		生活垃圾无害化处理率	100%
		生活垃圾资源化利用率	≥60%
		建筑垃圾再利用率	≥80%
绿色生态环境	环境绿化	人均公共绿地	≥12m²/人
		绿地率	≥35%
		立体绿化	根据建筑物及构筑物布局另制定鼓励政策
		植被指数	≥70%
	环境生态基底	自然湿地生态保育区净损失	≤10%
		水面率	≥4.5%
	地表生态化处理	生态化河道驳岸	100%
		室外地面透水率	≥45%（住宅） ≥40%（公建）
	声环境	环境噪声平均值	≤55 dB
低碳基础设施配置	管线地下敷设	敷设率	100%
	市政综合管廊（共同沟）	综合管廊设置	实施2条及以上
	低碳市政设施	供水管用漏损率	≤8%
		污水二级以上集中处理率	100%
		雨水污水分流率	100%
		雨水泵站及引水设施	根据规划布局同步建设
	绿色照明	绿色高效节能灯具应用率	近期85%；远期100%
		绿色照明智能化控制比例	100%
	土方平衡	场地控制实施就近实现土方平衡	≥45%
健康宜居生活模式	住房保障	住房保障率	≥90%
	公共设施可达性	社区中心利用率	100%
		社区中心500m半径步行覆盖率	≥90%
		幼儿园300m半径步行覆盖率	≥90%
		小学500m半径覆盖率	≥90%

一级指标	二级指标	三级指标	参考指标值
健康宜居生活模式	开放空间可达性	开放空间500m半径覆盖率	100%
	无障碍设施	无障碍设施覆盖率	100%
管理机制保障	管理机制	健全机制	成立低碳生态城领导小组及专家委员会，组建生态技术工程中心
	管理条例	建立管理条例	1. 制定低碳生态城市年度行动计划； 2. 明确行动目标、任务； 3. 实施主体、考核主体
	资金	资金保障	实施构建低碳生态城必需的配套资金和专项引导资金
	低碳生活方式	宣传教育机制	按照低碳生活理念，通过宣传教育、制度管理、政策引导等方式，对市民生活方式进行引导
	任务实施	任务完成率	100%

五、各国低碳生态城市的规划政策和实践

世界各国都高度重视规划和构建低碳生态城市，从各类学术研究，到政策制定以及规划低碳生态城市的实践。根据英国威斯特敏斯特大学对世界各国提出的低碳生态城镇和规划的调研，已经初步确认了全球的79个生态城镇，主要分布在欧洲，特别是北欧地区，以及亚洲、南太平洋地区等，但大部分尚处于规划和建设阶段。

（一）英国

以低碳城市规划以促进城市碳排放总量降低为目标，政府承诺：2020年全国碳排放水平从1990年的水平上降低30%左右，到2050年降低60%。低碳城市规划的重点领域是建筑和交通，低碳城市的主要实现途径主要为推广可再生能源的开发利用。如《伦敦应对气候变化行动计划》中指出的，存量住宅的节能改造是伦敦最主要的碳排放部门，它占全市碳排放总量的40%。

2008年开始英国政府推行了生态城镇建设计划，2009年选定了诺福克郡的Rackheath、牛津郡的North—West Bicester等四个生态城镇建设项目。生态城镇建设的主要政策要求包括建设覆盖全镇的可再生能源系统。此外，还有实现碳的零排放：减少50%的小汽车出行，提高步行、自行车和公共交通的比例。规定10min以内的步行距离能够到达公交车站和社区服务商业中心，加强建筑节能，在现有建筑标准基础上再降低70%碳排放。生态城内部实现混合商务和居住功能，增加就业岗位，发展本地区经济，增加绿色空间面积，且绿色空间面积不小于生态城总面积的40%，为居民提供高质量的户外活动和休闲空间。另外，还有垃圾处理与能源生产相结合，加强节约用水和防洪管理等政策。

（二）美国

美国绿色建筑委员会、新城市主义协会以及自然资源保护委员会联合编制了绿色低碳社区发展评估系统（LEED-ND，Leadership in Energy and Environmental Design for Neighborhood Development），整合了新城市主义、精明增长、绿色建筑等的理念和原则，成为首个国家级绿色社区规则设计标准。

美国能源基金会与英国卡尔索普设计公司合作，编制了《低碳社区设计导则》，探索了营造宜居、低能耗、低排放的设计。

（三）中国

我国的规划目标是到2010年使用可再生能源的消费量要达到能源消费总量的10%，2020年达到15%，太阳能热水器总集热面积在2010年将达到1.5亿m^2，到2020年达到3亿m^2。“十一五”末期，太阳能、浅层地能应用面积占新建建筑面积比例为25%以上，到2020年占50%以上。

有效利用可再生资源，必须抓好规划设计这个环节，坚持新能源与建筑的一体化设计。2008年7月23日国务院第18次常务会议通过，并以国务院令第530号发布的《民用建筑节能条例》，条例规定：“建设可再生能源利用设施，应当与建筑主体工程同步设计，同步施工，同步验收。”另外，要强制推动太阳能的应用，目前有十几个省，对12层以下的建筑都进行了强推，必须要装太阳能热水器。深圳在探索12层以上的商层也准备强制推行。

同时，鉴于我国的城市普遍缺水，而在雨洪及台风季节，又因为降水造成内涝，为了实现把降水转化为可利用的宝贵资源，国家明确要求要通过“海绵城市”建设，将70%的降雨就地消纳和利用。计划到2020年，城市建成区20%以上的面积要达到目标要求；到2030年，城市建成区80%以上的面积要达到目标要求。所谓“海绵城市”，是指城市像海绵一样遇到降雨时能够吸水、蓄水、渗透、净化径流的雨水，以补充地下水或储存于地下，在干旱缺水时将蓄存的水“再生”出来并加以利用。城市的竖向总体规划应该有相应的技术保障。

我国许多城市已经或正在编制一些强化绿色生态环境、构建生态走廊、产业转移承接、方便公交出行等的规划方案，为建设低碳生态城市进行了积极的探索（图1-61~图1-63）。

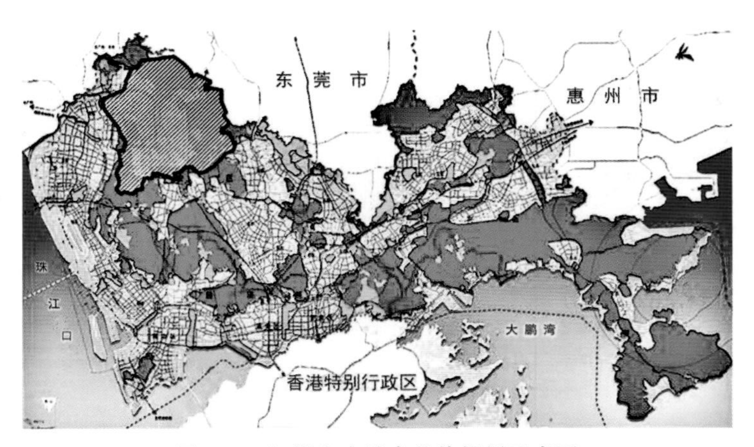

图1-61 深圳生态城市总体规划示意图

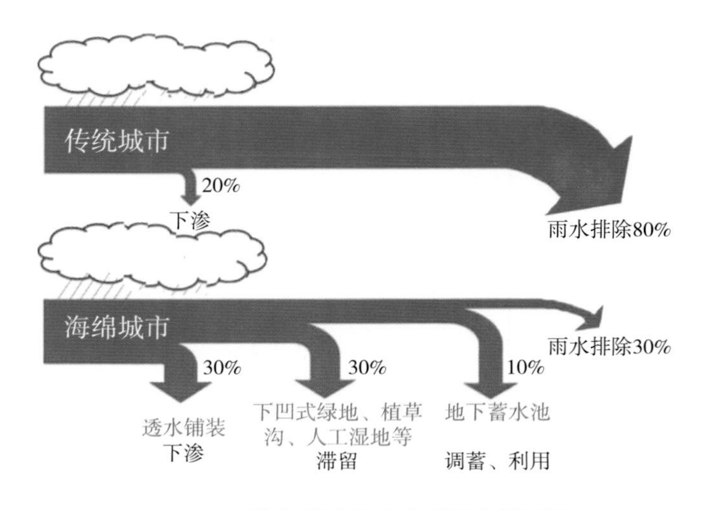

图1-62 “海绵城市”降水利用比例图解

与此同时，建设部在2014年先后颁布了《绿色建筑评价标准》GB/T 50378—2014和《绿色建筑评价技术细则（试行）》，对建筑的节地、节水、节能、节材全面提出技术规则。这为实施低碳生态城市的规划、设计和建设，提供十分重要的立法保障。

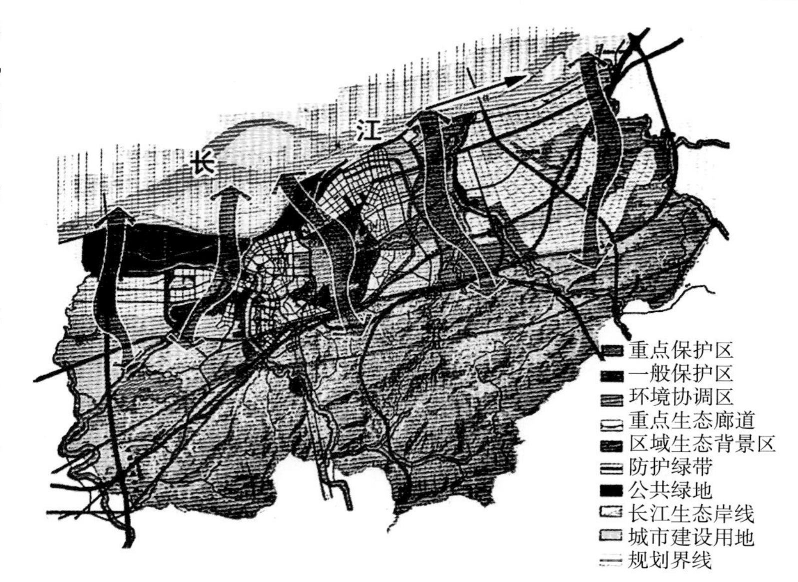

图1-63　某城市规划绿色基础设施网络布局图

鉴于我国许多城市当前受严重雾霾的污染和市中心热岛效应的影响，目前北京、上海、天津、杭州、武汉、南京、株洲、贵阳、绍兴、福州等多个城市也纷纷进行了城市风道规划，以此作为治理大气污染的措施之一。北京市率先提出了构建“六个绿色通风廊道”为构架的生态空间规划模式。这些“通风廊道”包括植物园至前三门大街走向、京密路至东五环绿化、太平郊野公园至十里河、清河郊野公园至东四环绿化带、西五环绿化带走向及永定河至南苑一带，以增强北京城市的通风能力，消减雾霾和城市热岛效应的影响（图1-64~图1-66）。

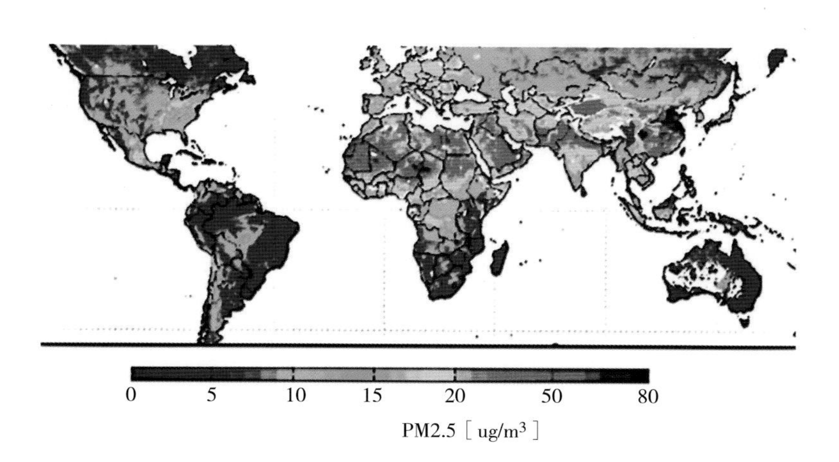

图1-64　PM2.5浓度全球分布图

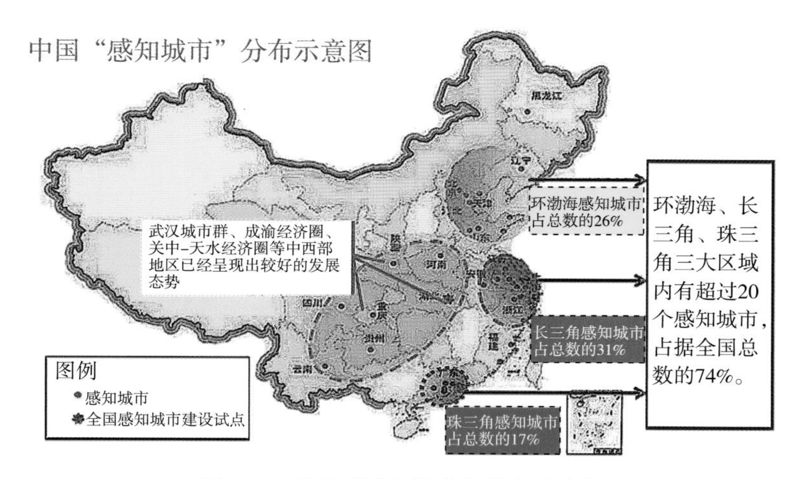

图1-65　中国“感知城市”分布示意图

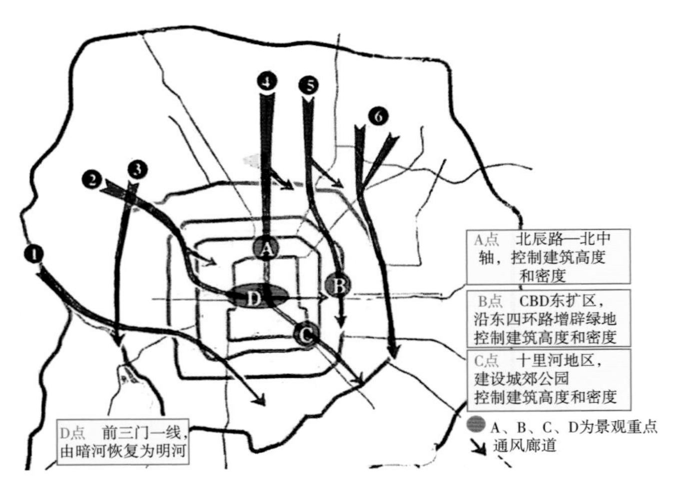

图1-66　北京市区通风廊道规划示意图

第二章　城市总体规划的编制

城市总体规划是研究城市一定时期的社会经济发展目标，是指导城市在规划期内各项事业建设发展的蓝图。编制城市总体规划主要任务可简要概括为：确定城市性质、规模和布局及各项设施建设。

本章就城市总体规划编制的主要内容、编制总体规划的依据和编制方法进行简要的介绍。

第一节　城市总体规划的主要内容

城市总体规划中确定城市性质、规模和布局问题，在本书后几章将一一进行介绍。除此以外，城市总体规划还应有以下几方面的内容。

一、城市规划区范围

一个城市的规划区范围是指城市建成区及城市建设和发展的需要，必须实行规划控制的区域。有人将城市规划区范围和城市建设用地范围混淆了，实际上这是两个不同的概念，城市规划区范围要比城市规划建设用地范围大。以北京城市总体规划为例，1982年北京城市总体规划中的城市市区规划范围是1000km^2，其中建设用地控制在610km^2，另外的390km^{2}不能作为城市建设用地，而是城市总体规划控制区，这一地区虽然不能作为城市建设用地，但对于北京城市建设也是非常必须和重要的，北京城市规划称这个地区为绿化隔离地区，是城市生态环境所必需的，不能随意建设和占用（图2-1）。

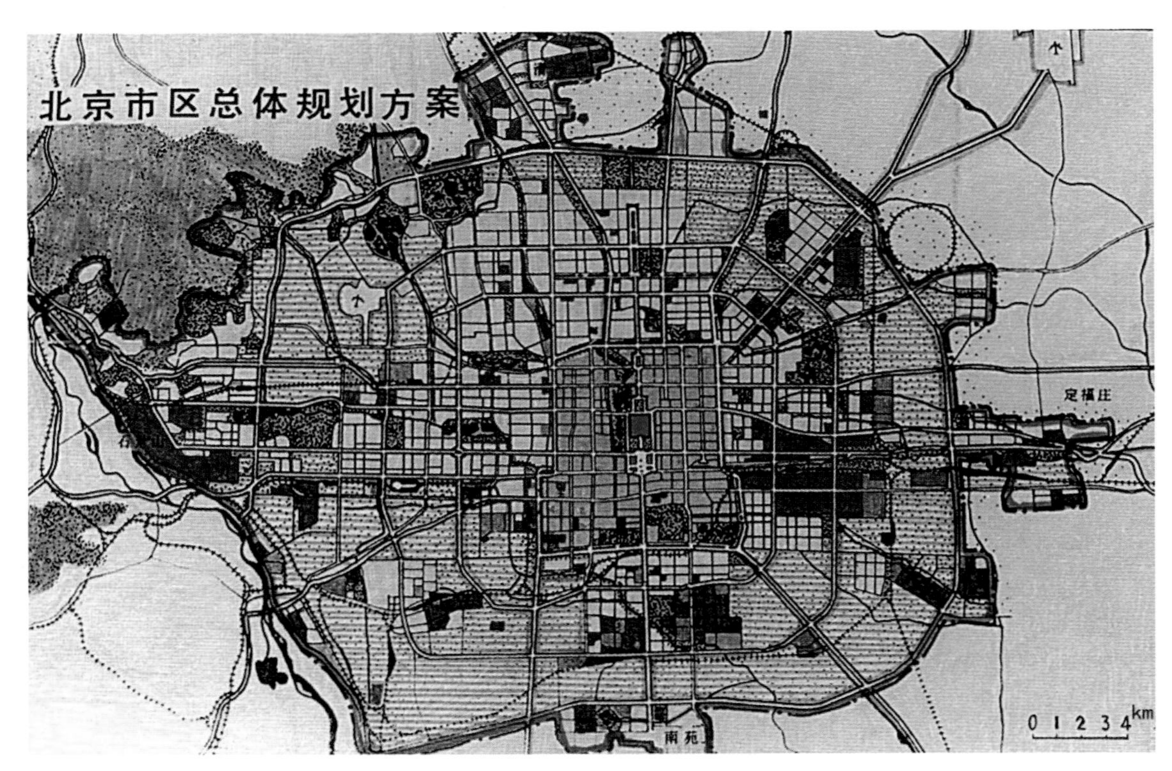

图2-1　1982年北京市区城市总体规划

二、市域内应当控制开发的区域

城市总体规划重点是在城市规划区范围内进行城市规划，但在规划区范围以外不能一点不管任其自发建设发展，那势必影响地区和城市建设发展。对于市域范围内规划区以外的地区哪些是必须控制开发的呢？主要是风景名胜区、水源保护区、地下矿产资源分布区、湿地和基本农田保护区等，而且必须规划好（图2-2）。

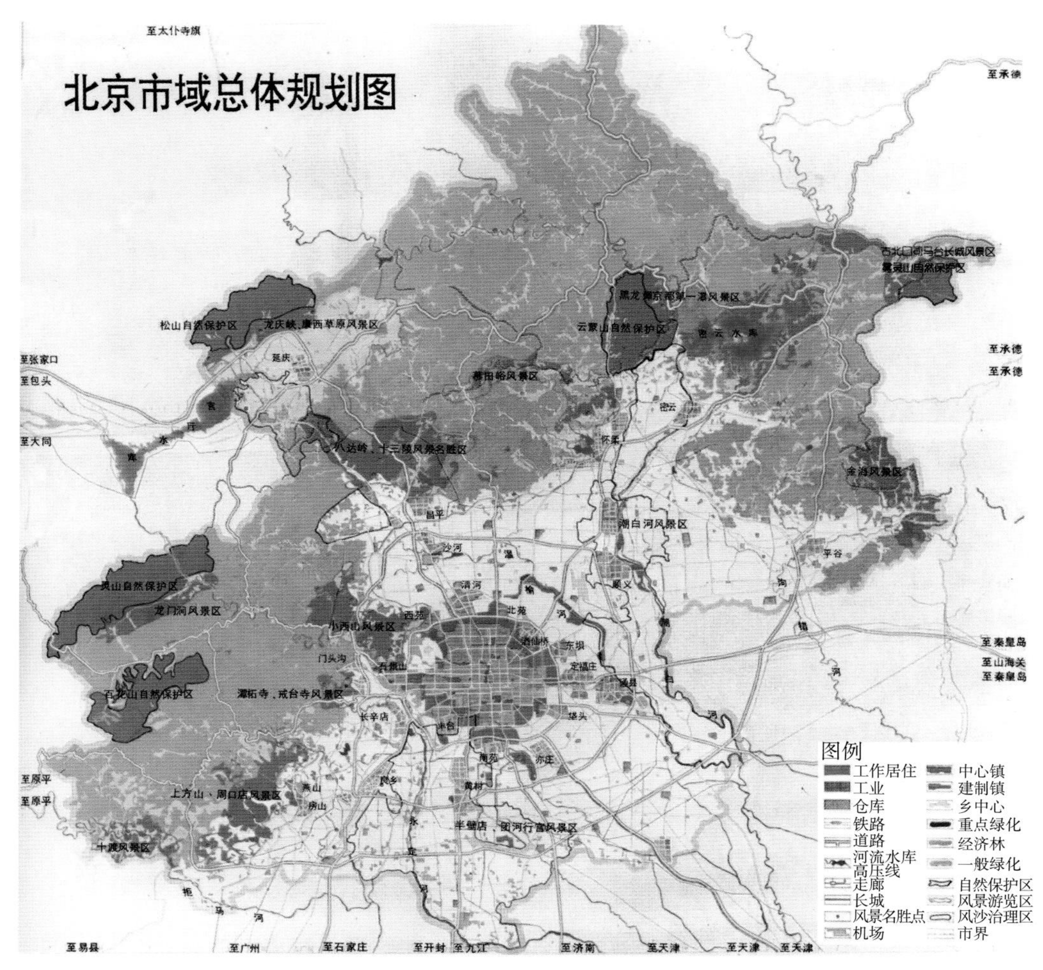

图2-2 北京市域总体规划图

三、城市建设用地

城市建设用地主要明确在规划期内城市建设用地的发展规划及土地开发强度，明确城市各类绿地的布局（图2-3）。

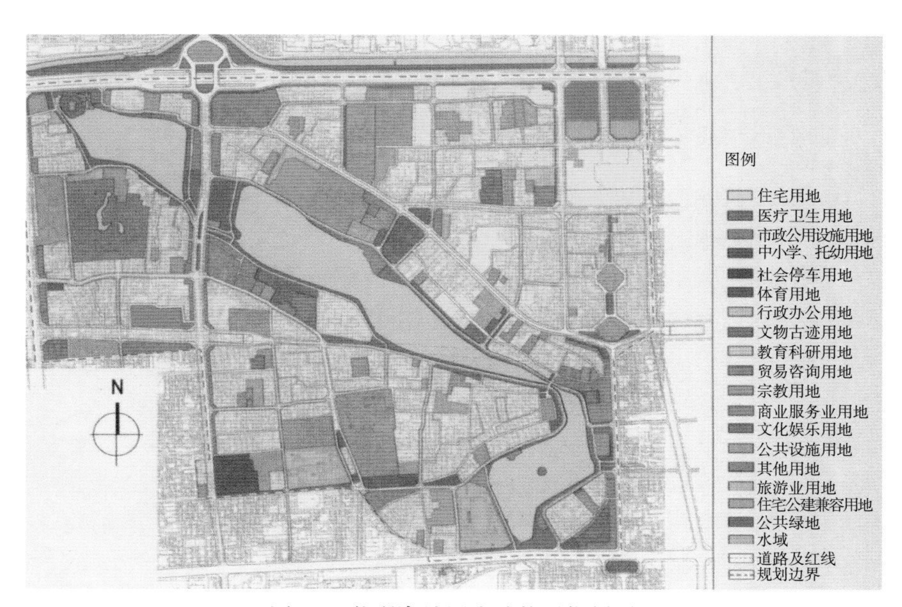

图2-3 什刹海地区土地使用规划图

四、城市的基础设施规划和公共服务设施规划

城市的基础设施规划和公共服务设施规划的规划内容较多，在本套丛书中，另有一册专门介绍；公共服务设施规划在城市布局规划中另行介绍。

五、城市历史文化遗产保护规划

我国是有几千年历史的文明古国，各个地方的历史文化遗产较多，每个城市根据当地具体情况制定保护规划。一般规划应有以下内容。

（一）本地区珍贵的文物古迹、革命纪念建筑、历史地段、风景名胜及其环境

对本地区珍贵的文物古迹、革命纪念建筑、历史地段、风景名胜区及其环境进行保护规划，达到保持和发展本地历史文化和风貌特色，继承和发扬优秀历史文化传统的目的。对于新的建设要体现时代精神、民族传统、地方特色，根据不同情况提出不同要求，使新旧建筑、新的建设与周围环境互相协调、融为一体，形成本城市独特风貌。

（二）妥善处理历史文化保护和现代建筑的关系

城市现代化建设、社会经济发展以及城市的调整改造，要与历史文化遗产保护相结合，使其城市的发展和建设，既符合现代生活和工作需要，又能保持历史文化特色。

（三）本地区各级文物保护单位

本地区各级文物保护单位是历史文化遗迹保护的重要内容。对于已公布的文物保护单位，尤其是国家级和省市级文物保护单位必须加强科学保护、合理利用。此外还要进一步加强对地面和地下文物古迹的调查、发掘与鉴定，公布新的保护单位。对地下历史文物埋藏区内的建设，坚持先勘探发掘、后进行施工的原则。

（四）某一历史时期传统风貌、民族地方特色的街区、建筑群、小镇、村寨等

某一历史时期传统风貌、民族地方特色的街区、建筑群、小镇、村寨等，是历史文化遗迹的重要组成部分，要逐个划定范围、具体保护和整治目标。在规划保护区内新建筑形式和色彩，要与该区原有风貌协调一致。凡与其不协调的建筑物和其他建设设施要加以不断改造使之协调。

对于历史文化名城，除了以上内容外，重点是要从城市格局和宏观环境上保护，即从整体上考虑历史名城的保护，下面以北京为例，进行简要介绍。

北京是世界著名古都和历史文化名城，在充分认识保护历史文化名城的重大历史意义和世界意义基础上，政府提出重点保护北京市域范围内各个历史时期的珍贵文物古迹、优秀抽象现代建筑、历史文化保护区、旧城整体和传统风貌特色、风景名胜及其环境、继承和发扬北京优秀的历史文化传统。

明清北京城是在辽、金、元时期北京城的基础上发展起来的，是中国古代都市建设的杰作，是历史文化名城保护的主要地区。旧城的范围为明清时北京护城河及其遗址以内的城市区域。重点保护旧城的传统空间格局与风貌（图2-4）。

1）保护从永定门至钟鼓楼7、8km长的明清北京城中轴线的传统风貌特色。

2）保护明清城“凸”字形城郭。沿城墙旧址保留一定宽度的绿化带，形成象征城墙旧址的绿化环。保护由宫城、皇城、内城、外城四重城郭构成的独特城市格局（图2-5）。

3）整体保护皇城（图2-6）。

4）保护旧城的历史河湖水系，部分恢复具有重要历史价值的河湖，形成一个完整的系统。

5）保护旧城原有的棋盘式道路网骨架和街巷、胡同格局。

6）保护北京特有的“胡同——四合院”传统的建筑形态。

7）分区域严格控制建筑高度，保持旧城平缓开阔的空间形态。

8）保护重要景观线和街道对景。在景观线和街道对景保护范围内的建设，应符合城市设计提出高

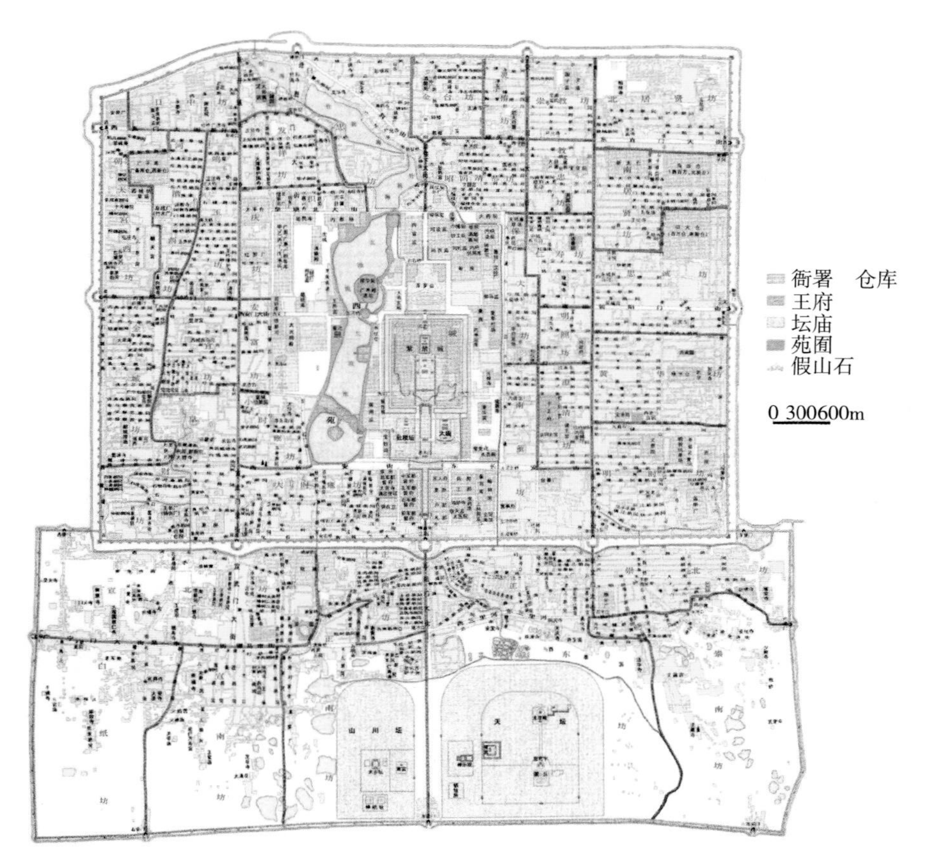

图2-4 明北京城平面图

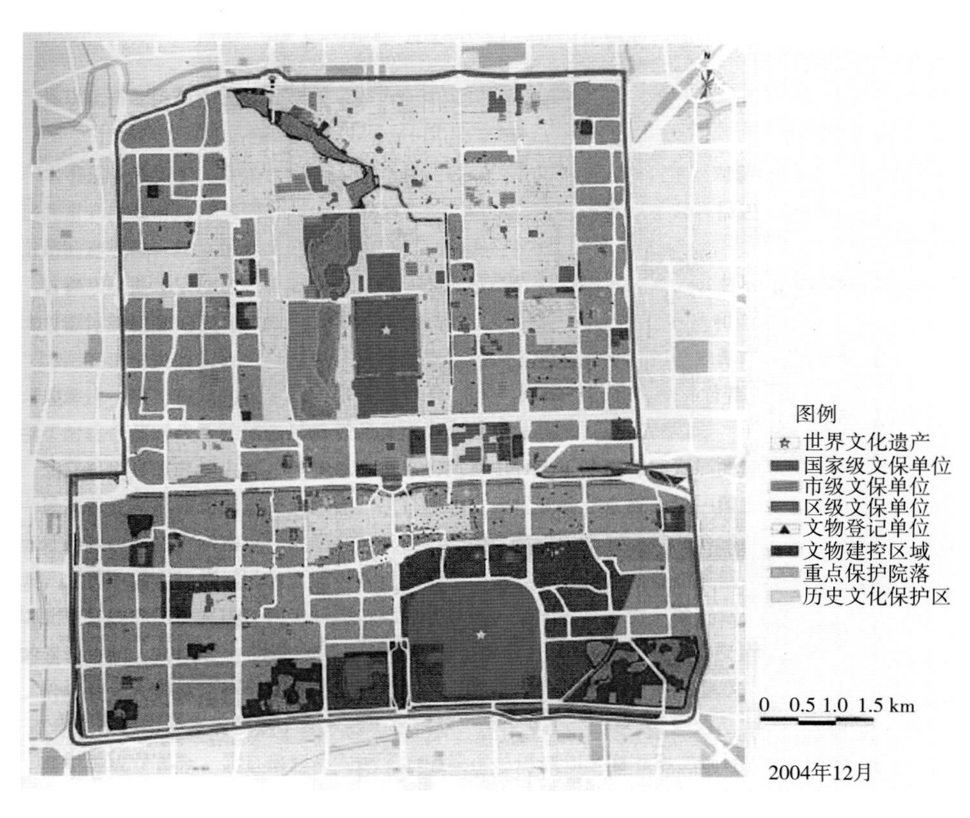

图2-5 2004年北京城市总体规划——旧城文物及保护区规划图

度、体量和建筑形态要求，严禁插建对景观保护有影响的建筑。

9）保护旧城传统建筑色彩和形态特征。保持旧城内青灰色居民房烘托红墙、黄瓦的宫殿建筑群的传统色调。旧城内新建的建筑形态和色彩与旧城整体风貌相协调。

10）保护古树名木及大树。保持和延续旧城传统特有的街道、胡同绿化和院落绿化，突出旧城以绿树衬托建筑和城市的传统特色。

11）统筹考虑旧城保护和新城发展，合理确定旧城的功能和容量，疏导不适合在旧城内发展的城市职能和产业，鼓励发展适合旧城传统空间特色的文化事业和文化、旅游业。

12）探索适合旧城保护和复兴的危房改造模式，停止大拆大建。严格控制旧城的建设总量和开发强度，逐步拆除违法建设及严重影响历史文化风貌的建筑物和构筑物。

13）在保持旧城传统街道肌理和尺度前提下，制定旧城的交通政策和道路网规划，建立并完善适合旧城保护和复兴的综合交通体系。

14）在保护旧城整体风貌、保存真实历史遗存的前提下，制定旧城市政基础设施建设的技术标准和实施办法，积极探索适合旧城保护和复兴的市政基础设施建设模式。

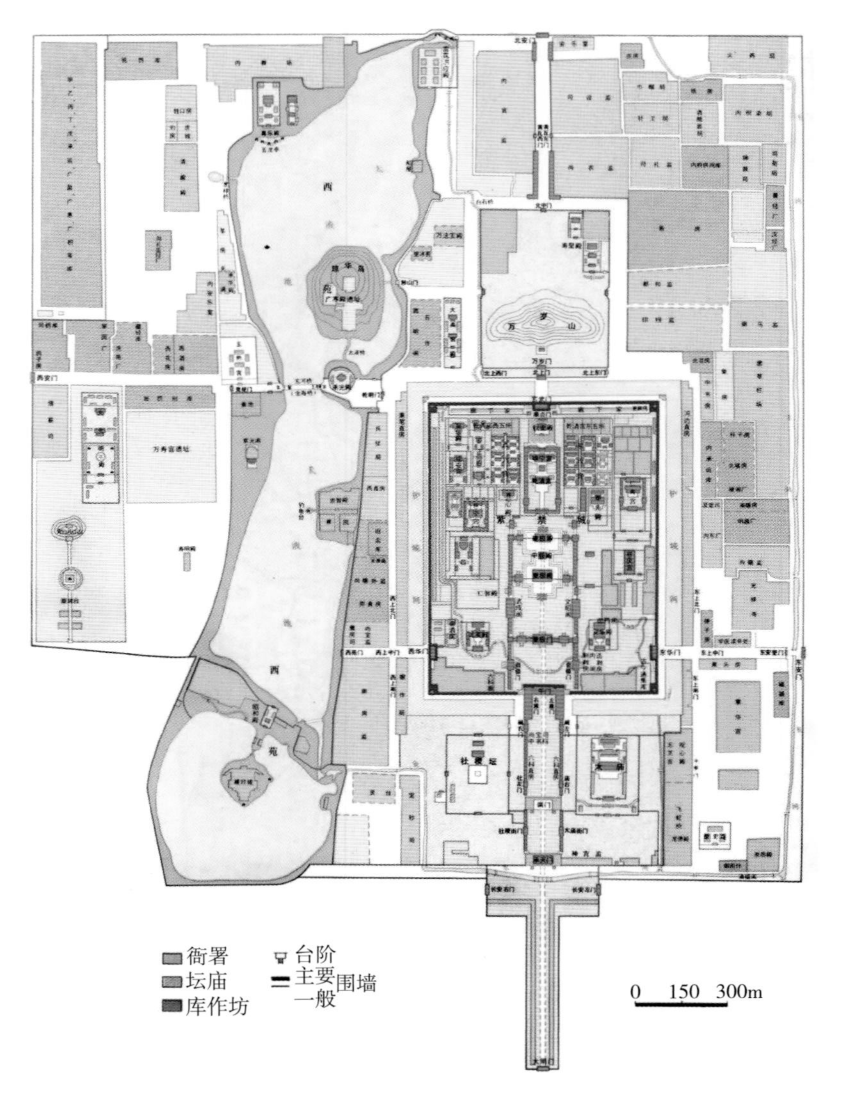

图2-6　明皇城平面图

六、城市生态环境规划

城市建设发展，特别是工业的高速发展和城市人口急剧增加，给城市环境带来许多严重问题。首先是各种污染问题，从水污染、空气污染到土壤污染。在我国20世纪80年代的城市总体规划中就增加了城市环境保护规划。那时，主要是污染的控制和治理污染的措施规划。但是，随着城市的进一步发展，城市环境问题越来越严重，仅控制和治理已不能解决城市环境问题了。如城市建设用地不断扩大，农田、山地、湿地大量减少，降水渗入地下的少了而城市排洪增加了，城市水环境不断恶化，直接影响城市生态环境。再如城市人口过于集中加上城市中各种设施耗氧量大量增加，使得城市的空气中二氧化碳含量极大增高，而人类必需的新鲜空气不足，还带来了城市热岛效应。还有城市的发展，大量消耗各种资源和能源，也给城市生态环境带来一系列问题。因此，现在城市总体规划中，将以前的环境保护规划，发展为城市生态环境规划。

（一）城市生态环境规划的原则和目标

城市生态环境规划应坚持生态保育、生态恢复和生态建设并重的原则。要促进地区经济从资源消耗型向生态友好型转变，即从传统产品经济向服务经济、循环经济和知识经济转型；促进城市及区域生态环境向绿化、净化、美化、活化的可持续生态系统演变。要达到的目标是：构建出山川秀美、空气清新、环境优美、生态良好、人与自然和谐、经济社会全面协调、可持续发展的生态城市。

（二）建设限制分区

综合生态适宜性、工程地质、资源保护等方面的因素，规划明确划定禁止建设地区、限制建设地区和适宜建设地区，用于指导城镇的开发建设行为。

禁止建设地区作为生态培育、生态建设的首选地，原则上禁止任何城市建设行为。一般这些地区包括河湖湿地、地表水源一级保护区、地下水源核心区、山区泥石流高易发区、风景名胜区、自然保护区的核心区、城市绿线控制范围、河流、道路和农田林网及城市绿地等。

限制建设地区多数是自然条件较好的生态重点保护地或敏感区，对这一地区要科学合理地引导开发建设行为，城市建设用地应尽可能避让。在这区域内建设要进行相应的生态影响评价和提出生态补偿措施。一般这些地区包括有：地表水源二级保护区，地下水源防护区，蓄洪、滞洪区，风景名胜、自然护区和森林公园的非核心区，山前生态保护区，基本农田保护区，文物地下埋藏区，城乡接合部的绿化隔离区等。

禁止建设区和限制建设区以外的地区为适宜建设区。

（三）综合生态规划

按照地形地貌、人类活动强度，一般可划为三个生态区，即山区、平原地区、城市中心区及其城乡接合部。

1. 山区

加强生物多样性保护，防止外来物种入侵，治理水土流失，保护景观、保护自然资源，推广生态旅游，防止农业面源污染及废水和固体废物污染。对采矿破坏的区域，要进行生态恢复，妥善处理尾矿和矿渣。加强山区绿化，稳步推进岩石裸露地区的植被恢复，加快宜林荒山、疏林地和未成林地的绿化建设，充分发挥森林涵养水源、净化水质、减少水土流失的功能，加强矿山的治理，严格控制浅山区开发建设，加强生态恢复。

2. 平原区

加强植树造林和生物多样性，有效防止外来有害生物的蔓延，推广生态旅游，减少工农业对环境的污染，发展节水型农业。对防洪区内的土地利用实行分区管理。加强城市绿化隔离地区、沿河流和道路形成的绿色走廊建设；加强风景名胜区、自然保护区、森林公园及湿地保护区等重点绿化工程建设。形成城乡一体绿化系统。

3. 城市中心区及城乡接合部

要控制建设规模，加强绿地等生态建设，加强对城乡接合部的环境治理，大力削减污染物排放量，鼓励发展循环经济。加强城市道路绿化，大力增加城市房屋间、道路间的空间点状绿地。在城市中道路绿地和点状绿地交织形成绿网系统。鼓励立体绿化，改善城市环境质量。

（四）环境污染防治

环境污染防治要坚持保护优先、预防为主、防治结合、源头治理与末端治理相结合的原则。

环境污染防治的目标：城市环境质量基本达到国家标准，生态环境状况不断好转。空气质量指标在全年绝大部分时间内满足国家标准，饮用水源水质、地表水体水质和环境噪声等符合相应国家标准。

1. 总量控制

污染物排放总量，要按国家下达的工业固体废物排放总量削减指标；二氧化碳和工业粉尘排放总量，要按计划逐年削减。

2. 大气污染防治

针对目前大气污染呈现出的典型复合污染形态及颗粒物污染较重的情况。城市应加大以天然气为主的清洁能源使用量，大力提倡用清洁能源交通工具，要严格控制施工扬尘。

3. 水污染防治

加强饮用水源保护，完善城市污水管网，改建厕所，加强城市污水处理。加快城镇污水管网和污水处理厂建设，强化农村地区水污染防治、治理水土流失。严格管理地下水开发利用，合理调配本地区水资源，增加生态环境用水，促进水的良性循环。

4. 噪声、辐射及固体废弃物污染防治

噪声、辐射、热岛效应等污染应按国家环保标准治理。固体废弃物的处理和处置，重点放在生活垃圾和工业固体废弃物的减量化、资源化、无害化方面。进一步推行城市生活垃圾源头削减、分类收集和综合利用。加强危险废弃物集中处理设施建设，使危险废弃物特别是医疗废弃物得到安全处理和处置。

5. 面源污染防治

在农村种植中推行保护性耕作技术，在养殖业中推行清洁生产，防治面污染，并开展畜禽养殖场的治理。

七、城市防灾减灾规划

城市防灾减灾规划内容较多，本丛书另有一册专门介绍，这里不再重复。

第二节　城市总体规划编制主要依据

编制一个城市的总体规划，要以当地国民经济和社会发展规划为依据，根据当地自然环境、各种资源条件、历史和现状特点。经认真研究，统筹兼顾、综合分析才能较好地完成一个城市的总体规划。

一、国民经济和社会发展规划

一个城市的国民经济和社会发展规划，是城市总体规划必不可少的重要依据，是确定这个城市性质和规模的主要依据。所以在做城市总体规划时，当地政府应先有国民经济和社会发展规划。多少年以来事实说明，国民经济增长是有一定规律的，只有在出现新的增长点后才会有所突破。在改革开放中，有的地方由于特殊的地理位置，加上中央给予特殊的政策使得那里经济出现飞速发展，城市也迅速膨胀起来，由小村、镇发展成大城市。从这个结果看，似乎是城市快速发展带动了国民经济和社会发展。似乎进一步发展开发区，可使城市继续扩大带动更大的发展，但结果却不如所料，国民经济并没有更大的发展，反而严重影响了国民经济正常发展。有些意见认为，上海也是在总体规划中提出，要建设成我国经济中心、国际金融中心，因为进行了浦东开发，所以上海的国民经济和社会得到了飞速发展。其实这也是只看到结果，上海之所以能成我国经济中心和国际金融中心，并不是先被提出目标而是先具备了发展条件，这是上海多年经济发展的结果。城市起源和发展都是依靠经济发展。从上海历史长河中可以很清楚地看出来，上海在唐代天宝年间只是个小镇，那时叫青龙镇。到宋末改名上海镇，这时经济已经比较繁荣，这里成为“海商凑集”“富商巨贾、豪门右姓”会集之所。到元世祖至元年间上海建县，又经过250多年到明代嘉靖年间修筑了城墙，已发展成为一个较大规模的港口城市，当时有这样的说法：“闽、广、辽、沈之货，鳞萃羽集，远及西洋暹罗之舟，岁亦间至”，被称为“江海之通津、东南之都会”。当时，它仍以自然经济为基础。第一次鸦片战争以后，1842年清政府被迫签订“南京条约”，开放上海、广州等五个通商口岸。上海虽然不幸成为租界，但同时也接触到很多新的科学技术，成为我国近现代工业的起源地，整座城市空前繁荣。到20世纪30年代上海就成为远东地区最大的金融、贸易中心。新中国成立以后，上海作为我国最重要的工业基地之一和最大的工商城市，对国民经济的发展起到了重要的作用。

改革开放以来，上海作为长江三角洲地区城市群的中心城市，拥有全国最大的港口和最多的外资金融机构，也是国际跨国公司在中国投资最集中的地区之一，并在长江三角洲地区及全国的分工合作、互相促进过程中，发展成为我国最大的经济中心城市。这使上海初步具备了沟通国内外市场和与国内外经济循环接轨的能力，使上海发展成国际经济中心城市的内在条件逐步走向成熟。所以在上海城市总体规划中才明确提出，上海的城市性质确定为我国最大的经济中心，并将逐步建成国际经济、金融、贸易中心城市（图2-7）。

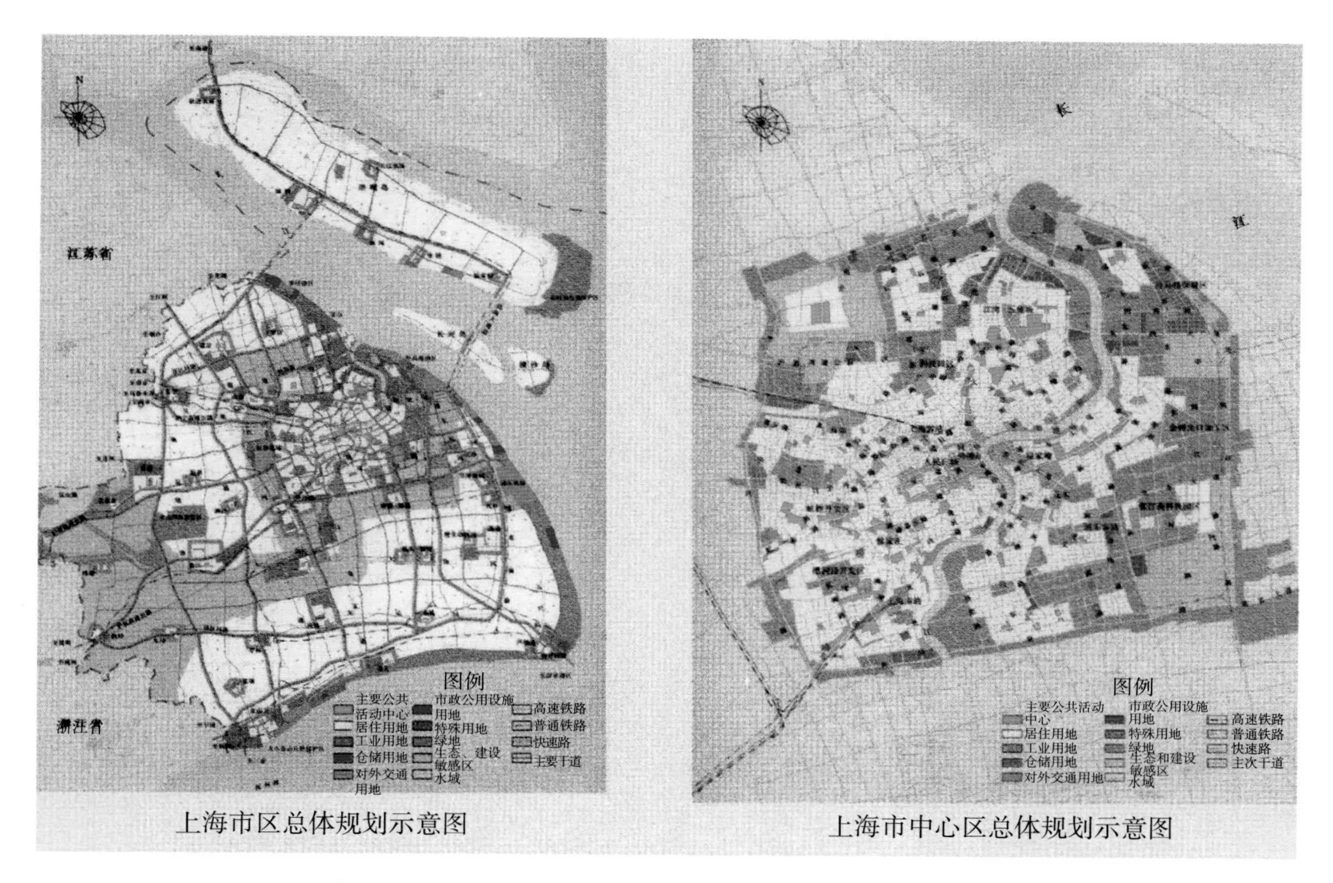

图2-7　上海城市总体规划图

城市总体规划一定要以城市国民经济和社会发展规划为依据。但也不是说一个城市还没有完成国民经济和社会发展规划时，就不能做城市总体规划了。可以将两个规划同步进行。由当地经济计划部门、战略发展研究部门、主管工农业生产部门、民政部门、政府官员和有关专家一起研究，提出一个国民经济和社会发展纲要，作为编制城市总体规划的依据。

社会经济发展规划应该为城市总体规划提供以下主要依据：

1）在规划期城市发展的目标。

2）经济发展目标和策略。

3）社会发展和策略。

4）区域协调发展的策略。

以北京历次城市总体规划为例。每次编制城市总体规划，都将社会经济发展作为极其重要的内容。

如1992年“北京城市总体规划”（1991—2010年）文本共十二部分，100条。其中第二部分就是经济发展，第三部分是社会发展。从第6条到22条共17条阐明北京社会经济发展规划。

又如2004年“北京城市总体规划”（2004—2020年）文本写法和1992年有很大不同，但关于北京社会经济发展规划内容仍占相当大的比重。现将其主要内容摘要下来以供参考。

第9条　城市发展目标和主要职能

按照中央对北京做好“四个服务”的工作要求，强化首都职能；以建设世界城市为努力目标，不断提高北京在世界城市体系中的地位和作用，充分发挥首都在国家经济管理、科技创新、信息、交通、旅游等方面的优势，进一步发挥首都经济，不断增强城市的综合辐射带动能力；弘扬历史文化，保护历史文化名城风貌，形成传统文化与现代文明交相辉映、具有高度包容性、多元化的世界文化名城，提高国际影响力；创造充分的就业和创业机会，建设空气清新、环境优美、生态良好的宜居城市。创建以人为本、和谐发展、经济繁荣、社会安定的首善之区。……

第10条　城市发展阶段目标

按照国家实现现代化建设战略目标的总体部署，第一阶段，全面推进首都各项工作，努力在全国率先基本实现现代化，构建现代国际城市的基本构架；第二阶段，到2020年左右，力争全面实现现代化，确立具有鲜明特色的现代化国际城市的地位；第三阶段，到2050年左右，建设成为经济、社会、生态全面协调可持续发展的城市，进入世界城市行列。

第11条　经济发展策略

1）坚持以经济建设为中心，走科技含量高、资源消耗低、环境污染少、人力资源优势得到充分发挥的新型工业化道路，大力发展循环经济。注重依靠科技进步和提高劳动者素质，显著提高经济增长的质量和效益。

2）坚持首都经济发展方向，强化首都经济职能。依托科技、人才、信息优势，增强高新技术的先导作用，积极发展现代服务业、高新技术产业、现代制造业，不断提高首都经济的综合竞争力，促进首都经济持续快速健康发展。加快产业结构优化升级，不断扩大第三产业规模，加快服务业发展，全力提升质量和水平。深化农业结构调整，积极发展现代农业，促进农业科技进步。

3）2020年，人均地区生产总值（GDP）突破10000美元；第三产业比重超过70%，第二产业比重保持在29%左右，第一产业比重降到1%以下。

第12条　社会发展策略

1）全面推进人口健康发展。不断优化人口结构，提高人口素质，加强人口管理和服务。完善社区服务体系，改善人居环境质量。

2）大力发展社会主义文化。牢牢把握先进文化的前进方向，促进文化事业的全面繁荣和文化产业的快速发展，满足人民群众精神文化需求，促进人的全面发展。

3）积极促进社会公平。健全社会保障体系，关注弱势群体，缩小贫富差距，促进社会保障事业社会化，改善创业环境，建设完善的社会事业体系，推动社会均衡发展。

4）加快建设信息社会。广泛应用信息技术，大力发展信息服务业，建设“数字北京”，社会信息化各项指标达到与现代国际城市相适应的水平。

5）切实保障城市安全。构建城市综合防灾减灾体系，建设完善的防灾减灾和应急保障的设施系统，建立有效应对各种公共突发事件的预警和防范机制。

第13条　区域协调发展策略

1）积极推进环渤海地区的经济合作与协调发展，加强京津冀地区在产业发展、生态建设、环境保护、城镇空间与基础设施布局等方面的协调发展，进一步增强北京作为京津冀地区核心城市的综合辐射带动能力。

2）加强与以天津港为核心，京唐港（王滩港区、曹妃甸港区）、秦皇岛港共同组成的渤海湾枢纽港群海洋运输体系的协调，建立以北京为核心的区域高速公路和铁路运输体系，以北京首都机场为枢纽的区域航空运输体系，形成陆海空一体、国际国内便捷联系的区域交通网络。

3）在京津冀城镇群的核心地区形成以京津城镇发展走廊为主轴，京唐、京石城镇发展走廊和京张、京承生态经济走廊为骨架的区域空间体系，实现区域统筹协调发展。

二、自然环境和资源条件

一个城市的自然环境和资源条件通常决定了这个城市的性质，决定了城市的建设发展方向，当然也影响到城市的规模和布局。在做城市总体规划时一定要详细调查、勘察、认真分析城市的自然环境和资源条件。明确各种因素对城市哪部分发展有利，哪部分发展不利。

（一）自然环境条件与城市规划关系

与城市规划有密切关系的自然环境条件主要有下列四项：

1. 地质条件

地质条件的分析主要在与城市用地选择和工程建设有关的工程地质方面的分析。

（1）建筑地基　城市各项工程建设都由地基来承载。由于地层的地质构造和土层的自然堆积情况不一，其组成物质也各有不同，因而对建筑物的承载力也就不一样（表2-1）。了解建设用地范围内不同的地基承载力，对城市用地选择和建设项目的合理分布，以及工程建设的经济性，无疑是重要的。

表2-1　不同物质的承载力

类别	承载力/（t/m^2）	类别	承载力/（t/m^2）
碎石（中密）	40～70	细砂（很湿）（中密）	12～16
角砾（中密）	30～50	大孔土	15～25
黏土（固态）	25～50	沿海地区淤泥	4～10
粗砂、中砂（中密）	24～34	泥炭	1～5
细砂（稍湿）（中密）	16～22		

城市建设对工程地基的考虑，不仅限于地表的土层，也必须通过勘探掌握确切的地质资料。如地下溶洞、地下矿藏的采空区，会波及地面的塌陷，对地面的建筑和设施荷载带来限制条件，必须通过对该地区的地质条件进行勘察分析，来确定这类用地的使用条件和相宜的建筑与城市设施的分布。

（2）滑坡与崩塌　滑坡与崩塌是一种物理地质现象。这类现象常发生在丘陵或山区，在选用坡地或紧靠崖岩建设时经常会出现这种情况，如1925年四川，南沱一个镇就随岩体滑动而一起滑落。滑坡的破坏作用还时常发生在河道、路堤，使河岸、堤壁滑塌。为了避免滑坡所造成的危害，需对建设用地的地形特征、地质构造、水文、气候以及土壤、岩体的物理力学性质做出综合分析与评定。在城市规划建设实施时，则应采取必要的具体工程措施，以免造成重大损失（图2-8）。

崩塌的成因主要是岩层或土层的层面对山坡稳定造成的影响。当裂隙比较发育，且节理面顺向崩塌的方向，则易于崩落；尤其是因争取建设用地，过分地人工开挖，往往会导致坡体失去稳定而崩塌（图2-9）。

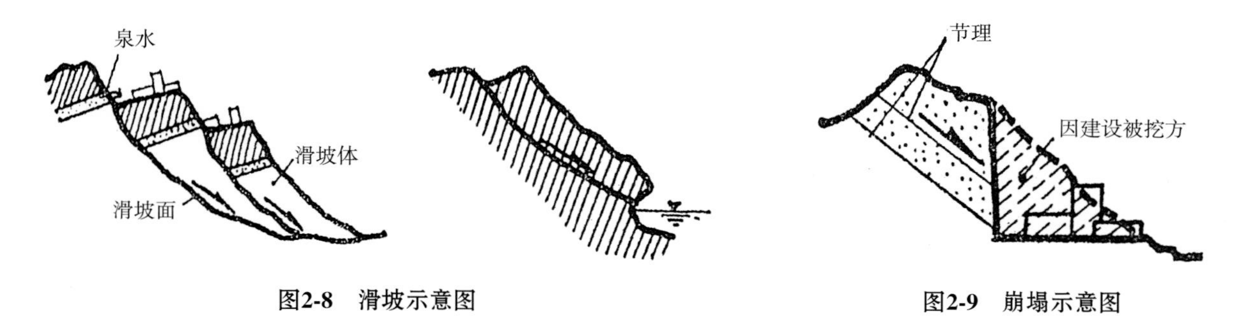

图2-8　滑坡示意图

图2-9　崩塌示意图

（3）冲沟　冲沟是由间断流水在地表冲刷形成的沟槽。冲沟切割用地，不利于土地使用，在城市建设中增加土石方工程或桥涵、排洪工程等。规划时应分析冲沟的分布、坡度、活动发育情况，采取相应的治理措施。

（4）地震　地震是一种自然地质现象，强烈地震的破坏性大、影响范围广。如1976年唐山大地震造成20多万人死亡，整个城市遭到破坏；2008年四川汶川大地震，波及川甘陕广大地区，多座县城遭到毁灭，造成8万多人死亡。地震是城市规划必须考虑的重要问题，它对城市用地选择、规划布局、具体建筑布置、各项工程的抗震设防标准等方面都有巨大影响。

破坏性地震，大多数是由于地质构造运动所引起的构造地震。如在有活动断裂带地区，最易频发震害，而在断裂带的弯曲突出处和两端或断裂带的交叉处，岩石多破碎，应力集中，又往往是震中所在（图2-10）。

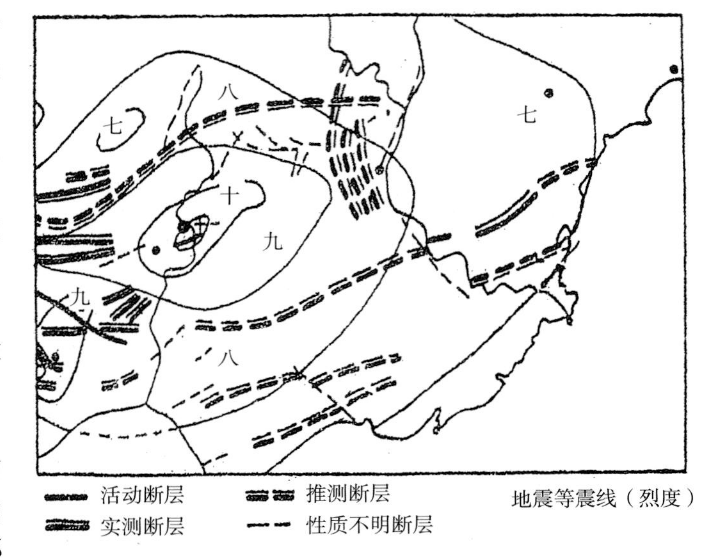

图2-10　某地区主要地质构造与地震烈度关系图

目前在城市规划中的防震措施主要考虑以下几个方面：

1）确定建设地区的地震烈度，以便制定各项建设工程的设防标准。

2）避免在强震区建设城市。一般规定，在地震烈度7度以下，工程建设不需特殊设防，在9度以上地区则不宜选作城市用地。

3）在城市规划时，应按照用地的设计、地震烈度及地质、地形情况，安排相宜的城市设施。在详细规划布置中，对建筑密度的确定，各种疏散避难的通道和场所的安排等，都要按地震时的安全需要来考虑。

（5）矿藏　矿藏是地质条件之一，也是一种资源，它的分布与开采，也会影响到城市用地的选择和城市布局的形态，城市建设用地应避开矿区。

2. 水文及水文地质条件

（1）水文条件　江河湖泊等水体，不但可作为城市水源，同时还在水运交通、改善气候、稀释污水、排除雨水以及美化环境等方面发挥作用。但水文条件也可能带来不利影响，如洪水侵害、年水量不均匀性、流速变化、水流对河岸的冲刷以及河床泥沙的淤积等。我国古代选择城址就有“高勿近阜而水用足，低勿近水而沟防省”的考虑。

城市用地范围内的江、河、湖水的水文条件，与较大区域的气候特点，流域的水系分布，区域的地质、地形条件等有密切关系。城市建设也可能造成对原有水质的破坏，或者是过量地取水、排水、改变水道和断面等，而导致水文条件的变化。所以在城市规划建设中要不断地对水体的流量、流速、水位等水情资料进行调查分析，随时掌握水情动态。

江河水文条件与城市规划建设的关系，可用下列图解来表示（图2-11）。

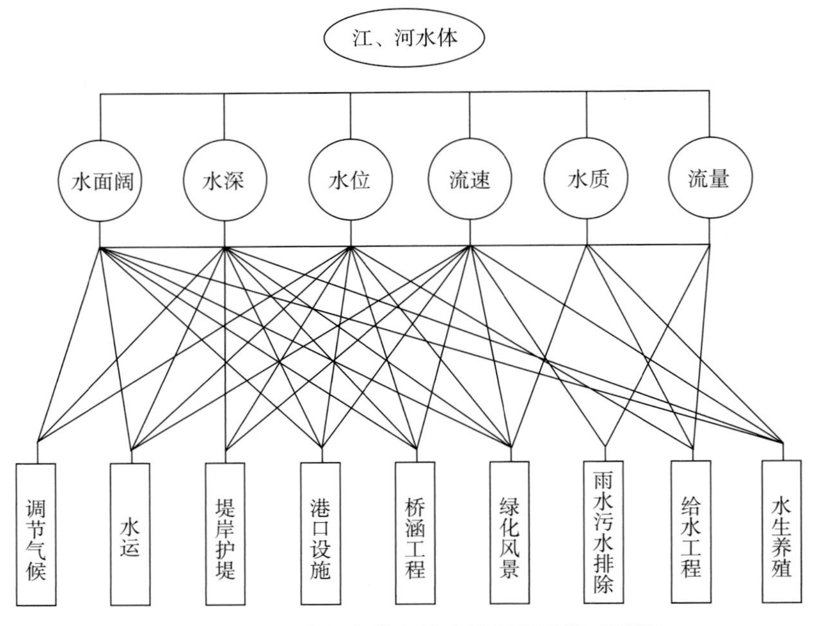

图2-11　江河水文条件与城市规划建设关系图解

（2）水文地质条件　水文地质条件指地下水的存在形式、含水层厚度、矿化度、硬度、水温及动态等条件。地下水通常是城市的水源，特别是远离江湖或是地面水量、水质不敷需用的地区。勘明地下水资源对于城市遗址、确定建设项目和城市规模等都十分重要。

地下水按其成因与埋藏条件，分为上层滞水、潜水和承压水三类（图2-12）。

城市用的地下水，主要是潜水和承压水。潜水基本上是大气降水后渗入补给来源。承压水因有隔水层，受大气影响较小，也不易受地面污染，因此通常是主要水源。

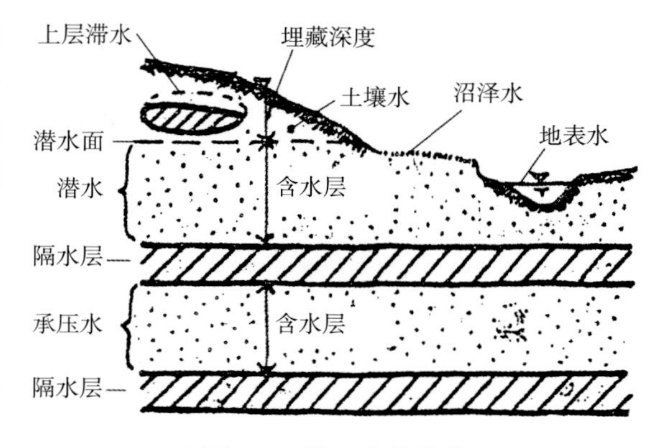

图2-12　地下水的组成

以地下水作为城市水源，若盲目过量抽用，将会出现地下水位下降形成“漏斗”，甚至水源枯竭。长期大量抽用地下水还可能引起地面下沉，如上海市1921～1965年，地面逐渐沉降，最严重地区下沉了2.37m。地面下沉将导致江河、海水倒灌，或地面积水，给防汛、排水、通航等市政工程造成麻烦（图2-13）。

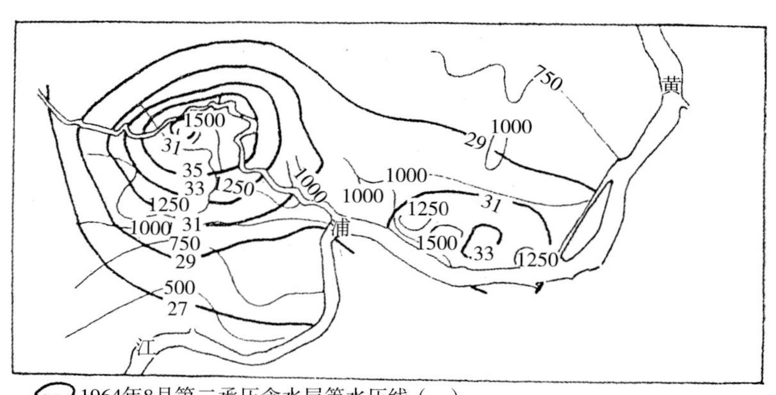

图2-13　上海市地下水位降落漏斗与地面沉降中心关系图

在城市规划布局中，地下水的流向应与地上建设用地的分布及其他自然条件一并考虑，防止因地下水受到工业排放物污染，影响到城市用水的水质。同时应防止因地下水漏斗的出现，造成地下水流向紊乱，从而恶化水质（图2-14）。

当地下水位过高时，不利于工程地基，必要时可采取降低地下水位的措施。

随着工业的发展和城市生活的现代化，使城市用水量不断增大，水资源的重要性日益突出。应合理地利用水资源，综合勘察地下、地上水源，按工农业生产与城市生活对水量、水质、用水时间的不同要求，进行全面规划，合理分配，使城市用水与水源供水的能力相适应。

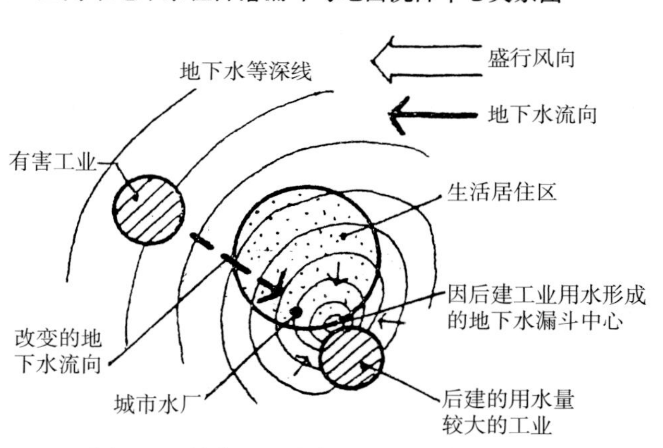

图2-14　城市用地分布与地下水流向关系图

3. 气候条件

气候条件对城市规划建设有多方面的影响，尤其在为居民创造适宜的生活环境，防止环境污染方面，影响非常直接，已日益为人们所重视。

我国地域广阔，南北从热带到寒带跨越纬度47°；东西也因距海洋远近而气候相差悬殊。城市的气候除了大气环流和海陆位置不同所形成的大气候外，在较小地区范围因地形复杂，还存在地方气候与小气候。在城市地区，由于城市所造成的大气层下垫面的改变，以及城市外界的温差所形成的热力差异，促使某些气象要素的变化，而出现“城市气候”的特征。

自然环境中的气候条件对城市的影响有有利和不利两个方面，影响城市规划建设的气象要素主要有：太阳辐射、风向、温度、湿度与降水等几个方面。

（1）太阳辐射　太阳辐射是非常有价值的，也是取之不尽的清洁能源。太阳辐射的强度分日照率，在不同纬度和不同地区存在着差别，分析研究城市所在地区的太阳运行规律和辐射强度，可以为建筑的日照标准、间距、朝向的确定、建筑的遮阳设施以及各项工程的热工设计等提供依据。其中建筑间距还将影响到建筑密度、用地指标与用地规模。此外，由于太阳辐射的强弱所造成不同的小气候形态，对城市建筑群体的布置也有一定影响。

（2）风向　风对城市规划建设有着多方面影响，如防风、通风、工程抗风设计等。特别是在环境保护方面，对城市风气候的研究已成为一个重要课题。

风是以风向与风速两个量来表示的。风向一般是分为8个或16个方位观测，累计某一时期中（如一月、一季、一年）各个方位风向的次数，并以各个风向次数所占该时期不同风向的总次数的百分比值（即风向的频率）来表示。表2-2和图2-15所示为某城市24年的风向观测记录和根据记录所绘制的风向频率图。各个风向的风速值，也可用同样的方法，按照每个风向的风速累计平均值，绘制成风速图。

表2-2　某城市地区累年风向频率和平均风速

方位	北	东北北	东北	东北东	东	东南东	东南	东南南
风向频率	12	18	16	4.5	3.1	4.5	4.7	6.2
平均风速/（m/s）	3.2	3.5	3.2	2.2	1.9	2.3	2.7	3.6

方位	南	西南南	西南	西南西	西	西北西	西北	西北北	静风
风向频率	4.7	2.9	5.4	3.2	2.1	1	3.5	3.3	7.6
平均风速/（m/s）	3.6	4.0	3.7	2.7	2.7	2.3	2.6	3	0

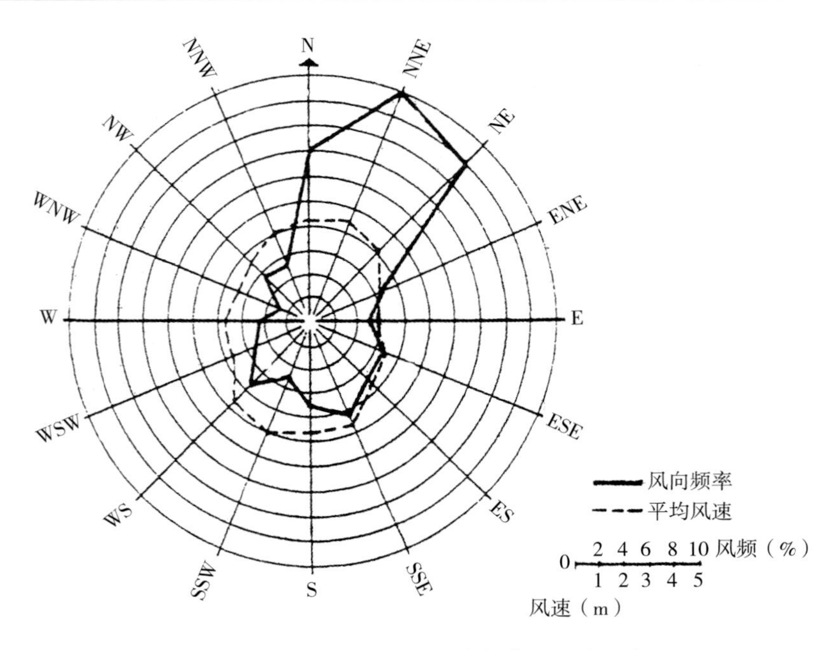

图2-15　某城市地区累年风向频率、平均风速图

在城市规划布局中，为了减轻工业排放的有害气体对居住区的危害，一般工业区应按当地盛行风向位于居住区下风向，盛行风向是按照城市不同风向的最大频率来确定的。一些地区因地形地貌的特点，风向与风速也会有局部变化。为了在规划布局中正确运用气象，每个城市应分析本地全年占优势的盛行风向、最小风频风向、静风频率以及盛行风的季节变化规律。图2-16是适用于我国东部地区季风气候特征的城市用地布局的参考图式。

工业有害气体对下风区污染的程度，除了与风向及其频率有关外，还与风速、排放口高度和大气稳定性等有关。从水平性质来说，下风部位受害程度是与风频大小成正比的，与风速大小成反比。这是因为风速越大，污染物越易扩散，从而降低了有害物质的浓度。它们关系可用下式表示：

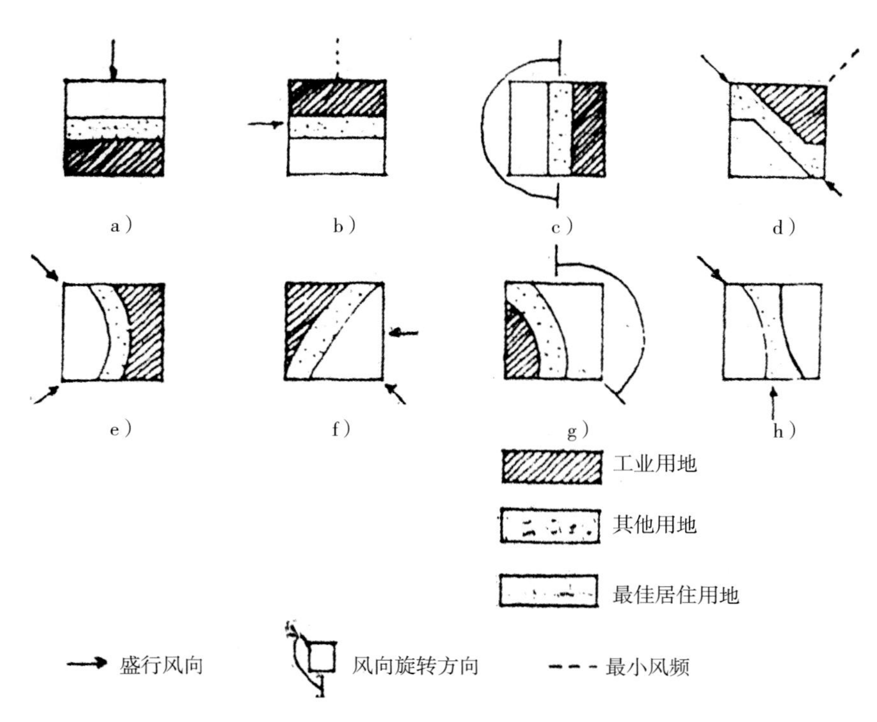

图2-16 工业区与居住用地典型布置图式

污染系数=风向频率/平均风速

在分析和确定城市盛行风向并进行用地分布时，特别要注意微风与静风的频率。在一些位于盆地或峡谷的城市，若忽视静风的影响，则有可能加剧环境污染之害。如图2-17所示某城市工业布置虽在盛行风下风地带，但因该地区静风占全年风频的70%，所以大部分时日烟气滞留上空，水平向扩散影响到上风侧的居住区。在出现逆温时尤甚。

图2-18和图2-19是为了有利于城市的自然通风，在城市布局、道路走向和绿地分布等方面，考虑与城市盛行风向的关系的实例。

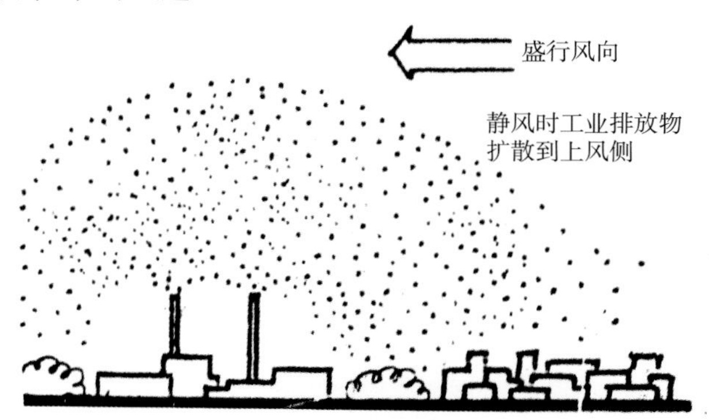

图2-17 某城市在静风时的污染状况

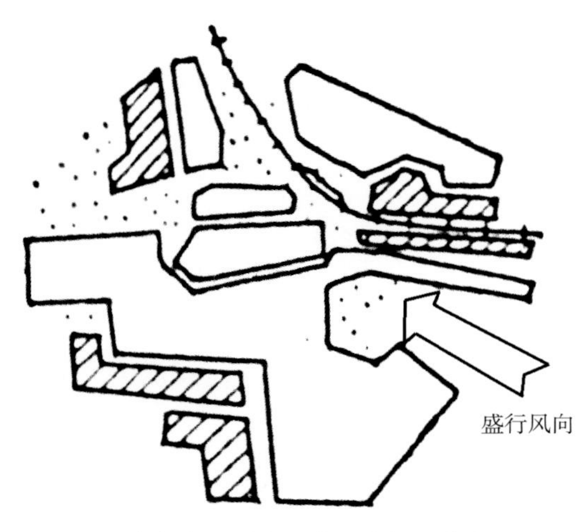

图2-18 城市布局时留出菜地和绿地作为风道，引导气流伸入市区

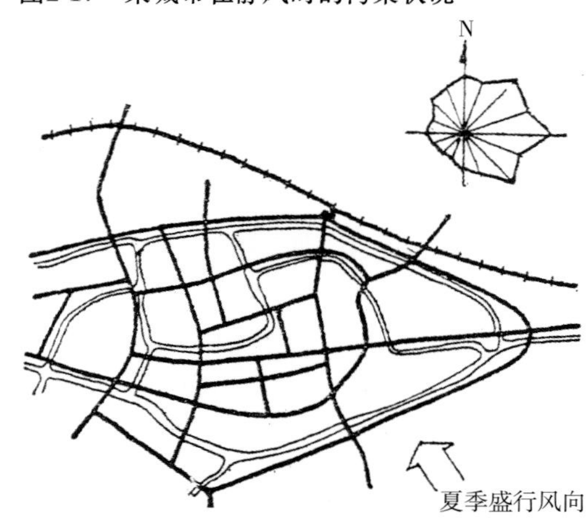

图2-19 道路走向考虑盛行风向的布置图

注：该地区夏日炎热，夏日盛行风为南偏东。道路偏向东南，有利于通风。

除大气候风外，城市地区由于地形特点的不同，所受太阳辐射的强弱不一，热量聚散速度的差异，会形成局部地区的空气环境，如城市风、山谷风、海陆风等（图2-20~图2-22）。当在静风或大气候风微弱的情况下，也会由于地面设施（如工业、建筑、绿地、水面等）不同，在温差热力作用下，出现小范围的空气环流，这将有利于该地区的自然通风。但若地面设施布置不当，也可能给环境带来不良影响（图2-23）。

在山地背风面，会产生涡流，如在该处布置住宅等建筑，有利于通风。但若上风为污染源时，将加剧污染（图2-24）。

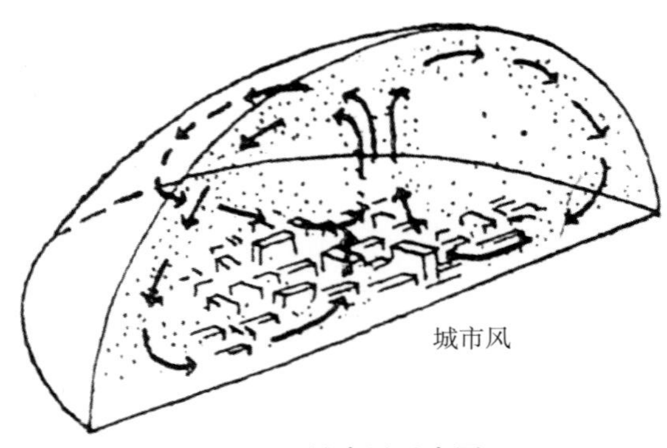

图2-20　城市风示意图

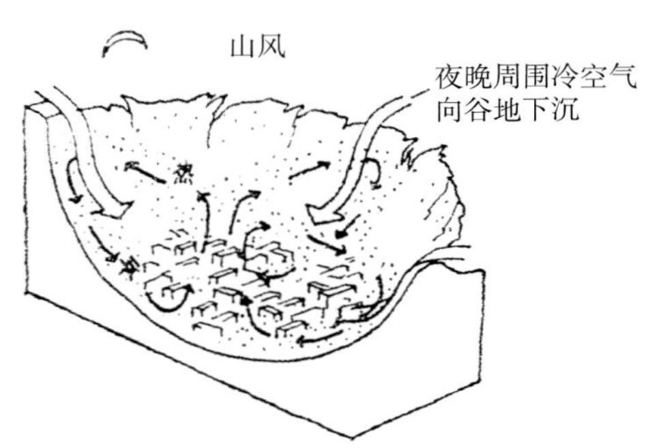

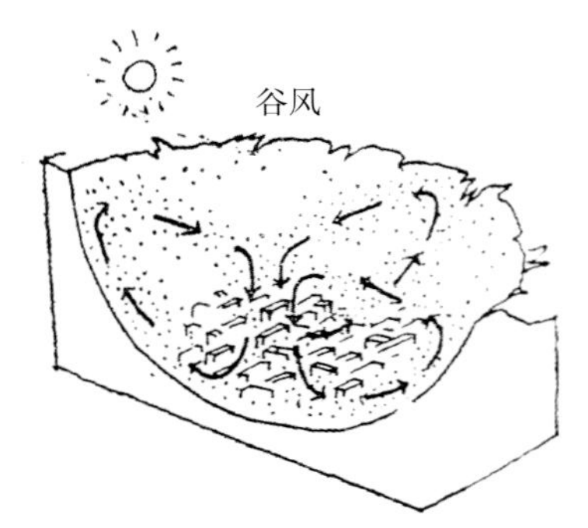

图2-21　山谷风示意图

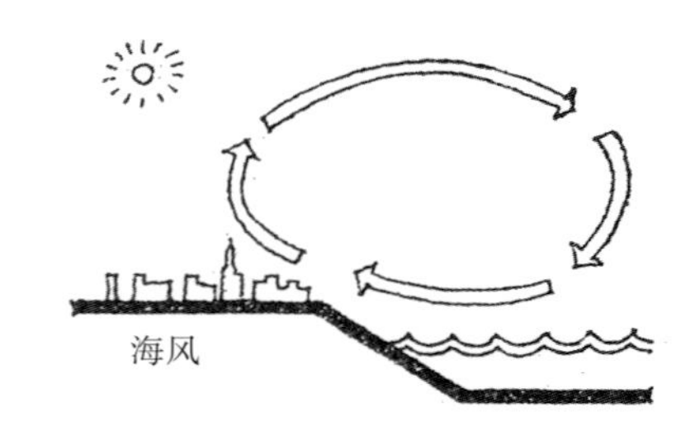

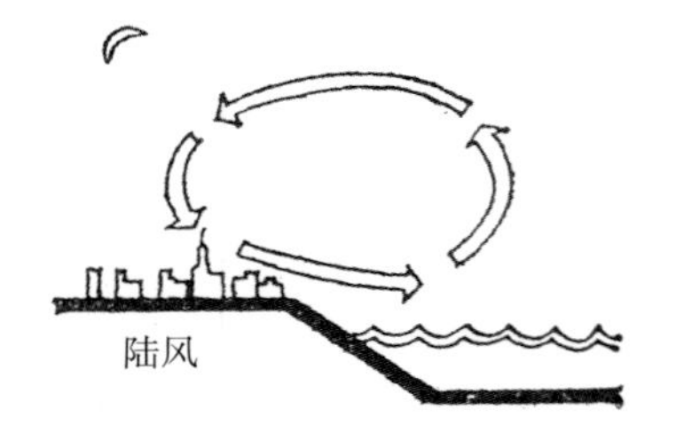

图2-22　海陆风示意图

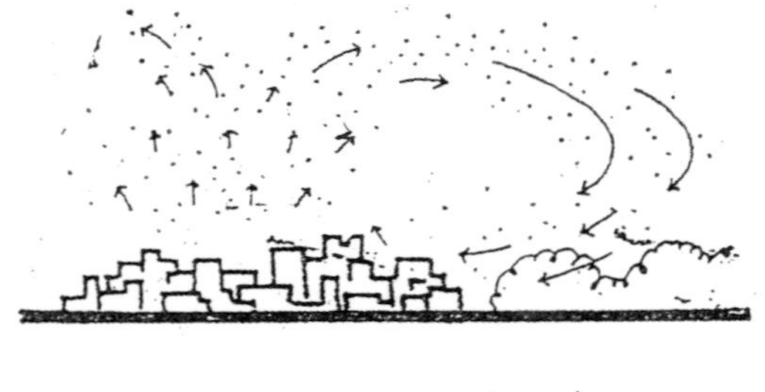

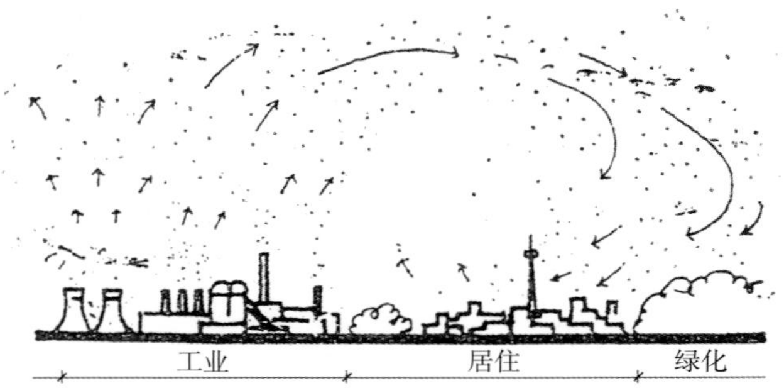

图2-23　城市地区的局部环流

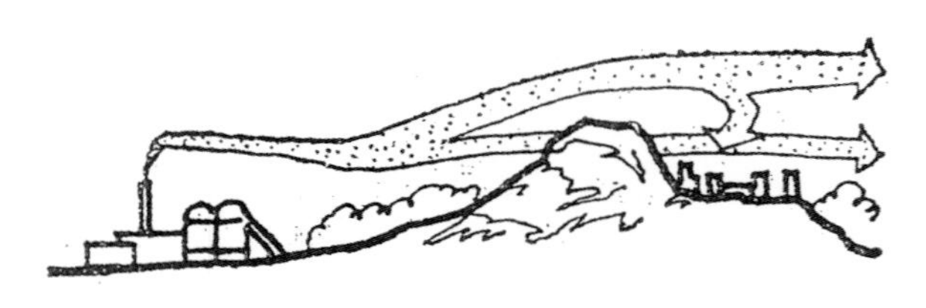

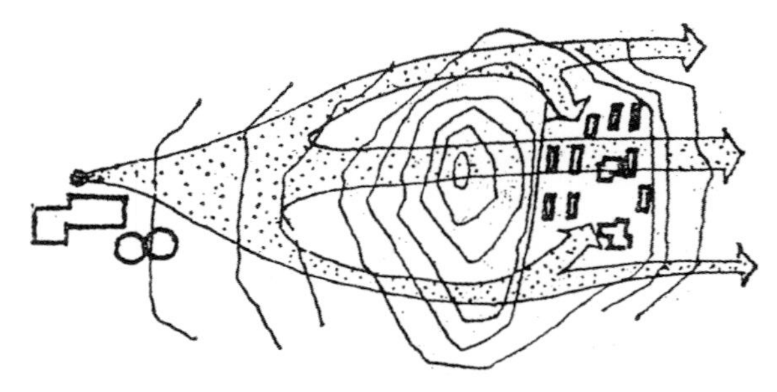

图2-24　山地背风面涡流示意图

（3）温度 由于地表是球面，纬度由赤道向北每增加1°，气温平均降低1.5℃左右。海陆气流对经向位置的温度影响很大。

气温对城市规划建设的影响主要反映在以下方面：地区的气温日温差、年温差较大，给建筑、工程设计、施工等带来影响；在居住区和工厂选址时，要根据气候条件考虑采暖、降温设备的设置及其经济性、工艺的适应性。

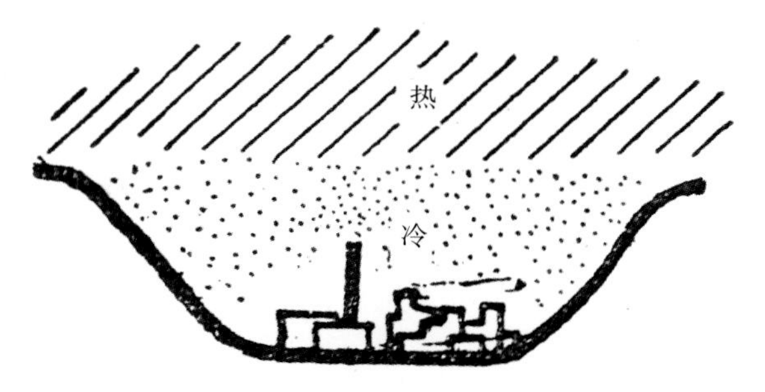

图2-25 谷地逆温层示意图

温度影响还表现在垂直方向因逆温的产生，加剧对城市大气的污染。在气温日温差较大的地区，因夜晚地面散热冷却比上部空气快，在城市上空易出现逆温层。这时大气流动慢，有害气体不易扩散。在静风或地处谷地时，因山坡冷气流下沉，更加剧了逆温层的形成和增厚（图2-25）。

城市由于建筑密集，生产与生活活动过程散发出大量热量，市区气温比郊外要高，便出现了“热岛效应”，尤其在大中城市更为突出。图2-26所示为巴黎地区典型的大城市热岛现象。为了改善城市环境条件，在规划布局时，要合理分布各项城市设施，特别要重视绿化、水面对气温的调节作用。图2-27为芜湖市区1978年11月2日下午2时的温度实测记录。从图中可以看出，在镜湖及其附近地段，由于水体调节，气温比其他地段低。

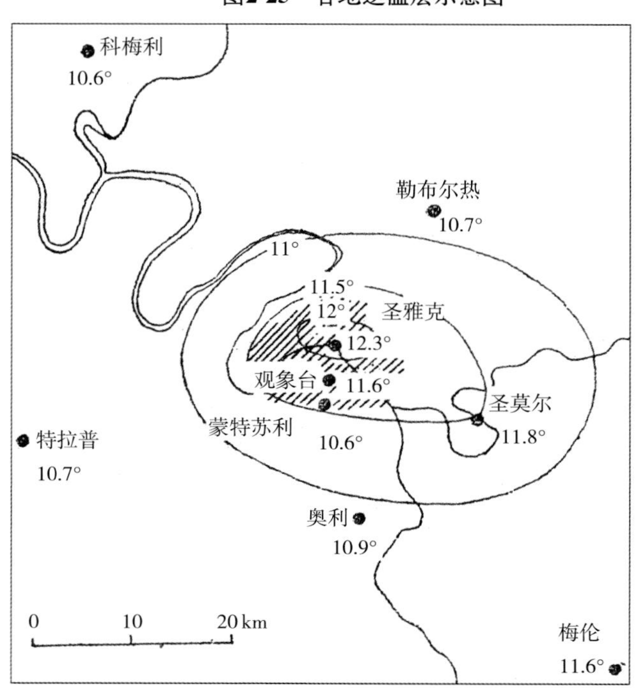

图2-26 巴黎地区典型的大城市热岛现象（以年平均等温线表示）

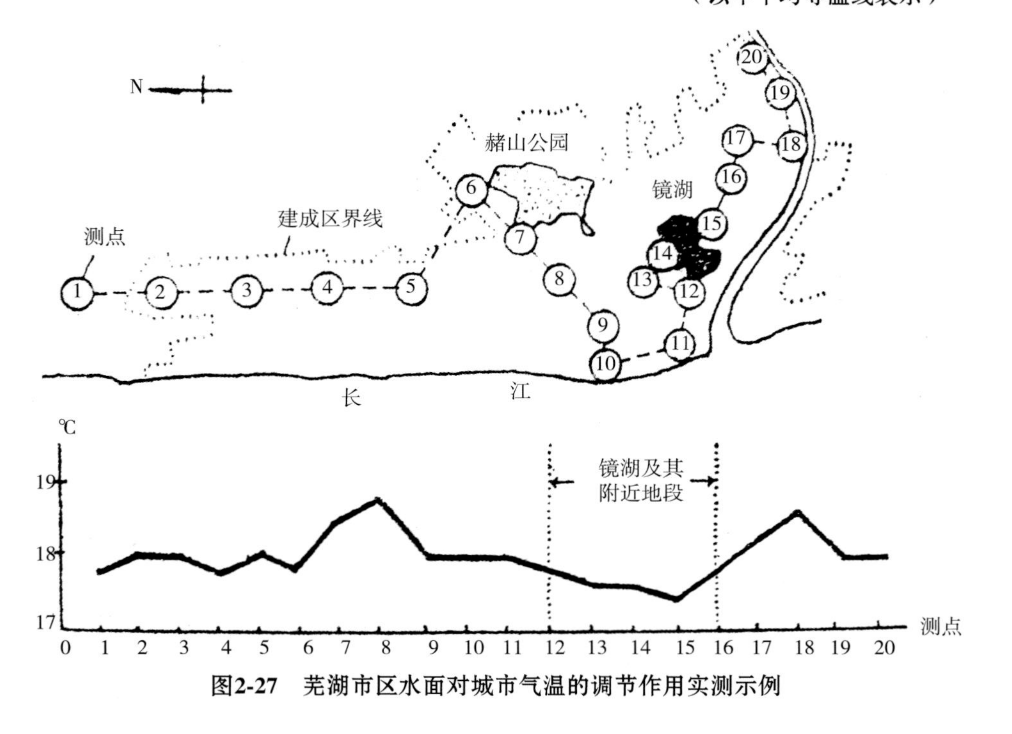

图2-27 芜湖市区水面对城市气温的调节作用实测示例

4. 地形条件

地形条件对规划布局，道路走向、线型，各种工程的建设以及建筑的组合布置，城市的形态、轮廓等，都有一定影响。

按自然地理划分地形的类型可分为山地、丘陵、平原三类。由于城市占地大，为了便于建设和运营，多数城市选择在平原、河谷地带或低谷山冈、盆地等地方修建。

在小地区范围，地形还可进一步划分为：山谷、山坡、冲沟、盆地、谷道、河漫滩、阶地等小地形类型（图2-28）。

地形条件对规划建设的影响有以下几个方面：

1）影响城市规划布局、平面结构和空间布置。如河谷地、低丘山地和水网地区等，通常展现出不同的城市布局结构（图2-29）。

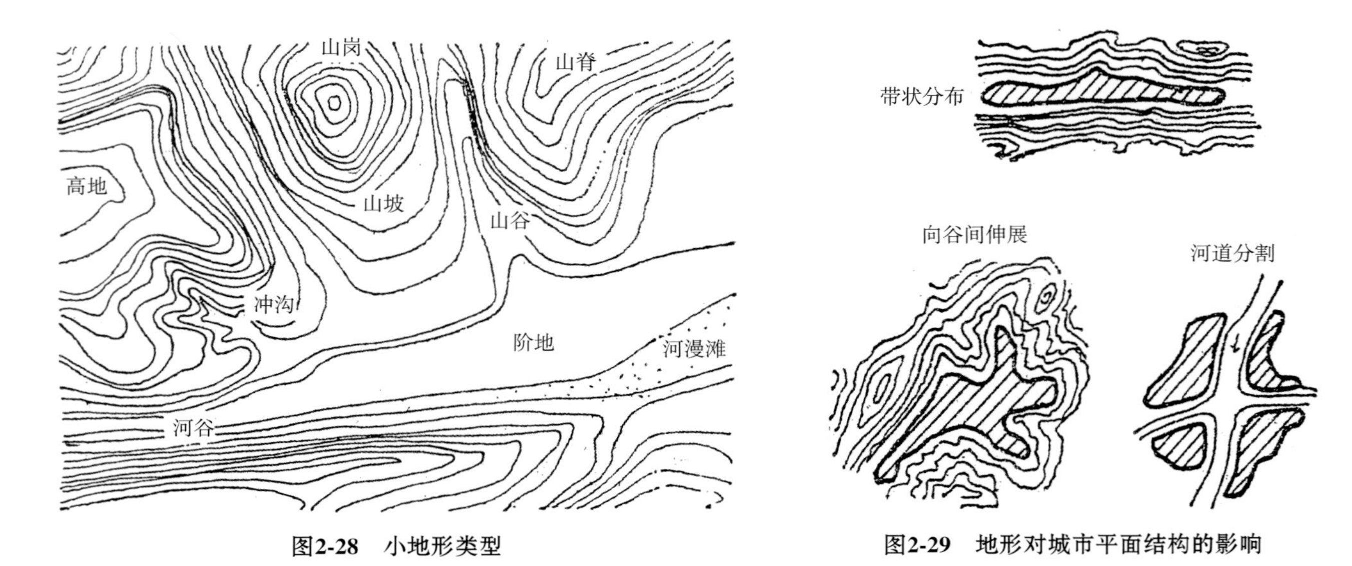

图2-28　小地形类型

图2-29　地形对城市平面结构的影响

2）地面的高程和用地各部位间的高差，是对制高点的利用、用地的竖向规划、地面排水及防洪等方面的设计依据。

3）地面的坡度，对规划建设有着多方面影响。如在平地要求不小于0.3%的坡度，以利于地面排水。但地形过陡也将出现水土冲刷等问题。地形坡度的大小对道路的选线、纵坡的确定及土石方工程量的影响尤为显著。城市各项设施对用地的坡度要求见表2-3。

表2-3　城市各项建设用地适用坡度

项目	坡度	项目	坡度
工业	0.5%～2%	铁路站场	0～0.25%
居住建筑	0.3%～10%	对外主要公路	0.4%～3%
城市主要道路	0.3%～6%	机场用地	0.5%～1%
次要道路	0.3%～8%	绿地	可大可小

注：工业如以垂直运输组织生产，或车间可台阶式布置时，坡度可大。

4）地形与小气候的形成有关，分析不同地形相伴的小气候特点，可更合理地分布建筑、绿地等设施，如利用山地阳坡面布置居住建筑，以获得良好日照等。

5）地貌对通信、电波有一定影响，如微波通信、电视广播、雷达设备等对地形都有一定的要求。

（二）自然环境对总体规划的影响

城市总体规划被所在地的自然环境制约。以我国风景名城桂林为例：桂林是一座山中城市，而城市中又有许多山，可谓“城在山中，山在城中”，城和山交错难分，是天然的旅游城市。桂林城市总体规划就是以此为主线。城市一切规划建设始终围绕这条主线。几十年来一没有发展工业，二没有将城市规模扩大，始终保持自然美境。如果在大规模建设中桂林也去发展工业，建立金融中心、经济中心，那不但破坏了天然美境，而且城市建设也会失败（图2-30）。

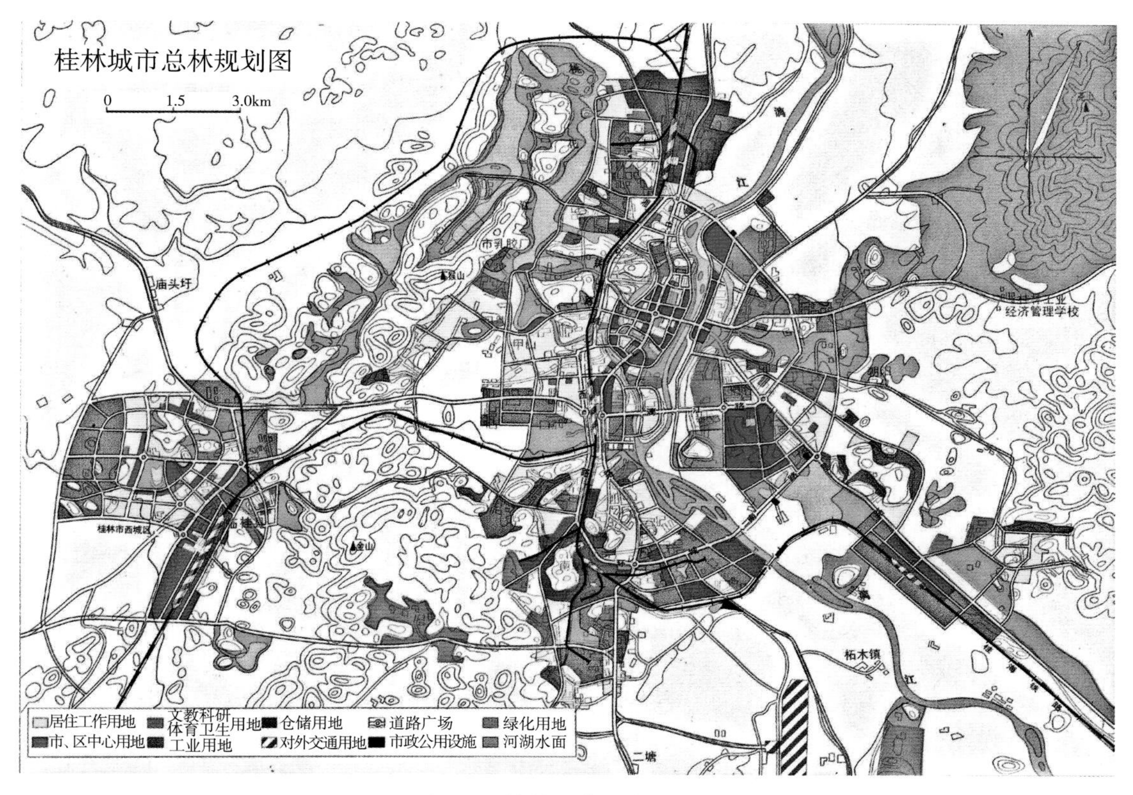

图2-30　桂林城市总体规划图

一个城市的地理位置和自然环境，对城市发展起着极重要的作用，及时认识这一点可促进城市甚至地区社会经济发展。如我国一些靠边境的呼和浩特、哈尔滨、昆明等城市，对促进我国和邻国经济、贸易有极大的作用。在总体规划中适时提出建设成为地区性商贸、金融中心，使得城市经济、建设得以快速发展，也带动了地区经济发展。最近昆明又提出建设定位是“面向东南亚、南亚的区域性金融中心，并拟用20年的时间建成泛亚金融中心。”近几年商贸中心、金融中心成为各个城市发展所追求的目标。到目前为止我国内地已有30多个城市提出规划建设金融中心。有专家分析指出这里有十多个城市从所处的位置和经济发展来看是名副其实。但还有20多个城市是没有这种条件，无论如何也不可能建成区域性的金融中心的。这里说的条件中，极其重要的一点就是城市的地理位置和自然环境。

（三）资源与城市规划关系

谈到资源条件，人们最熟悉的诸如石油工业城市大庆、森林工业城市伊春、矿业城市平顶山、淮南等资源型城市。但还有许多其他方面资源型城市，如历史文化、智力资源或山水气候自然资源等，在城市总体规划中，必须综合各种资源，不能遗漏，一定要仔细调查、深入研究分析如何充分开发和利用各种资源。

对于资源的认识和利用程度，对城市发展有极大的影响。以下从正、反两个方面的实例来认识这个问题。

例一，绍兴市位于宁绍平原西部，杭州湾南岸，山清水秀，境内河道纵横，湖、荡密布，素称“水乡泽国”，是我国拥有水乡风光的历史文化名城，已有2500多年的建城史。绍兴是一座以水为主线的城市，其水乡风光在鲁迅小说中有许多记述，而在新中国早期电影《林家铺子》《祥林嫂》中，也可看到作为故事背景的绍兴，河道纵横，小船来往穿行不断。绍兴城中的水和纵横交错的河道，本是城市发展的一种有利资源，但在前些年城市规划中却不但没有被认识到，反而被当成阻碍城市建设发展的不利因素，城中一些河道相继被填掉，修成大马路和高楼大厦。几十年来绍兴水城渐渐消失，但地区经济和各项建设并没有飞快发展。到20世纪90年代，人们逐渐认识到水是绍兴城市建设的主线，停止填河建设，并逐渐恢复了一些城市河道，在城市河道中开展起航运、旅游，总算将水城历史的一部分保留了下来（图2-31、图2-32）。

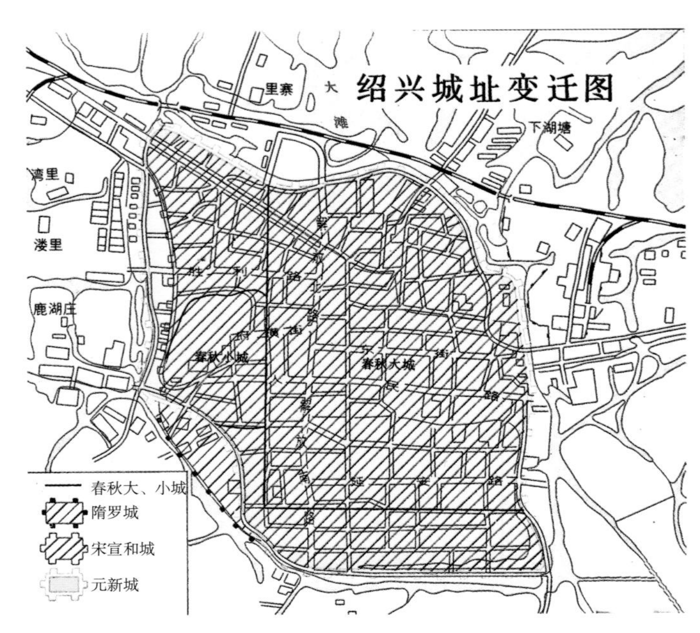

图2-31 绍兴城址变迁图

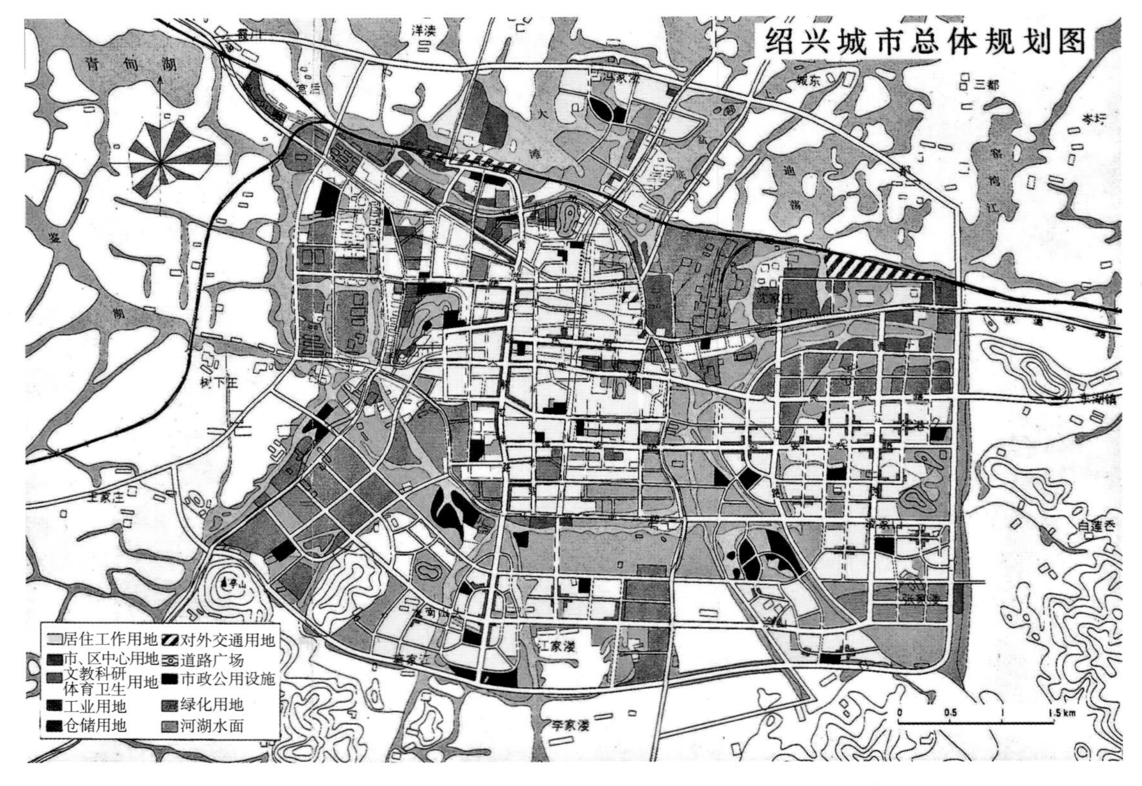

图2-32 绍兴城市总体规划图

例二，宁波市简称甬，是我国重要的港口城市。地处东海之滨，我国大陆海岸线中段，具有海水不深、浪少、常年不冻、基本不淤、陆域开阔等优越的建港条件。早在唐、宋时已成我国三大对外贸易港口之一。宁波历史悠久，筑城已有1100多年的历史。

宁波城市建设中，除了抓住港口建设这条主线外，还十分重视利用一切资源条件，推进城市发展。宁波市原有一条河——甬江，穿过城区，是城市中的景观河道，也是城市防洪排水河道。由于城市建设迅速发展，甬江已不能满足城市防洪排水的要求，急需再挖一条防洪排水河道，于是规划建设一条新甬河。政府在城市规划中，并不将新建这条河道当成是工程负担，没有简单地挖一条排水河道，而是将这条河道当成城市发展的有利资源。在建这条河道时，规划者提出城市建设以水为主线，将这条排水河道建设成观赏、旅游的天然河道。河岸不按直线来建，有意让河岸弯弯曲曲，河面100~300m宽窄不一，岸边高低无序，护岸石块也是天然石头，大小不一、凹凸不平，岸边植树品种多样，间距长短不一，完全像一条天然河道。这条河一建成，中外各种项目接踵而来，很快挤满了两岸，沿河两岸的房价比城区房价高一到两倍。新甬河带动了全市的经济发展（图2-33、图2-34）。

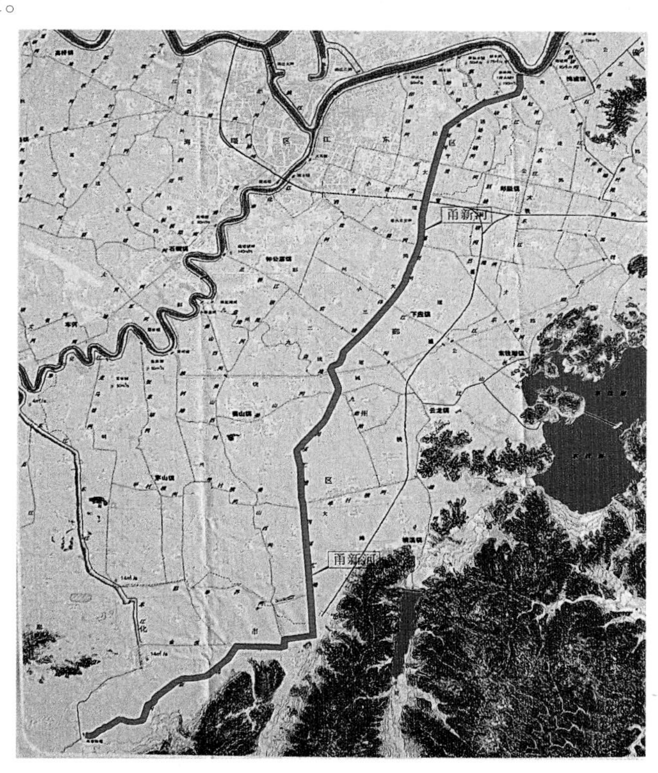

图2-33　宁波新甬河平面图

图2-34　宁波新甬河河岸景观

三、历史资料和现状情况与城市规划的关系

在城市总体规划中，调查现状情况，了解历史发展资料是必不可少的重要工作。凡是多年从事城市规划的人，都有较深的体会。曾有这样的说法：“调查研究”是城市规划的基本功。事实确实如此，因为任何城市建设发展，都不是凭空而来的，有一定纹脉、有一定的规律。任何城市的发展绝不是突发性、跳跃式的，必定是一步一步稳定发展的。这也是规划师和建筑师最大的区别。建筑师自灵感引发创造，设计成果更多充满了个人风格。而规划师则从调查研究开始展开规划，了解城市的历史发展，现状情况和问题，编制出一个更客观的规划方案，规划成果需要符合城市的特点。

以北京城市总体规划布局为例，从新中国成立后经过1953年、1954年、1957年几次规划方案修编，直到1958年才完成了“分散集团式”布局。后来一直按这种布局形式发展。在以后50多年城市规划和建设发展中，城市规模时大时小。在1958年规划时估计城市人口发展到500万人；后来为了消灭城乡差别，规划城市人口减为350万人；1981年规划又提出市区城市人口400万人；1991年城市总体规划市区城市人口为650万人；现在市区城市人口发展到了900多万人。城市规模这么多变化但北京城市布局没有改变，这就是北京城市规划布局上的灵活性，为城市发展留有充分的余地。有人将这种规划形象地称为“猴皮筋”方案。

北京城市规划这种布局，是在充分研究了北京城市发展历史和现状的基础上提出来的。北京市区，由于历史原因，已形成以旧城为中心区的大格局。新中国成立后新建地区工厂、仓库、单位和居住区等都环绕中心区，形成一个个集团发展。如果把中心区视为一个最大的集团，成为城市的核心，那么道路、河道、铁路就将各个分散的集团联系起来，成为一个整体。其间以大片绿地将它们分隔开。这样就形成了一种既有联系又互相分隔开，既集中又分散的布局。所有集团合起来就构成规划市区的全局。每个集团或工业或居住都有相对的独立性，但它又是所有集团不可分割的一部分。

北京城市这种布局，从它发展进程和形式演变来说，完全是历史形成的。解放初期，北京“地广人稀”但新建设发展很快，每个单位建设占地都是宽打窄用，城市建设比较分散。在规划上当时采取分散建设、紧凑发展的方针，就是把若干零散地块连成一片，使其形成新的街坊。这样便于弥补必要的福利设施和市政工程，同时也可以充分发挥已有的福利设施和市政工程的作用。这就是分散集团式最初的萌芽和起因（图2-35）。

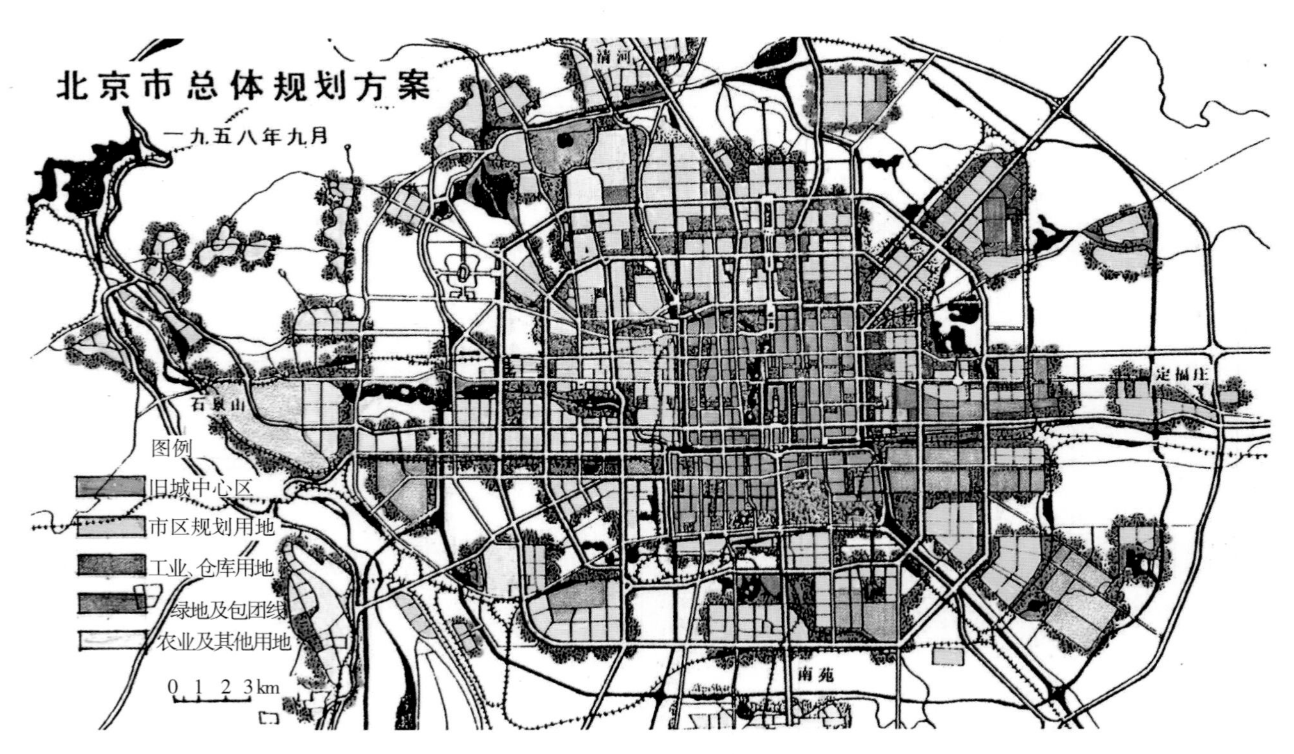

图2-35　北京市总体规划方案（1958年）

北京城市这种分散集团式的布局，经过50多年的历史。尽管由于种种原因，城市规模经历多次变动，由小变大，或由大变小，非但没有打乱城市布局，反而格外灵活，进退自如。之后的城市总体规划修编，为了扩大北京的城市发展，进行了新的尝试，打破了原有的分散集团式布局。从之后几年的实践来看，新的布局的指导作用并不明显，而北京城原来布局中的各集团之间的隔离地区却越来越少。如果分散集团式布局一旦消失，北京市区就成为一张“大饼”，城市生态环境必然恶化，大城市的一切“城市病”都将加剧。所以坚持和维护北京分散集团式布局，是北京城市总体规划最根本的原则问题。

第三节　城市总体规划编制方法

一、城市规划的工作阶段

我国城市规划在具体工作中大致有两大阶段：

（一）城市规划纲要的编制

城市规划纲要的任务是研究确定城市规划的重大原则问题，结合国民经济长远规划、国土规划、区域规划，根据当地自然、历史、现状情况，确定城市地域发展的战略部署。规划纲要经城市人民政府研究决定后，作为编制城市规划的依据。主要内容如下：

1）论证城市国民经济和社会发展条件，原则确定规划期内城市发展目标。

2）论证城市在区域发展中的地位，原则确定市域城镇体系的结构和布局。

3）原则确定城市性质、规模、总体布局、城市发展用地，提出城市规划区范围的初步意见。

4）研究分析确定城市能源、交通、供水等城市基础设施开发建设的重大原则问题，以及实施城市规划的重要措施。

城市规划纲要的成果包括文字说明和必要的示意性图纸。

（二）城镇体系规划的编制

任何一个城镇不可能孤立存在，城市与城市之间、城区与外部区域之间总在不断地进行人员、物资、信息等方面的交流和相互作用，形成有机联系的整体，即城镇体系。市域城镇体系规划，是指市辖区内以中心城为主，县级市、建制镇为辅，以生产力合理布局和城镇职能分工为原则，研究确定不同人口规模、不同等级和不同职能分工的城镇布局，对其基础设施和城镇发展进行综合安排，使之形成以城市为中心，城乡统筹、地域协调，全面发展的统一整体。

二、编制规划的“两结合”工作方法

城市总体规划内容比较多，涉及范围十分广泛。一个城市的总体规划涉及这个城市的历史、人文、地理环境、自然条件和资源，以及社会经济发展等众多方面的因素。所以要编制一个城市的总体规划，绝不是少数专业人员（即规划专家）能完成的。从我国几十年实践经验来看，编制城市总体规划的方法有两种。一是专家和地方行政领导相结合；二是专家、地方行政领导和群众相结合。

（一）专家和地方行政领导相结合

新中国成立初期，各个城市的总体规划都是采用这种方法。即各个城市的地方行政领导对城市社会经济未来发展有一些宏观的设想之后，再和规划专家一起研究，按照社会经济发展情况和城市建设的要求科学合理地规划出来，变成这个城市建设发展的蓝图。以北京城市规划为例。

1949年5月，在北平和平解放后仅三个多月，就专门成立了负责北京城市规划编制工作的“都市规划委员会”，由时任市长叶剑英兼任主任，开始研究北京城市总体规划的编制工作。之后两任市长聂荣臻和彭真也都曾兼任都市规划委员会主任，直接领导城市总体规划编制工作。

1953年为了适应第一个五年计划大规模建设的需要，为加快“北京城市总体规划方案”编制，6月北京市委成立了北京规划建设领导小组，由时任市委秘书长郑天翔任组长，加强对北京城市总体规划编制工作的领导。以后历次北京城市总体规划也都是在北京市委领导下进行的。从北京前几次城市总体规划修编结果来看，这种专家和行政领导结合的方法是比较好的，是符合北京实际情况的，促进了北京城市建设和各项事业健康有序发展，同时为北京城市长远发展打下坚实的基础。

规划专业人员为什么必须和当地行政领导相结合，在当地行政领导下完成城市总体规划。这主要是当地领导既了解国情、市情，又对本地区社会经济发展有较深的思虑。特别是在计划经济年代，各级政府领导既了解国家发展计划和相关政策，又掌握本地区社会经济发展进程。规划专业技术人员主要职责是尽量帮助他们完善社会经济发展策略和目标，将他们一些宏观设想逐步变成地区发展的蓝图。

北京市20世纪50年代的总体规划，之所以能经得起50多年的历史考验，也正因为其主要是在北京市委直接领导下完成的，城市总体规划完全贯彻了市委领导的意图。

（二）专家、地方行政领导和群众相结合

城市总体规划既然是一个城市，在某一个时期中社会经济和各项事业建设发展的蓝图。规划必然涉及这个城市的各行各业和广大市民的工作和生活。编制城市总体规划、贯彻执行城市总体规划都必定依靠各行各业各阶层人士和广大市民。采用专家、地方行政领导和群众相结合这种方法编制城市总体规划，是我国城市规划工作几十年经验总结，是实践中摸索出来的。

三、坚持开门搞规划，实现规划的透明化

随着国家社会经济的发展，城市建设和规划的矛盾越来越多，不得不让规划人员进行反思，规划神秘不但无助于矛盾的解决，反而加剧了许多矛盾。

1981年北京城市总体规划编制时，提出来“开门搞规划”让北京市有关的委、办、局都派人参加北京城市总体规划的编制。所有参加人按专业分成21个专题，经过一年多共同努力，共提出70多份专题研究报告，经过综合研究和广泛听取意见，提出了“北京城市建设总体规划方案”和21个专题规划说明（附件）。总体规划初步成果又向全市人民进行了汇报展览，在广泛听取广大人民群众的意见要求后经市人大讨论修改，报中共中央、国务院，1983年7月14日中共中央、国务院批发《关于对〈北京城市建设总体规划方案〉的批复》，这项总体规划成果得到了中共中央、国务院的充分肯定。这次北京城建设总体规划为北京城市建设发展指明了方向。

这次编制的北京城市总体规划，明确了北京是全国的政治中心和文化中心，不再提“经济中心”和“现代工业基地”。这次总体规划要将北京城市建设进行全方位的调整。北京工业发展要依靠挖潜、技术改造；要向高、精、尖方向发展，繁荣首都经济，要发展旅游、商业、服务业、交通运输业和农业。对北京城市有严重污染的工厂和与城市建设有矛盾的工厂，要从城区往外搬迁。由于使用的是专家、地方行政领导和群众相结合的方法，北京市有关委、办、局都参与了城市总体规划的编制，广大市民也知道这次北京城市总体规划的主要精神，这对贯彻执行城市总体规划有极大的推动作用，以前城市建设要想搬迁走哪一个工厂都十分困难，从工业局到工厂，以及工厂里的工人都反对，谁也不肯离开城区。而现在大家都知道城市总体规划的精神，委、办、局有关人员参与规划方案的酝酿过程，有的工厂搬迁方案还是由他们提出来的，所以总体规划方案能很好地贯彻执行。1984~1986年从北京城市三环以内往北京的边缘集团和远郊区搬迁工厂、车间共85个，在城市中心腾出土地58hm^2，将这些土地改建成商店、旅店、学校等公共建筑，取得了很好的社会效益和环境效益。所以专家、地方行政领导和群众相结合的方法，是编制城市总体规划比较好的方法。主要有两点好处：

1）在编制城市总体规划时，充分听取了本地区各个方面人士和广大市民的意见，使规划更能贴近实际，避免规划的盲目性和片面性。

2）由于各方面人士和广大市民都了解规划，有利于城市总体规划的贯彻执行。

第三章　城市性质

第一节　概　　述

一、城市性质含义

城市性质是对城市发展战略的高度概括，是城市建设发展的总纲。城市性质既表明城市建设发展的方向；又表明了这个城市在一个地区、国家以至更大范围的政治、经济、文化和社会发展中所处的地位和担负的主要职能。

如长江下游的南京，城市性质为著名古都、江苏省省会，长江下游重要的中心城市（图3-1）。

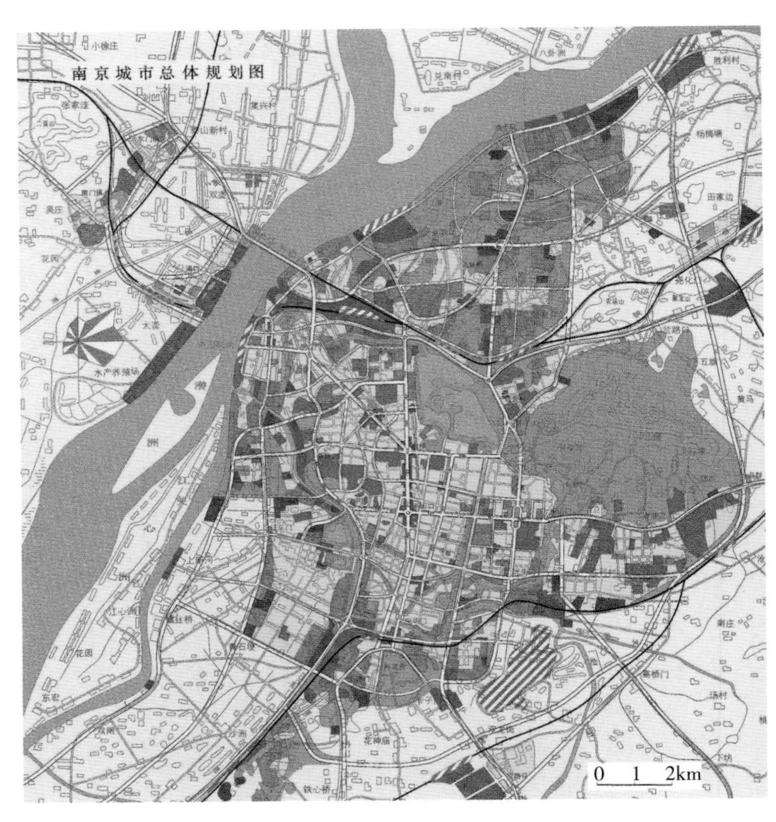

图3-1　南京城市总体规划图

又如长江上游的泸州，城市性质为川、滇、黔、渝毗邻地域的水陆交通枢纽和商贸中心，国家历史文化名城（图3-2）。

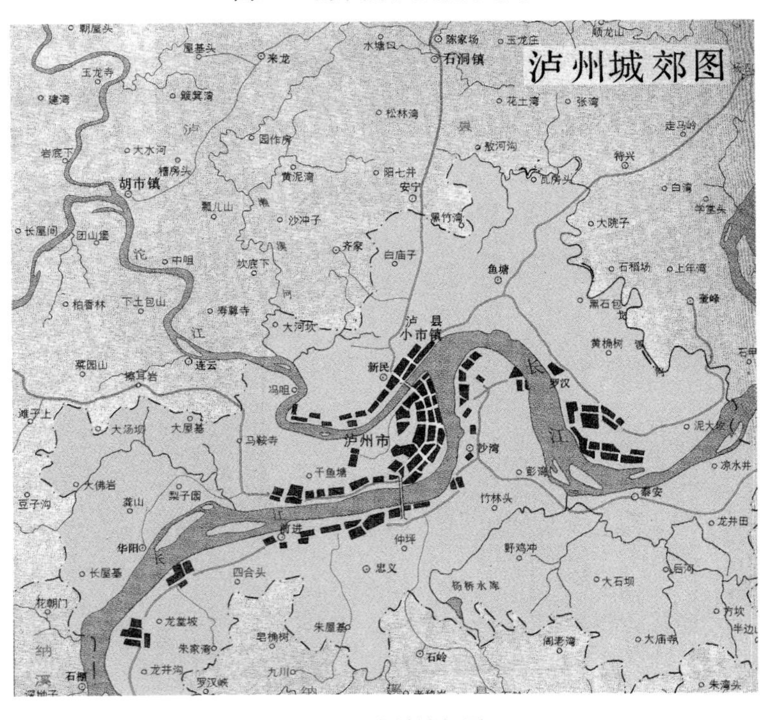

图3-2　泸州城郊图

再如我国东北的哈尔滨，城市性质为黑龙江省省会，国家历史文化名城，我国东北部经济、政治、贸易、科技、文化事业的中心城市（图3-3）。

正确确定城市性质是城市规划建设首先必须明确的重大问题，也是城市总体规划编制首先要解决的重要任务。因为只有正确地确定城市性质才能为城市建设发展提供明确的方向，为城市合理选择建设项目、合理安排规划布局提供依据。正确地确定城市性质，将有利于合理控制城市规模，突出总体布局重点，合理组织城市用地和功能布局，为城市长期建设发展提供可靠的依据。我国近几十年城市规划建设实践充分表明：凡是正确确定城市发展性质的，则规划建设方向明确，建设依据充分，城市规模和功能结构比较合理，城市面貌得以较快形成，从而取得城市建设的良好效果。如我国第一个五年计划建设时期重点规划建设的城市：北京、上海、洛阳、兰州、合肥、湛江等即是如此。反之，如果城市性质不明确，城市发展方向不明，规划建设项目安排不当，发展规模难以控制，以至用地安排、功能布局混乱，给城市的工作、生产，人民生活带来极为不利的影响，给国家经济建设造成重大损失。由此可见，城市性质的正确确定，对其后一系列城市规划建设工作，具有重要的制约和规定性。因此，要规划建设好城市，首先必须正确确定城市的性质，而根据城市性质来规划建设城市，正是城市建设发展的基本原则。

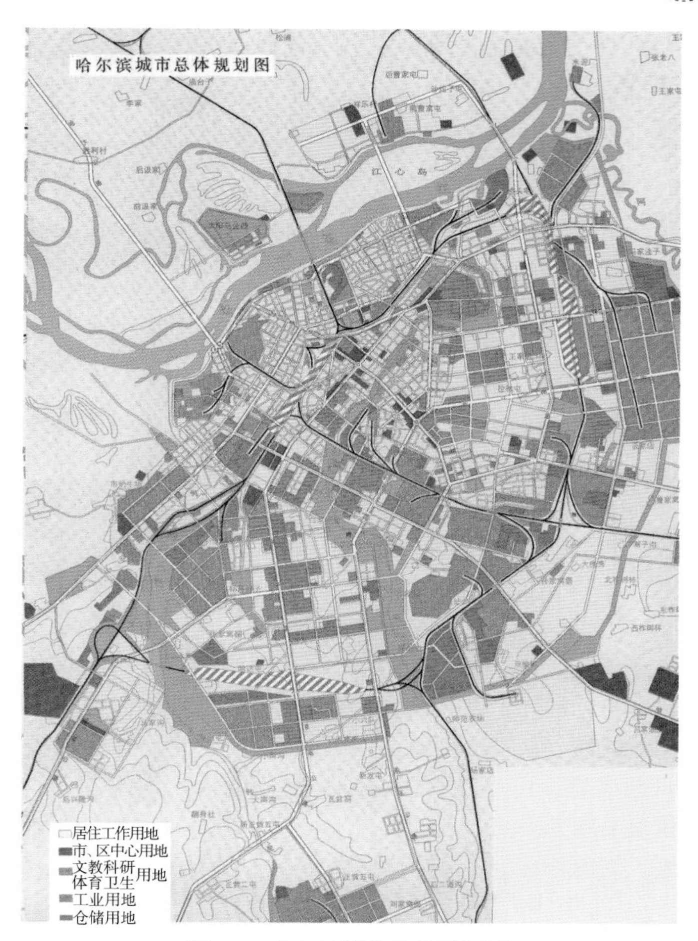

图3-3　哈尔滨城市总体规划图

二、城市性质的表述

一个城市的性质，无论从政治、经济、文化各个方面来说，往往都不是单一的，同时会兼有几种主要职能。如我国许多省会城市，既是历史文化名城，又是全省的政治、文化、经济中心，同时还是某种工业城市或交通、商贸中心。如山东省的省会城市济南，在城市性质中是这样表述的：泉城是著名的历史文化名城，山东省政治、文化中心，是环渤海经济区重要的中心城市（图3-4）。

又如我国内蒙古自治区首府呼和浩特，其城市性质表述为：内蒙古自治区首府，政治、经济、文化中心，我国北方沿边重要中心城市和贸易中心，国家级历史文化名城。

再如山东省非省会城市德州。其城市性质表述为：德州是鲁西北地区政治、经济、文化中心，鲁冀两省交通枢纽和鲁西地区重要物资集散地（图3-5）。

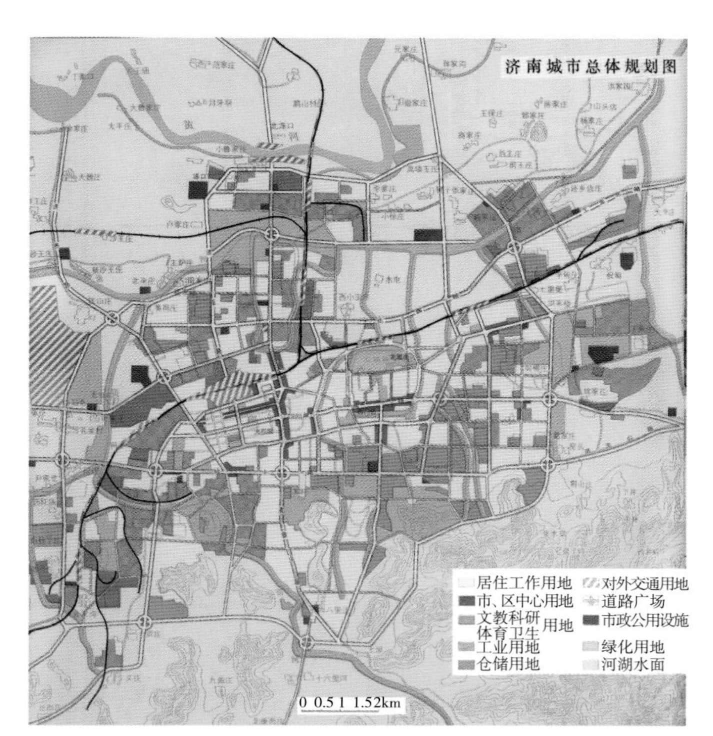

图3-4　济南市城市总体规划图

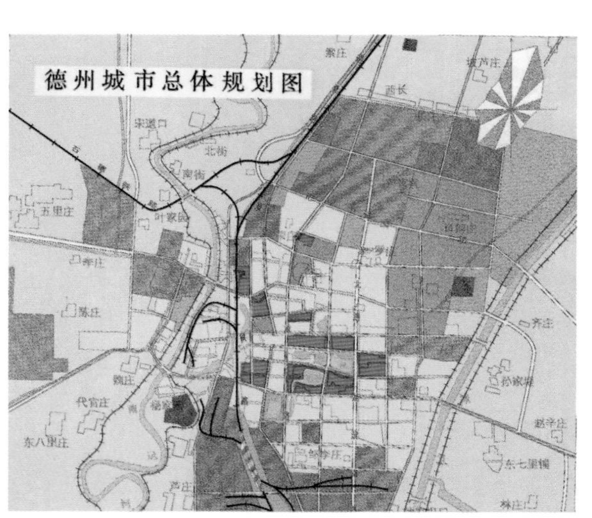

图3-5　德州城市总体规划图

三、确定城市性质的要点

确定城市性质要把握住四大要点。第一是表达宏观区位、地域上的位置。大到从全世界来看，如世界城市、国际城市、世界金融中心等；小到一个地区的经济、文化中心，交通枢纽，工业城市，贸易中心等。这些都是从一定地域上来说明这个城市所处的位置。第二是反映这个城市在某一地域中，在政治、经济、文化等方面表现出来的主要职能。如重庆，是我国的历史文化名城和重要的工业城市，是长江上游的经济中心，水陆交通枢纽和贸易港（图3-6）。

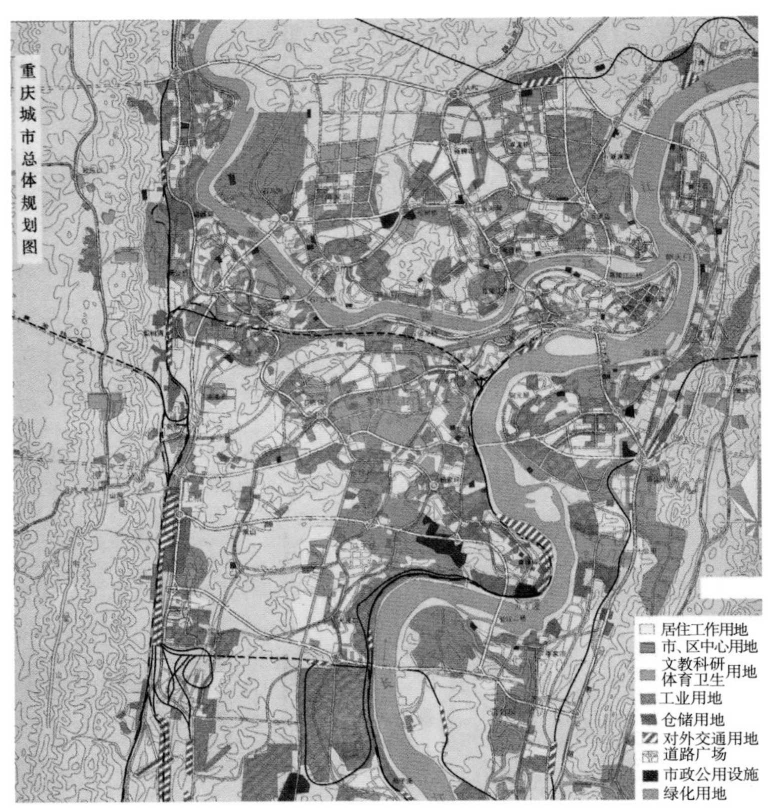

图3-6　重庆城市总体规划图

又如内蒙古的包头市，是以冶金、机械工业为主的综合性工业城市，是内蒙古自治区中西部的经济中心。

第三，城市性质不是对当前城市现状的描述，而是要根据城市历史、现状情况，客观认识到政治、经济、社会发展，对城市未来合理的预测。

第四，城市性质是城市在政治、经济、社会发展中的产物。因此城市性质一定也是随着政治、经济、社会发展而有所变化的。每个城市都应根据国家、地区的政治、经济、社会发展，对已确定的城市性质中某些不合适的内容，进行及时的调整和修正。

第二节　确定城市性质的依据

城市性质确定的主要依据，可以从三个方面来说：一是城市的历史文化，二是城市在国民经济中的职能，三是今后一个时期城市发展的主导因素。

一、城市的历史文化

城市历史文化是城市性质的重要内容。如洛阳的城市性质：首先说它是我国七大古都之一，有“九朝古都”之称的著名历史文化名城，然后才说其他的职能（图3-7、图3-8）。

又如开封的城市性质：我国七大古都之一的历史文化名城，是豫东地区的中心城市和物资集散地（图3-9、图3-10）。当然不是所有历史文化名城都要放在城市性质的首要地位，而应根据城市各种职能在国家和地区的地位比较而定。如北京城也是我国七大古都之一，但说北京城市性质时，首先是我国首都，是政治文化中心，然后才是世界著名古都。

虽然我国著名的古都只有七个，但历史文化名城远远不止这些，但过去由于对这个问题认识不够，只着重经济发展，忽视城市历史、文化，以至这些年来许多文物古迹被破坏，许多古镇、古建筑不复存在。我国是历史悠久的文明古国，古老的城镇遍及全国，但由于各种原因许多古老城镇已消失，有些已被现代建筑所替代，看不到历史的遗迹。

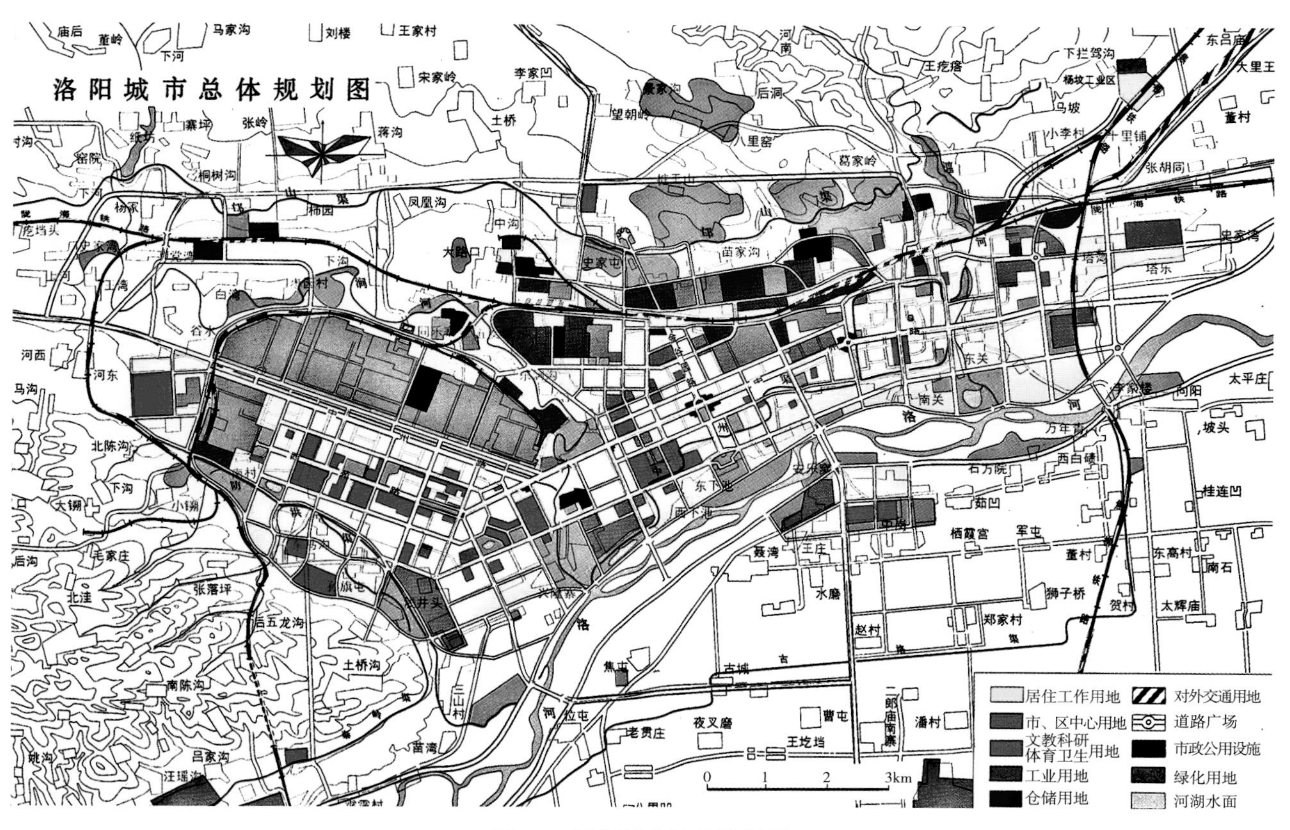

图3-7　洛阳城市总体规划图

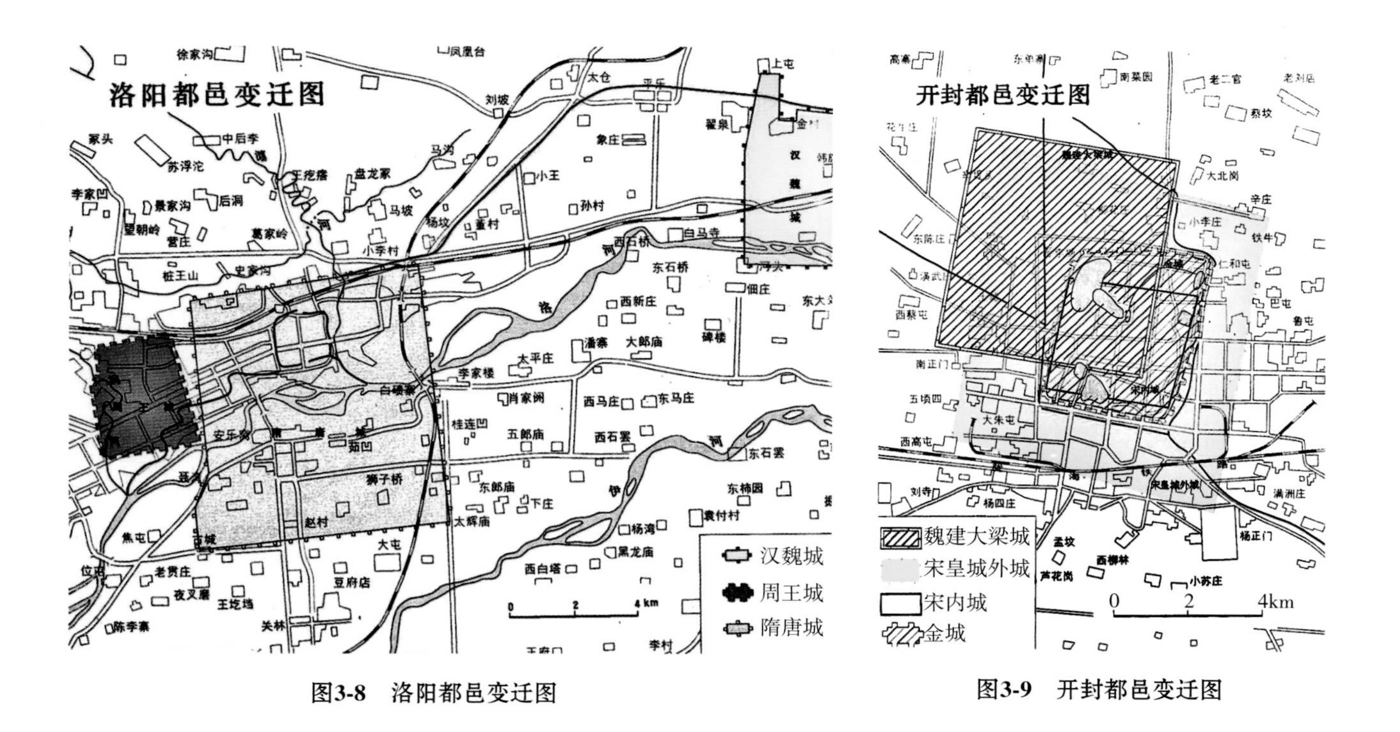

图3-8　洛阳都邑变迁图

图3-9　开封都邑变迁图

如重庆市内的白沙镇，现在也是重庆市比较大的乡镇，但它的名声远不如过去了。历史上白沙镇是长江上游著名的水陆码头，是川、黔毗邻地区水陆交通枢纽和商贸、文化中心。白沙镇的黑石山办校历史可追溯到140多年前，新文化运动中，这里出过著名的白屋诗人吴芳吉；著名人士陈独秀曾在黑石山生活居住一个时期；新中国成立前西南联大一部分曾搬到白沙镇。过去“中国地图册”中也曾有白沙镇的介绍：著名的白沙镇是沿长江最长的乡镇，沿江长达七里……现在古镇、码头都已不复存在，古镇遗迹甚少。除了一些老人谈历史时谈及古镇情况外，一般人已不知过去的历史文化了。

在确定城市性质时，首先研究一下城市的历史文化，是十分必要的，经分析研究是否可列为历史文化名城或国家一级历史文化名城，对城市发展有重要作用。

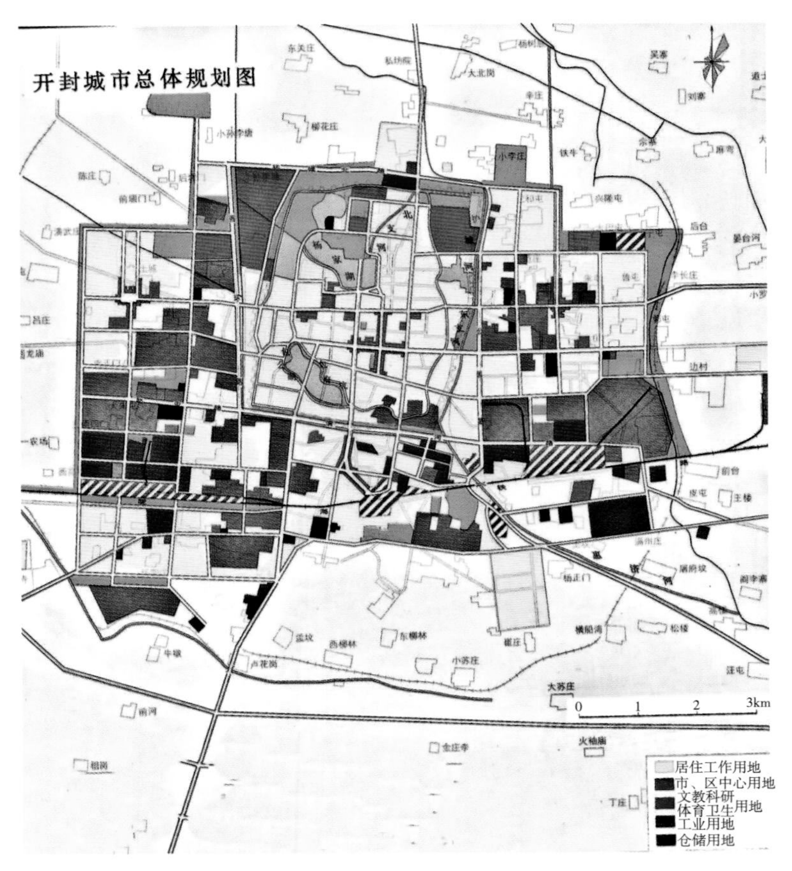

图3-10　开封城市总体规划图

二、城市在国民经济中的职能

一个城市在国家或地区的政治、经济、社会和文化生活中地位和作用怎样。应将这个城市现状和发展规划，摆到国家或地区来分析。如湖南省的株洲市，是湖南省比较大的工业城市，同时也是铁路的交通枢纽。从株洲市在地区职能上看主要应是我国南方最大的铁路交通枢纽。因此在城市总体规划时，首先是铁路枢纽的职能。株洲市的城市性质可以确定是：我国南方最大的铁路交通枢纽、湖南省重要工业城市（图3-11）。

图3-11　株洲城市总体规划图

三、城市发展主导方向

从城市历史、现状情况出发、仔细研究今后一个时期城市发展的主导因素是什么，指导城市发展的方向。以北京为例，1949年5月北京都市计划委员会邀集中、外专家研究，大家一致认为城市性质除了政治中心外，还应是文化的、科学艺术的城市，同时也是一个大工业城市。从这一段话中可看出：北京之后一个时期的发展主导方向是发展工业。当然是否应将北京建成大工业城市，当时有些争议，但对北京后来一个时期发展的主导方向是工业，还是一致同意的。因此北京发展工业这一主导方向一直持续了三十年；直到1980年中共中央书记处，对北京建设做了四项指示，才根本转变了这一主导方向。有意见认为，北京当时将工业作为发展的主导方向就是错误的。但客观分析当时北京的历史情况，这种说法是毫无根据的。北京解放时城市人口165万人，而企业职工只有8.3万人，占城市人口5%，失业人口有十几万人，许多家庭无以为生。当时政府不把恢复和发展生产放在第一位，那北京城很多人如不逃离，就只能饿死。1950年进厂当工人的一些人现在回忆起当时情境，对政府无不万分感激。他们说，当时进小工厂（作坊）当工人，每天2.5~3斤小米（有的是玉米面），一个人有工作就养活了一家人了。当然一个时期的主导方向，并不是永远不变的。以深圳为例，从成立特区起，有据可查到的几次文件，和1984~1986年编制的总体规划，都是将发展工业作为主导方向。1980年成立深圳特区，将城市性质确定为“以工业为主，工农相结合的边境城市”；1981年中央颁布27号文件，明确指出：“深圳特区要建成以工业为主，兼营商业、农牧、住宅、旅游等多功能的综合性经济特区。”1984~1986年编制的《深圳经济特区总体规划》将城市性质定为“以工业为重点的综合性经济特区”。到1995年深圳编制的城市总体规划（1996~2010年）将城市性质概括为“现代产业协调发展的综合性特区，珠江三角洲地区中心城市之一，现代化的国际城市。”城市发展的主导方向就不再是工业了（图3-12）。

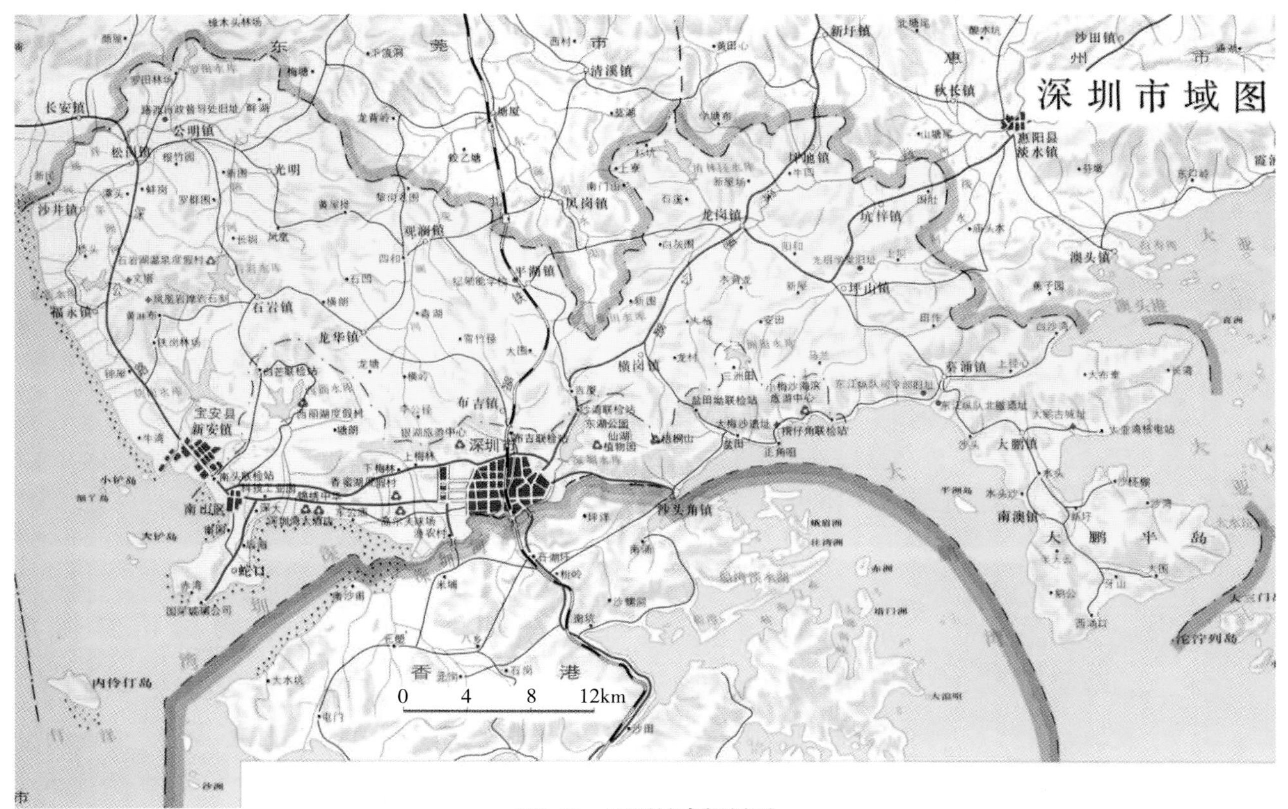

图3-12　深圳城市规划图

第三节　城市性质分类

在前面讲城市性质时说了，一个城市性质有多种职能，如何分类，应看这个城市的主要职能。如许多省会城市，都是历史文化名城，同时又有一定工业或其他重要职能，但其主要职能是全省政治、文化中心，应归为中心城市一类。

各国由于历史、地理自然环境和政治经济情况不同，城市性质的分类大不相同。如美国城市性质分类可分为：工业城市、零售商业中心城市、非专业化城市、运输中心城市、矿业中心城市、大学城市、旅游城市。前苏联城市性质分为：共和国省中心多职能城市、工业城市、运输中心城市、工业运输工业与非工业过渡城市、新建工业城市、为农业服务的地区城市、疗养中心城市。又如日本将城市性质分为：政治文化城市、地方中心城市、轻工业城市、矿业城市、工业城市、水产业城市、海湾城市、游览城市、居住城市。

我国城市性质按其主要职能来分，可分为四大类，即中心城市、工业城市、交通枢纽和港口城市、特殊职能城市。在这四大类中再细分一下，可分为十一类型的城市。

一、中心城市

全国性中心城市及地区性中心城市，如北京、上海、广州、成都、西安等。

省会、自治区首府和地区性中心，如南京、贵阳、杭州、兰州、哈尔滨等。

二、工业城市

有多种工业城市，如淄博、常州、襄樊等。

单一工业城市：石油工业城市有大庆、茂名等；森林工业城市有伊春、牙克石等；矿业城市有淮南、平顶山、鸡西、六枝等。

三、交通枢纽和港口城市

有铁路枢纽城市，如徐州、郑州、株洲、鹰潭等。

海港城市，如青岛、大连、湛江、连云港、秦皇岛等。

内河港埠城市，如宜昌、九江、江阴、南通等。

四、特殊职能城市

有革命纪念城市，如延安、遵义、井冈山等。

风景游览城市，如三亚、桂林、承德、黄山、丽江等。

边防城市，如二连浩特、霍尔果斯、满洲里等。

经济特区城市，如深圳、珠海、汕头、厦门等。

第四节　实例

一、北京城市性质的确定和调整

城市性质是城市一个时期发展的总纲。城市性质一旦确定，对城市发展将带来持久的深远影响。城市性质是城市政治、经济、文化和社会发展到一定阶段的产物，随着政治经济形势的变化，城市性质也会发展变化。因此，进行规划时不但要正确地确定城市的性质，而且还要注意及时调整，才能保证城市建设得以健康有序的发展。下面将北京城市性质的确定和调整为例，作以全面的介绍。

（一）北京城市性质的确定

北京自金建都，经元、明、清到今天已经有800多年的历史了，一直就是政治中心（图3-13、图3-14）。1939年日本侵略者占领北京时编制的《北京都市计划大纲》，把北京城市性质定为：“政治、军事中心、特殊之观光城市，可视作商业城市”（图3-15）。

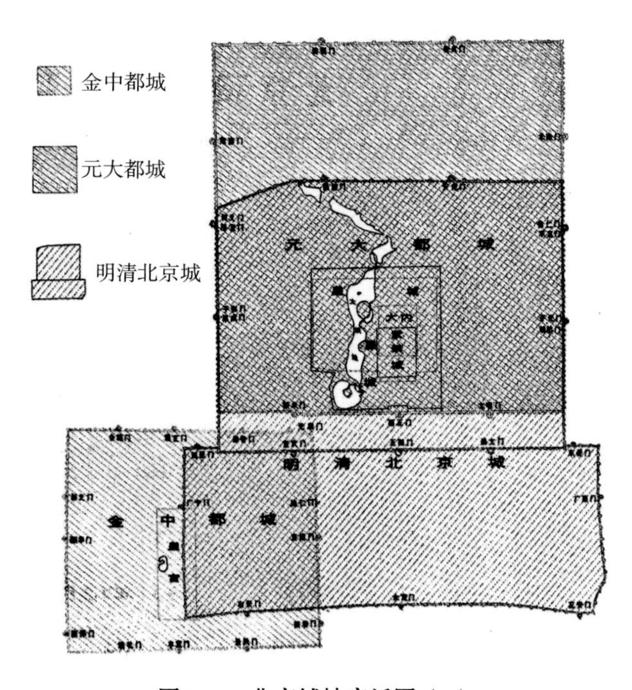

图3-13　北京城址变迁图（1）

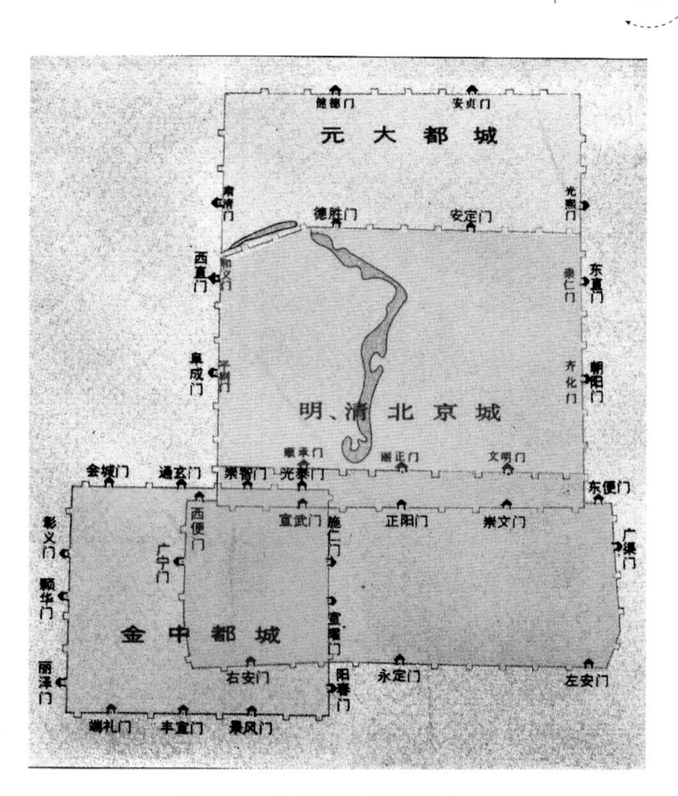

图3-14　北京城址变迁图（2）

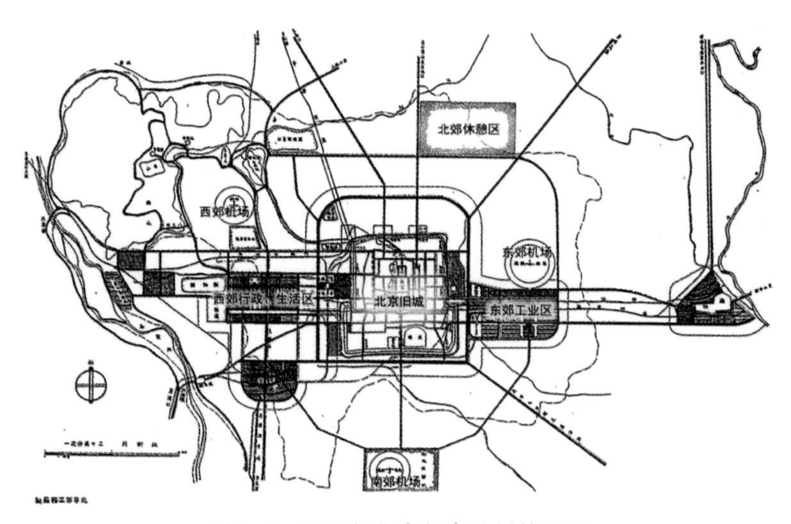

图3-15　1939年北京都市计划简明图

1945年9月，抗日战争取得胜利之后，北京改称北平。1946年编制的《北平都市计划大纲》，把城市性质定为“将来中国之首都，独有之观光城市”。

1949年1月31日，北平和平解放，1949年9月27日第一届政治协商会议决定，定都北平，将北平改为北京。当时北京经济十分落后，工业总产值只有1亿多元，各种企业1.3万多个，100人以上的企业不过十几家。当时城市人口165万人，而企业职工只有8.3万人，仅占城市总人口5%，有失业人口十多万人。1949年5月都市计划委员会邀集中、外专家研究北京城市规划，大家一致认为：城市性质除了政治中心外，还应是文化的、科学的、艺术的城市，同时也应该是一个大工业城市。

1953年北京城市总体规划草案提出：首都应该成为我国政治、经济和文化的中心。特别要把它建设成为我国强大的工业基地和科学技术的中心。规划草案上报后，中央批转国家计委审议。国家计委于1954年10月16日，对北京城市性质和规模提出不同意见，不赞成“强大的工业基地”的提法，主张在北京适当地、逐步地发展一些冶金、纺织、精密机械制造和轻工业。

北京市随后对规划草案进行了局部修改，于1954年10月26日将《关于早日审批改建与扩建北京市规划草案的请示》和《北京市第一期城市建设计划要点》两个报告同时上报中央。报告中就首都的性质与规模做了说明："首都是我国政治中心、文化中心、科学艺术中心，同时还应当是也必须是一个大工业城市。如果不建大工业，而只是建设中央机关和高等学校，则我们的首都只能是一个消费水平极高的消费城市，缺乏雄厚的现代产业工人的群众基础，显然这和首都的地位是不相称的。"

中央对报告和规划虽然没有批复，但实际城市性质已就这样确定下来了。

（二）在建设大工业城市方针指导下的城市建设和发展

北京城市在"建设一个大工业城市"方针指导下，经济建设以工业为中心来进行。北京工业建设大致可分为三个时期。

1. 北京市区工业按规划布局逐步建设

1953年北京市规划小组提出了《改建与扩建北京规划草案要点》，在这个规划草案中，北京市区工业规划布置了6个工业区，用地73km^2，占规划城市建设总用地的23.1%，这6个工业区是：酒仙桥、通惠河北、通惠河南、南郊、丰台、石景山衙门口。

北京第一个五年计划时期的工业建设，基本上是按照1953年规划草案要点进行的。在这期间，北京市区新建了35个工厂，新建工业建筑186万m^2。

1953年，在通惠河北新建了第一棉纺厂；扩建通惠河南的度量衡厂、制药厂、酿酒厂、化学试剂厂；在丰台扩建了丰台桥梁厂。

1954年，在通惠河北又新建了第二棉纺厂；通惠河南新建了玻璃厂（扩建了光华木材厂）；在酒仙桥建设了电子管厂、无线电器材厂和有线电厂。

1955~1957年，在通惠河北新建了第一机床厂、第一热电厂，扩建了人民机器厂、合成纤维厂等；在通惠河南新建了第三机床厂、混凝土预制构件厂、灯泡厂等。

从北平解放至1957年年底，北京市区工业建设用地发展到14.9km^2，工业产值达到23.1亿元，相当于1949年的13.5倍。

2. 北京市区工业发展高潮

1958年在以钢为纲的方针指导下，北京率先对石景山钢铁公司进行大规模的扩建，并新建了北京特殊钢厂和北京钢厂。使北京成为一个拥有炼钢、炼铁、开坯、轧钢等技术的，比较完整的钢铁基地。

1958年在衙门口新建了重型电机厂、汽轮发电机厂和第二通用机械厂；在通惠河两岸新建了化工实验厂、制药厂、化工二厂等15个工厂，同时对第一热电厂、化学试剂厂、第一机床厂等进行了大规模的扩建；在酒仙桥工业区对电子管厂等也都一一扩建；在丰台新建了电缆厂、电气化器材厂。1958年北京市工业企业职工增加到57.48万人，工业产值达到46.02亿元，比1957年翻了一番。

1959年北京市区新建项目虽然不多，但工业扩建延续不断。石钢、北钢、特钢都进行了扩建，石钢的职工达到5.3万人，衙门口、通惠河两岸也继续扩建，在垡头新建了焦化厂和电解铝厂。

1958~1959年市区街道工厂发展特别快，有10多万家庭妇女，从家中走向社会，利用院内过道作车间，大院作厂房，建起了各种小工厂3000多个。

1958~1960年工业建设35亿多元，新建工业建筑面积约300万m^2。北京市区工业新占地36.1km^2，千人以上的工业企业由1957年67个，增加到116个。

3. 工业大发展与城市建设矛盾日益加剧

在建设大工业城市思想指导下，加上急于求成、盲目追求现代化工业企业，使其工厂建设规模越来越大，远远超出原来的设想，造成工业用地挤占规划用地，生产建筑挤掉生活建筑。20世纪60年代末，在"大而全""小而全"思想指导下，北京许多工业企业又建设了一批配套项目。到70年代初，市区的几个工业区都相继扩大。通惠河两岸发展到155个工厂，职工达15万人，工业占地达11km^2；南郊工业区工厂达99个，职工4.7万人，占地3.9km^2；石景山工业区6个大型工厂，职工5万多人，占地8km^2。

在此期间钢铁、化工等原材料工业发展过快、过猛；而轻工、电子、食品、服装等行业发展不够。1966~1970年北京重工业增长速度，平均达21.2%；而轻工业产值平均每年增长10.9%。

市区工业大发展与城市建设矛盾日益尖锐。由于工业消耗大量的能源，使城市能源供应紧张，居民生活用电也往往不能得到保证，有一个时期北京市区只能分区拉闸停电，使老百姓晚上用蜡烛照明，不能看电视。由于工业用水量多，造成城市水源和供水紧张。1970年北京市区城市取用地下水共计4.42亿m^3，其中工业用水为2.67亿m^3，占60.4%。

在工业不断发展，相应的用水量大幅度增加的情况下，再加上自备井无序开采，取水量年年增加，地下水位持续下降，到1979年市区地下水开采量9亿m^3，超过允许开采量的50%，其中自备井开采量达到4.1亿m^3，而在自备井水量中，工业用水量达到3.0亿m^3，占到73.2%，市区地下水下降漏斗超过1000km^2，贮量累计亏损16亿m^3。

此外北京工业发展还造成环境污染，使城市环境不断恶化。

在62km^2的旧城区内竟有上千家工业企业与居民住房交织在一起，有60%以上的企业有废水、废气、废渣危害环境；噪声、振动、烟尘、臭气污染严重，附近居民苦不堪言。

由于工业废水随意乱排，全市出现了大小34条“龙须沟”，污水、废水不断污染地表水和地下水，市区地下水质污染逐年加剧，1975年市区地下水硬度超标（25度德国度），达到177.6km^2，1981年扩大到220.7km^2，第一水厂、第四水厂、第七水厂出厂水硬度超过30度，第一水厂、第四水厂出厂水硝酸盐超标。第七水厂还因受农药厂有机磷农药污染，有四眼井报废使水厂供水能力减少30%。

污染最严重的是石景山地区。由于首钢废水造成酚污染，地下水超过饮用水标准的面积达25km^2；氰污染，地下水超过饮用水标准的面积达25km^2。烟尘污染，石景山地区长年烟雾弥漫，严重危害居民健康。

（三）北京城市性质的调整

1980年4月，中共中央书记处领导到北京视察，在听取北京市关于城市建设问题的汇报后，对首都建设做了四项指示，明确指出：北京是全国的政治中心，是我国进行国际交往的中心。要求把北京建设成全国、全世界社会秩序、社会治安、社会风气和道德风尚最好的城市；建成全国科学、文化、技术最发达，教育程度最高的第一流城市；同时还要做到经济不断繁荣，人民生活方便、安定，要建设适合首都特点的工业，不再发展重工业。中央书记处的指示，成为统一各方认识的基础，为北京规划建设指明了方向。1982年3月北京正式提出《北京城市建设总体规划方案（草案）》经市人大讨论、市政府进一步修改后，于1982年12月22日正式上报国务院。这次城市总体规划关于北京的城市性质确定为“全国的政治中心和文化中心”。不再提“经济中心”和“现代化工业基地”。工业发展要适合首都特点，服从城市性质的要求，充分发挥现有工业的积极作用，更好地为首都建设服务，工业发展主要靠挖潜、技术改造、努力向高、精、尖方向发展，繁荣首都经济，还要发展旅游、商业、服务业、交通运输、农业。

为了落实北京城市总体规划，北京城市建设进行了全方位的调整，首先对北京市区有严重污染的工厂和与城市建设有矛盾的工厂，向市中心区以外搬迁。

1986年以后，工业系统加强新产品的研究和开发，推动技术改造和科研成果的转化。1988年，经国务院批准，建立了北京新技术产业开发试验区。以中关村电子一条街为基础方圆100km^2，采用技工贸一体化的运作方式，把科研成果向现实生产力转化，取得了巨大的成功，出现了一批知名企业和名牌产品。1991年，在新技术产业开发试验区内又开发建设了上地信息产业基地。

北京市从1981~1990年，工业产值增长了1.6倍，而工业用水量却减少了1/3；1980年万元产值耗能8.32t标准煤，1990年降到了3.33t标准煤，下降60%。

1992年编制北京城市总体规划时，又明确提出北京城市性质：“北京是伟大社会主义祖国的首都，是全国的政治中心和文化中心，是世界著名的古都和现代国际城市。”这就在1982年基础上，增加了“世界著名的古都和现代国际城市”。这就在城市性质中强调了文化内涵和全方位对外开放的要求。

在北京城市性质明确后，北京经济发展就要突出首都特点，发挥首都优势，积极调整产业结构用地布局，促进高新技术和第三产业的发展，努力实现经济效益、社会效益和环境效益的统一。

在工业方面，重点改造了耗水多、耗能多、污染严重的化工、黑色冶金、建材3个行业。在1990~2000年这十年中，通过调整，有100多个优势企业兼并了200多个劣势企业，城中心区迁移出众多工业，同时工厂兴办“三产”涉及金融、商业、服务业等20多个行业，占地达数百公顷。

北京在工业发展上通过调整改造，形成适合首都特点的工业结构，重点发展电子、汽车工业，积极发展机械、轻纺工业，优先发展适合首都特点和需要的食品、工艺美术、文化体育用品及家用电器等工业。提高工业集约化，发展以微电子信息、光导纤维、航空航天、新材料、新能源、生物工程及自动化为代表的高新技术。

在北京市整个国民经济中，一产和二产在调整改造中得到稳步发展，而三产得以飞速发展，1990~2005年第一产业从43.9亿元增长到95.5亿元，增长1.2倍；第二产工业从262.4亿元，增长到2026.5亿元，增长6.7倍；第三产业从194.5亿元，增长到4764.3亿元，增长23.5倍。1990年第三产业在国民经济生产中占38.8%，2005年第三产业在国民经济生产总值中占69.2%。

在首都居住的人们都能亲身感受到，北京近些年的发展中，经济结构和资源利用日趋合理，城市环境得以逐渐改善，北京正朝着世界著名古都和现代国际城市迈进。

二、上海城市性质的确定

上海地处我国东南沿海，太平洋西岸，早在明末清初就引起国际市场的重视，被认为是理想的通商口岸。在第一次鸦片战争失败后，清政府1842年被迫同英国签订不平等的《南京条约》，上海被列为5个通商口岸之一。翌年11月7日上海正式开埠。1848年英国又迫使清政府签订《上海租地章程》，随后又出现了美租界、英美公共租界，1899年，租界面积达到22.8km^2。1847年法国在上海县（现闵行区）城北开辟法租界到1914年面积从65.7km^{2}扩展到1000km^2。1901~1924年英、法殖民主义者通过越界筑路，从东向西不断扩大地盘，逐步形成上海狭长形的老市区。

1927年成立上海特别市。1927~1931年在吴淞与江湾间策划建设上海市中心区，到抗日战争前夕已初具规模，但不久即毁于战火。抗战时期，日本曾做过“大上海规划”，企图长期霸占上海。抗战胜利后，1945年10月至1949年国民党政府曾先后编制了《大上海区域计划总图初稿》《上海市土地使用总图初稿》《上海市建成区暂行区划计划》等规划强调建设新计划区，避免旧市区不断向外蔓延。1949年5月上海解放，市府立即组织城市规划编制工作，1953年编制了《上海市城市总体规划示意图》规划人口规模500万~600万人，用地面积618km^2。规划提出“逐步改造旧市区，严格控制工业区的规模，有计划地建设工业城镇”的原则。以上这些规划，对上海城市性质没有明确，但从20世纪30年代以来，上海已成为远东地区最大的金融、贸易和航运中心。新中国成立以后，上海作为我国最重要的工业基地之一和最大的工商城市，对我国的国民经济发展起到了极重要的作用。

在1985年《上海城市总体规划方案》中对上海城市性质就非常明确了。“上海是我国的经济、科技、文化中心之一，是重要的国际港口城市。”

1986年国务院对上海城市总体规划批复中指出：“上海是我国最重要的工业基地之一，也是我国最大的港口和重要的经济、科技、贸易、金融、信息、文化中心。应该更好地为全国的现代化建设服务，同时，还应当把上海建设成为太平洋西岸最大的经济、贸易中心之一。”

进入20世纪90年代，随着经济体制改革深入和社会主义经济的加速发展，中央明确要求“以上海浦东开发、开放为龙头，进一步开放长江沿岸城市，尽快把上海建成国际经济、金融、贸易中心之一，带动长江三角洲和整个长清流域地区经济的新飞跃”，中央的战略决策明确了上海在我国改革开放和发展中的地位和作用，也指明了上海今后发展的目标，给上海城市性质更上一个层次予以定位。

上海市1999年根据社会主义市场经济体制的要求，编制完成新的城市总体规划。本次总体规划对上海的城市性质表述为：我国最大的经济中心和航运中心，国家历史文化名城，并将逐步建成国际经济、金融、贸易中心城市之一和国际航运中心之一。

第四章　城市规模

城市规模即城市的大小，包括城市发展人口规模和用地规模。但城市用地规模是根据人口发展规模来确定，所以通常称城市规模都是说人口规模。

城市规模是城市总体规划必须研究的重要问题。城市总体规划主要任务就是要研究确定城市的性质，城市的规模和城市的布局等三大问题。当城市性质确定之后，城市规模的确定就摆到了首要位置上来了。只有确定了城市规模才能进一步研究城市的布局和城市的其他规划。城市规模的大小影响城市的一切建设和发展。城市中各种建设和设施的规模大小都是根据城市规模来确定的。城市规模确定过大，各种建设的规模偏大，超出实际需要，造成很大浪费，影响城市建设和发展；城市规模确定过小，各种建设不能满足城市发展的需要，也会严重影响城市建设的发展。所以，在城市总体规划中一定要认真研究城市规模，在确定城市规模时一定要符合客观建设发展的需要，并为远景发展留有充分的余地。

为了解城市规模及其影响的主要因素，在城市总体规划中正确确定城市规模，本章结合我国实际情况来说三个问题：城市规模的分类、影响城市规模的主要因素、城市规模的确定。

第一节　城市规模的分类

目前世界上对城市规模分类，尚无统一的标准。有的国家将城市人口2万人以上就称小城市，但对于我们这种人口众多的国家，2万人以上的城镇那太多了，我们国家只有经过国家批准设市的才能称城市，没有批准设市的都是乡镇。在乡镇中只有批准的建制镇，才称为镇，没批准的称为乡。因此，在我国城市分类中，在小城市以下又多一个建制镇。我国在过去是将城市分为五类，即：特大城市、大城市、中等城市、小城市、建制镇。划分标准如下：

1）特大城市100万人以上。

2）大城市50万~100万人。

3）中等城市20万~50万人。

4）小城市20万人以下。

5）建制镇，国家批准设镇的乡镇。

如2002年统计中国城市数量，设市的城市660个，建制镇20600个。如下所示：

1）设市的城市600个。

①特大城市（100万人以上）48个。

②大城市（50万~100万人）65个。

③中等城市（20万~50万人）222个。

④小城市（20万人以下）325个。

2）建制镇20600个。

随着我国经济建设发展，城市化进程逐年加快，农村人口向城市转移逐年增多，在城市规模分类中，最近出现另一种分类，在特大城市中增加一类巨大（或超大）城市，如2000年人口普查结果中，城市规模分类统计见表4-1。

表4-1　中国城市规模分类统计一览表（2000年）

城市类别	分类标准/万人	城市/个	总人口/万人
超大城市	>500	7	5408.1
特大城市	300~500	6	2286.0
	100~300	47	7628.1
大城市	50~100	90	6085.0
中等城市	20~50	300	9605.7
小城市	<20	213	3020.7
镇	<2	1211	11539.9

近几年来，我国的经济以高速度稳步增长，城市化的速度也随之加快，各类城市的常住人口迅速增加。为了适应新的形势，2014年11月20日国务院颁布了《关于调整城市规模划分标准的通知》，公布了新的城市规模新划分标准。《通知》中明确城市规模划分标准以城区常住人口为统计口径，将城市划分为五类七档：城区常住人口50万人以下的城市为小城市，其中20万人以上50万人以下的城市为Ⅰ型小城市，20万人以下的城市为Ⅱ型小城市；城区常住人口50万人以上100万人以下的城市为中等城市；城区常住人口100万人以上500万人以下的城市为大城市，其中300万人以上500万人以下的城市为Ⅰ型大城市，100万人以上300万人以下的城市为Ⅱ型大城市；城区常住人口500万人以上1000万人以下的城市为特大城市；城区常住人口1000万人以上的城市为超大城市（表4-2）。

表4-2 城市规模标准一览表

城市等级		人口规模
超大城市		1000万人以上
特大城市		500万人~1000万人
大城市	Ⅰ型大城市	300万人~500万人
	Ⅱ型大城市	100万人~300万人
中等城市		50万人~100万人
小城市	Ⅰ型小城市	20万人~50万人
	Ⅱ型小城市	20万人以下

注：超大城市目前至少有北京、上海、天津、重庆、广州、深圳六座。

第二节 影响城市规模的主要因素

一、政治形势和城市性质对规模的影响

城市规模是受政治经济形势的直接影响，这一点是和城市性质一致的。所以城市的性质直接影响城市规模。以北京城市规模发展为例：在日伪时期北京是华北的政治军事中心，城市人口年年增加。1936年北京城市人口153万人，到1946年增至180万人。在1941年日伪编制的《北京都市计划大纲草案》中提出20年内北京城市人口增至250万人。抗日战争胜利后，北京改名北平，不再是发展中心，随着一些机构的撤出，城市人口逐年减少，到新中国成立前夕，北平城市人口减至165.1万人（图4-1）。

图4-1 民国时期北京城

当时城里空房很多，许多机关大院、王公、贵族的房子都是空的。以当时北平城市人口来分配，每人住一间房还有富余。所以，解放军进城和机关办公都不用另建新房，充分利用那些大院空房。1949年9月明确将中华人民共

和国首都定在北平，并将北平改名北京后，城市人口迅速增加到1952年北京城市常住人口增至194.3万人，加上暂住人口近10万人，城市人口超过200万人。当时城市规划对城市性质认为：北京除了政治中心外，还应是文化的、科学的、艺术的城市，同时也应是一个大工业城市。在《改建与扩建北京城市规划草案要点》中提出："城市规模在20年左右人口达500万人。虽然当时对此提法有不同意见，但北京城市建设就是按这一规划思想进行的。经过十多年的发展，到1965年北京城市人口已达到447.8万人，接近规划20年城市发展的规模。1966年开始特殊时期，城市人口下降，城市建设停滞不前，1969年北京市中心区的布局如图4-2所示。

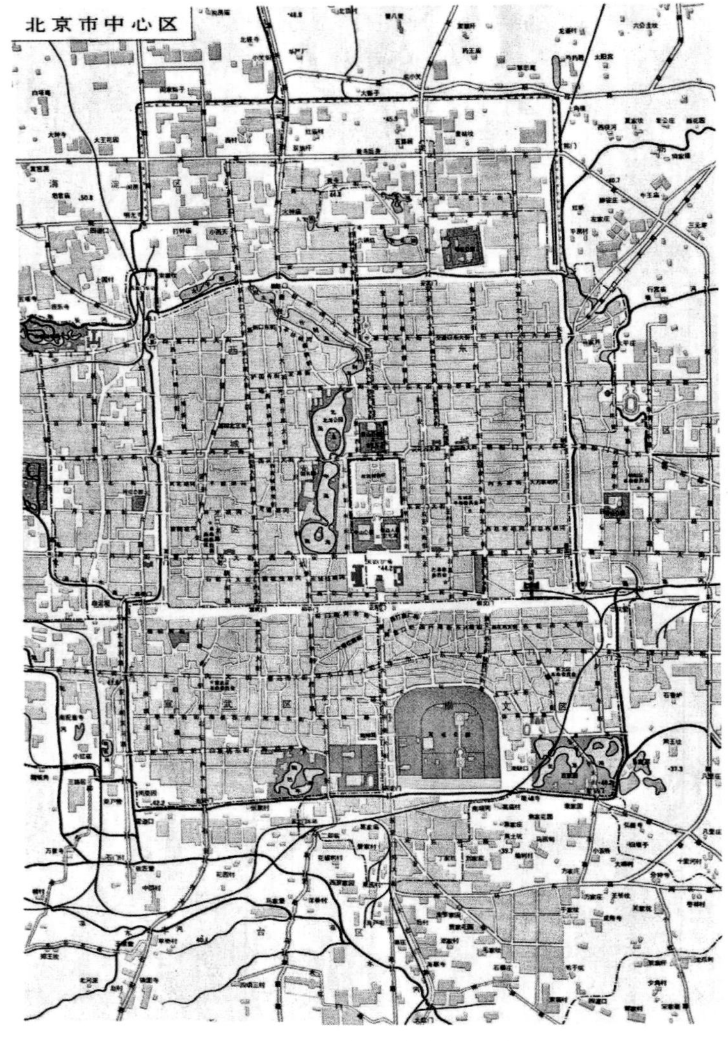

图4-2 1969年北京市中心区平面图

到1976年北京城市人口缓慢恢复到447万人。随着特殊时期的结束和改革开放的发展，北京城市建设进入新发展时期，城市人口逐年迅速增加。1982年《北京城市建设总体规划方案》提出严格控制城市人口规模的方针，提出20年内地区人口控制在1000万人左右，市区人口控制在400万人左右。但事实上到1988年地区人口已突破1000万人，北京市区人口达到520万人。由此看出城市规模，不以人的意向转移，而且随政治经济形势而发展。

二、经济发展对城市规模的影响

近期我国的经济发展，是在从计划经济向社会主义市场经济逐渐转变之中，城市规划如何适应当前经济发展需要，更好地为经济服务尚在不断探索中。在城市规划与经济发展的关系上，目前还有一些模糊认识，有些地区想把经济搞上去，极力把城市规模做大，提出"加快城市化，促进经济发展"的口号。这是违背事物发展的客观规律，其结果是造成许多建设上的浪费，影响地区经济正常发展。城市规划必须以经济为基础，确定城市规模必须要以地区经济发展为基础，对地区经济发展形势要有充分的认识。

（一）根据地区资源优势发展地区经济

当说到资源时，许多人立即想到金、银、铜、铁、煤等天然矿物资源。其实"资源"应从广义上去理解，即从自然资源和社会资源两个方面来分析。自然资源有：地理位置、自然条件矿产、物产等；社会资源有：人文、历史、文化等。例如，新规划的北京中关村科技园区，总共有一区五园。其中海淀园区是主体，规划范围达360km^2，核心区为100km^2。规划这么大的规模有什么根据呢？其中就是该区资源优势十分明显。从自然资源来讲，本区位于北京市中心区的西北角，交通方便，各项设施建设方便，能源、水源都好解决；从社会资源来说优势就更明显，在园区核心区中，有中国科学院30多个研究所，集中有清华大学、北京大学等25所高等院校，学科齐全，学术力量雄厚，代表中国高等教育、科学文化发展的先进水平。为高新技术产品实现产业化和市场化提供条件，进而实现“研究——开发——产业化”的良性循环。早在1980年就由中科院物理所的7名科技人员组建了第一个高科技开发机构“北京等离子体学会先进技术发展服务部”，随后海淀区和中科院、清华大学合作陆续创办了科海、海华等公司。1984年就有了四通、联想、时代等40多家企业，1985年掀起了创造民营科技热潮，高新技术企业达到700多家，并创建了北大方正。1988年国务院正式批准以中关村为核心建立“北京市新技术产业开发试验区”，1999年在中关村及其周围100km^{2}范围内，已有高新技术产业近5000家。2000年9月至2001年4月完成中关村科技园区完整规划。经过多年的建设和发展现已实现了原有规划目标。从园区发展情况证明规划所定的规模完全是正确的。

（二）遵循经济发展的规律

社会主义市场经济和以前计划经济完全不同，地区经济发展，从实际出发，从效果出发。但目前有些地区的规划建设中，还存在有不讲效益、脱离实际的问题，在规划中盲目追求“大规模”，认为“大规模才有大效益”。所谓“正绩工程”“形象工程”盲目求大求洋，给地区经济建设带来许多问题，造成许多浪费。

（三）城市经济发展要从城乡经济协调出发

城市的发展带动地区经济发展，促进农村向城市化转变，这是我国当前城市发展的规律。在城市规划中必须遵循这一规律，运用这一规律加快农村城市化进程。在城市规划中首先是将农村的各种资源充分利用起来，成为城市发展的有利条件；其次就是要将广大农村作为城市的经济发展的延伸带，将适合农村发展的产业，由城市逐渐延伸到农村，从而使城乡经济得以协调发展。

三、约束城市发展的主要资源

对城市建设和发展有影响的资源较多，但有些资源可以改变或替换，而有的资源是难以改变和替换的。那些难改变或替换的资源，就是制约城市发展规模的资源。根据我国目前各个城市出现的问题来看，制约城市规模的资源主要有土地资源和水资源。

（一）土地资源

我们国家人口众多，土地资源十分宝贵和紧缺，在任何一个城市，在做城市总体规划时，都必须将土地资源作为有限的条件，不可无限扩展城市用地。国家在《关于进一步加强土地管理切实保护耕地的通知》中指出：“土地是十分宝贵的资源和资产。我国耕地人均数量少，总体质量水平低，后备资源也不富裕。保护耕地就是保护我们的生命线。但近年来，一些地方乱占耕地，违法批地，浪费土地的问题没有从根本上解决，耕地面积锐减，土地资产流失，不仅严重影响了粮食生产和农业发展，也影响了国民经济的发展和社会的稳定。”文件指出“必须认真贯彻十分珍惜和合理利用每寸土地，切实保护耕地的基本国策。”

一般情况下，城市用地人均用地标准是与城市规模成反比的，城市规模越大，人均用地标准越低。1995年我国按非农业人口平均建设用地情况：全部设市的城市平均用地为101m^2/人，其中特大城市为75m^2/人，大城市为88m^2/人，中等城市为108m^2/人，小城市为143m^2/人。从以上看出我国目前中等城市特别是小城市浪费用地比较严重。

1990年建设部颁布了国家标准《城市用地分类与规划建设用地标准》（GBJ 137—90），经过十余年的实践，根据我国实际情况又做了进一步修正完善，于2012年1月1日重新颁布《城市用地分类与规划建设用地标准》（GBJ 50137—2011）。

按照标准中规定，北京的规划人均城市建设用地面积指标应在105.1~115.0m^2/人范围内确定。其他城市人均城市建设用地面积指标，应根据现状人均城市建设用地规模、城市所在的气候分区以及规划人口规模，按表4-3的指标综合确定。

表4-3　除北京市以外的现有城市人均城市建设用地指标　（单位：m^2/人）

气候分区	现状人均城市建设用地规模	规划人均城市建设用地规模取值区间	允许调整幅度		
			规划人口规模≤20万人	规划人口规模20.1万人~50万人	规划人口规模>50万人
Ⅰ	≤65.0	65.0~85.0	>0.0	>0.0	>0.0
Ⅱ	65.1~75.0	65.0~95.0	+0.1~20.0	+0.1~20.0	+0.1~20.0
	75.1~85.0	75.0~105.0	+0.1~20.0	+0.1~20.0	+0.1~15.0
Ⅲ	65.1~75.0	65.0~95.0	+0.1~20.0	+0.1~20.0	+0.1~20.0
	75.1~85.0	75.0~100.0	-5.0~+20.0	-5.0~+20.0	-5.0~+15.0
Ⅳ	85.1~95.0	80.0~105.0	-10.0~+15.0	-10.0~+15.0	-10.0~+10.0
	95.1~105.0	85.0~105.0	-15.0~+10.0	-15.0~+10.0	-15.0~+5.0
Ⅴ	105.1~115.0	90.0~110.0	-20.0~-0.1	-20.0~-0.1	-25.0~-5.0
	>115.0	≤110.0	<0.0	<0.0	<0.0
Ⅵ	85.1~95.0	80.0~110.0	+0.1~20.0	-5.0~+20.0	-5.0~+15.0
Ⅶ	95.1~105.0	90.0~110.0	-5.0~+15.0	-10.0~+15.0	-10.0~+10.0
	105.1~115.0	95.0~115.0	-10.0~-0.1	-15.0~-0.1	-20.0~-0.1
	>115.0	≤115.0	<0.0	<0.0	<0.0

（二）水资源

城市的生成和发展与水紧密相连，所有城市起源都靠水。城市生产和生活必须要充足的水源，许多城市早期所需物资主要靠水上运输。随着工业化的发展，城市用水量飞速增加，20世纪七八十年代许多国家的城市供水都出现了危机。我国在80年代初，北方和沿海一些城市也相继出现了供水危机。水资源问题成了许多城市发展的瓶颈，一些城市不得不远距离去引水来解决城市用水。如天津市从河北省的潘家口水库引滦河的水到天津；山西省引黄入晋，以解决太原、大同等城市用水；北京和华北一些城市，从丹江口水库引汉江的水解决城市用水问题。这种远距离调水来解决城市用水问题，是特殊情况下进行的，不是所有城市都可以借鉴的。“量水而行”“以水定规模”是一般城市应该遵守的原则。

以水定规模，目前还没有一定的标准，每个城市应根据具体情况进行分析。每个城市自身可以利用的水资源量应满足以下要求：

1）维持城市居住人口生活需水量（居民居住用水、公共建筑服务和设施用水）和工作需水量（工业生产、办公等工作用水）。

2）维持城市生态环境所需水量（包括城市绿化、河道、公园湖泊和湿地用水）。

3）保持地下水和地表水正常开采状况。

第三节　城市规模的确定

确定城市人口规模是比较复杂的工作，多年以来许多人从理论到实践都进行了大量的研究和总结，提出了许多预测人口的方法，本节就常用的几种预测方法进行简要的介绍。

一、时间序列法

这是从所预测地区的历史资料中找出人口增长与时间变化的关系，找出两者之间的规律、建立数学公式来进行推算。这种方法比较简单易行，但要求城市人口有较长时间的序列统计资料，而且各年的人口数据没有大的起伏。所以该方法只适用于那种封闭、历史长、影响发展因素缓和的城市。

二、相关分析法

从所预测城市历年人口统计的历史资料中，找出和人口关系密切的因素，如就业人口、产值等。找出城市人口和这些因素的关系，对城市人口进行预测。这种方法比较简单，但要求有较长时序的统计资料，以及便于掌握的影响因素。该方法只适用于影响因素的个数和作用大小较为确定的城市。

三、劳动平衡法

劳动平衡法首先是前苏联提出，为我国城市规划所普遍采用的一种方法。这种方法是建立在城市人口劳动平衡原理和国民经济发展计划的基础上来推算城市人口发展规模。其主要内容就是按照城市人口劳动或非劳动情况，以及劳动服务对象特点，将城市人口划分为基本人口、服务人口和被抚养人口三大类。基本人口是指本市的工业、建筑业、对外交通运输业、非市属机关、旅游业、科研机关的职工和不为本市服务的高等院校师生员工等；服务人口指为本市服务的行政机关、工商业、文教卫生、市政公用等单位的职工；被抚养人口指依靠家庭或社会赡养的人口。根据规划期内经济社会发展所需要的基本人口绝对数，和城市人口劳动构成比例，即可推算出规划期末城市人口发展规模。

推算公式：

$$规划期末城市总人口=\frac{基本人口绝对数}{1-（服务人口百分数+被抚养人口百分数）}$$

也可表示为：

$$规划期末城市总人口=\frac{基本人口绝对数}{基本人口百分数}$$

这种预测方法，主要问题一是要准确地确定规划期末城市基本人口绝对数，二是城市中三类人口的比例。

（一）规划期末城市基本人口绝对数

在掌握现状城市基本人口数的基础上，根据城市社会经济发展来确定工业、交通、基本建设和非地方性行政机关、大专院校各自职工发展的数字，这些发展数，一般可找经济计划部门、劳动部门和有关主管部门一起研究确定。

（二）规划期末城市三类人口比例

我们国家在总结三十多年城市规划建设实践基础上，原国家建委提出有三类城市人口构成参考比例（表4-4）。

表4-4 城市三类人口构成参考比例

城市分类	人口构成基本人口（%）	服务人口（%）	被抚养人口（%）
特大城市	27~32	21~26	42~52
大城市	28~33	20~25	42~52
中等城市	29~34	19~24	42~52
小城市	30~35	18~23	42~52
工矿区	31~36	17~22	42~52

表中的比例数只供参考，在具体规划时主要根据本城市现状三类人比例情况，再根据城市性质，今后社会经济发展主导方向，确定三类人比例数字。例如，某工业城市常住人口451500人，现状基本人口

占34%，服务人口27%，被抚养人口占49%，根据计划和劳动部门提供的资料，经过分析认为，今后服务人口应有较多的增加，基本人口增速减缓，规划确定到规划期末基本人口绝对数将为164000，基本人口比例为32%，到规划期末城市总人口为：

$$规划期末城市总人口=\frac{基本人口绝对数}{基本人口百分数}=\frac{164000}{0.32}人=512500人$$

劳动平衡法是运用劳动平衡的基本原则和国民经济有规律发展，社会劳动地或分工的要求，是符合我国基本国情的，在不少城市规划实践中证明是比较结合实际的，特别是对那些新建或重点建设的城市比较适用。

四、劳动比例法

劳动比例法是用生产劳动人口与总人口的比例来预测城市人口规模的。每一个城市中的人口，都可分为劳动人口和非劳动人口两大类。在劳动人口中又可分为生产性劳动和非生产性劳动。生产性劳动人口是指：工业企业、基本建设、农林水电（不包括郊区农村集体劳动者）；非生产性劳动人口是指：商业服务、城市公共事业、科研文教卫生、金融及国家机关和人民团体等从业人员。在目前国家统计年鉴中，将就业人员按第一产业、第二产业、第三产业来分。实际上我们所说的生产性劳动职工，就是指的第一产业和第二产业的职工，非生产性劳动职工，就是第三产业的职工。

分析预测步骤：

（一）正确确定城市劳动人口与非劳动人口的比例

目前，我国城市人口中劳动人口与非劳动人口比例一般在1：1~1.5之间，其比例数受城市性质、规模、发展水平和城市人口年龄构成的影响。据1999年中国城市年鉴资料中统计，我国现有城市的从业人口与非从业人口之比为1：1.29。其中超大城市（人口超过300万人）为1：1.2；特大城市（人口在100万人~300万人）为1：1.26；大城市（人口50万人~100万人）为1：1.35。有些大城市随着城市人口老龄化，劳动人口与非劳动人口的比例会逐年下降，如北京市2000年劳动人口与非劳动人口比为1：1.08，2001年为1：1.05；2002年为1：1.02。

每个城市要根据自身现状情况，充分考虑各种因素分析确定其比例。

（二）合理确定规划期间生产性劳动职工的绝对数

城市生产性劳动职工的绝对数，即本市工业企业、基本建设、农林水气等部门的发展所需要的职工人数。可在现状基础上根据这些行业的发展预计所需增加职工的人数。一般可与本市发展改革部门和有关主管部门研究在规划期的新建、扩建项目计划，分析、讨论和确定需增加职工人数。此外，还要分析劳动力来源和劳动力调控的可能情况，以求需要与可能平衡。

（三）确定生产性劳动职工与非生产性劳动职工的合理比例

在计划经济时期，我国各个城市都是生产性劳动职工多于非生产性劳动职工。所以在以前一些资料和前苏联的资料中都有过这样的一个说法，即生产性劳动职工总数的比例一般为60%~80%。但我国进入社会主义市场经济后情况有很大的改变，即非生产性的各个行业（第三产业）有了极大的发展，无论生产性的还是非生产性的职工人数都逐年迅速增加。许多城市的经济逐渐由第一第二产业，转向第三产业。以北京为例。1978年第三产业的国民生产总值仅为地区生产总值的27.7%；1981~1985年第三产业的生产总值仅为地区生产总值的31.5%；1986~1990年增加到37%，1991~1995年增加到48.2%；1996~2000年增加到61%，2001~2005年进一步增加到68.4%。国民生产总值如此大的变化，第三产业的职工人数也随之变化。1999年北京市生产行业（第一产业和第二产业）国民生产总值为984.4亿元，只占地区国民生产总值的36.8%，非生产劳动（第三产业）的国民生产总值为1693.2亿元，占地区国民生产总值的63.2%。相应的职工人数：生产性职工1762617人，占总劳动职工人数41.9%，而非生产劳动职工为2443627人，占劳动总职工人数的58.1%（表4-5~表4-7）。

表4-5 北京市地区生产总值（1978—2005年） （单位：亿元）

年份	地区生产总值	第一产业	第二产业	工业	建筑业	第三产业
1978	108.8	5.6	77.4	70.2	7.2	25.8
1979	120.1	5.2	85.2	77. 4	7.8	29. 7
1980	139.1	6.1	95.8	86.9	8.9	37.2
1981~1985	**951.0**	**62.5**	**589.3**	**515.4**	**73.9**	**299.2**
1986~1990	**1978.7**	**162.9**	**1084.3**	**917.3**	**167.0**	**731.5**
1986	284. 9	19. 1	165.8	141. 2	24. 6	100.0
1987	326. 8	24.3	182.6	154.5	28. 1	119.9
1988	410. 2	37. 1	221.3	189.5	31. 8	151.8
1989	456. 0	38. 5	252.2	212.8	39.4	165.3
1990	500 .8	43 .9	262.4	219.3	43. 1	194.5
1991~1995	**4847. 2**	**289.6**	**2220.4**	**1833.5**	**386. 9**	**2337.2**
1991	589. 9	45. 8	291 .5	255.6	35.9	261.6
1992	709.1	49.1	345 .9	293.0	52.9	314.1
1993	886.2	53 .7	419.6	339.2	80.4	412.9
1994	1145. 3	67. 5	517 .6	417.9	99.7	560.2
1995	1507 .7	73. 5	645.8	527. 8	118.0	788.4
1996~2000	**12079.4**	**383.1**	**4277.8**	**3450.5**	**827.3**	**7418.5**
1996	1789. 2	75. 0	714 .7	576.2	138.5	999.5
1997	2075.6	75. 7	781.9	635.9	146 .1	1218.0
1998	2376. 6	76.7	840.6	670.4	170. 2	1458.7
1999	2677.6	77. 1	907.3	724.0	183.0	1693.2
2000	3161. 0	78.6	1033.3	844.0	189.3	2049.1
2001~2005	**26011. 3**	**448.1**	**7759. 7**	**6446.2**	**1313.5**	**17803.5**
2001	3710.5	80.8	1142 .4	938. 8	203.6	2487.3
2002	4330.4	84.0	1250.0	1021.2	228.8	2996.4
2003	5023.8	89.8	1487.2	1224.5	262.7	3446.8
2004	6060.3	95.5	1853.6	1554.7	298.9	4111.2
2005	6886.3	98.0	2026.5	1707.0	319.5	4761.8

表4-6 北京市劳动职工分类（1999年）

分类		职工数/人
第一产业	农林牧渔	31573
第二产业	采掘业	26661
	制造业	1013698
	电煤水业	37332
	建筑业	640993
	地勘、水业	12360
	交通运输业	177149
	批发零售	410204
第三产业	金融保险	80644
	房地产业	130481
	社会服务	671493
	文教艺术	394033
	科学技术	217301
	国家机关	223740
	其他	136582

表4-7　北京市地区生产总值构成（1978~2007年）

年份	地区生产总值（%）	第一产业（%）	第二产业（%）	工业（%）	建筑业（%）	第三产业（%）
1978	100.0	5.2	71.1	64.5	6.6	23.7
1979	100.0	4.3	70.9	64.4	6.5	24.8
1980	100.0	4.4	68.9	62.5	6.4	26.7
1985	100.0	6.9	59.8	50.8	9.0	33.3
1986	100.0	6.7	58.2	49.6	8.6	35.1
1987	100.0	7.4	55.9	47.3	8.6	36.7
1988	100.0	9.0	54.0	46.2	7.8	37.0
1989	100.0	8.5	55.3	46.7	8.6	36.2
1990	100.0	8.8	52.4	43.8	8.6	38.8
1991	100.0	7.6	48.7	42.7	6.0	43.7
1992	100.0	6.9	48.8	41.3	7.5	44.3
1993	100.0	6.1	47.3	38.3	9.0	46.6
1994	100.0	5.9	45.2	36.5	8.7	48.9
1995	100.0	4.9	42.8	35.0	7.8	52.3
1996	100.0	4.2	39.9	32.2	7.7	55.9
1997	100.0	3.6	37.7	30.7	7.0	58.7
1998	100.0	3.2	35.4	28.2	7.2	61.4
1999	100.0	2.9	33.9	27.0	6.9	63.2
2000	100.0	2.5	32.7	26.7	6.0	64.8
2001	100.0	2.2	30.8	25.3	5.5	67.0
2002	100.0	1.9	28.9	23.6	5.3	69.2
2003	100.0	1.8	29.6	24.4	5.2	68.6
2004	100.0	1.6	30.6	25.7	4.9	67.8
2005	100.0	1.4	29.5	24.8	4.7	69.1
2006	100.0	1.1	27.9	23.2	4.7	71.0
2007	100.0	1.1	26.8	22.3	4.5	72.1

由于北京是首都，机关单位和科研、文化事业等职工人数较多，所以比一般城市的非劳动职工人数多。每个城市必须根据城市性质、规模及发展阶段的不同，确定生产劳动职工在职工总数中的比例。

预测城市人口计算公式：

$$城市总人口=\frac{生产性劳动人口发展绝对数}{生产性劳动人口占劳动人口百分数\times劳动人口占总人口百分数}$$

或写成：

$$城市总人口=\frac{生产性劳动人口发展绝对数}{生产性劳动人口占城市总人口百分数}$$

实例：某工业城市也是地区行政中心，以轻工业为主，1990年城市总人口48.5万人，劳动人口27万人，占城市总人口的55.7%。生产性职工（第一、第二产业）18.8万，占劳动人口的69.6%，2010年生产性劳动职工预测将达到25万人。劳动人口占城市总人口的比重，比现状稍有下降，预计为55%，考虑到本市为地区中心城市，第三产业将有较大的发展，非生产性劳动人口应有较多的增加，所以生产性职工人数在工劳动总人口中占的比例要下降一些，参照同类性质城市和该市第三产业发展规划，确定比例为

65%，按此，该城市：

$$2010年城市总人口\frac{25}{55\% \times 65\%}万人=69.93万人$$

推荐该市2010年城市人口规模控制在70万人以内。

劳动比例法的优点是可直接运用城市统计资料，简便易行。主要问题是在生产性劳动人口与非生产性劳动人口的划分上不能十分准确，只能根据统计资料按第一、第二、第三产业来分，是否影响到预测成果，要通过实践逐步解决。

五、综合分析法

综合分析法是以国民经济为依据，综合分析城市人口的自然增长和机械增长两个因素，预测城市总人口，即

城市总人口=城市现状人口+规划期间城市人口自然增长数+规划期间城市人口机械增长数

（一）人口自然增长

从20世纪80年代以来，我国人口自然增长已经进入有计划增长时期。各地普遍实行了计划生育目标管理责任制，形成了比较完整的计划生育工作网络。人口自然增长已逐步纳入依法管理的轨道，使我国人口增长得到了有效的控制。人口自然增长率逐年下降。但由于受到50年代、60年代高出生率的惯性影响，使80年代又进入第三次生育高峰，到90年代中期我国人口自然增长率逐年下降（表4-8）。

表4-8　我国人口自然增长率

年份	1952	1957	1962	1965	1970	1975	1978	1980
出生率（‰）	37.0	34.0	37.01	37.88	33.43	23.01	18.25	18.24
死亡率（‰）	17.0	10.8	10.02	9.50	7.60	7.30	6.25	6.34
自然增长率（‰）	20	23.0	26.99	28.38	25.83	25.71	12.0	11.90

年份	1985	1988	1990	1992	1994	1996	1998	2000	2002
出生率（‰）	21.04	22.37	21.06	18.24	17.70	16.90	15.64	14.03	12.86
死亡率（‰）	6.86	6.54	6.70	6.64	6.49	6.56	6.50	6.45	6.41
自然增长率（‰）	14.18	15.83	14.36	13.60	11.21	10.4	29.14	7.58	6.45

人口的自然增长，与地区政治经济发展和我国现行政策有密切的关系。从我国各地区人口自然增长情况来看，有以下几个特点。

1）城市人口自然增长低于农村人口自然增长。以1990~1995年我国人口增长为例，全国平均每年自然增长率为12.07‰，而城市平均自然增长率为9.98‰（表4-9）。

表4-9　我国城市人口自然增长率和全国人口自然增长率比较

年份		1990	1991	1992	1993	1994	1995
出生率（‰）	全国	21.06	19.68	18.24	18.09	17.70	17.12
	城市	16.73	16.14	15.49	15.47	15.39	14.76
死亡率（‰）	全国	6.70	6.64	6.64	6.64	6.49	6.57
	城市	5.76	5.71	5.50	5.77	5.99	5.57
自然增长率（‰）	全国	14.36	13.04	11.80	11.45	11.21	10.55
	城市	10.95	10.43	9.99	9.70	9.40	9.23

2）经济发达的大城市人口自然增长低于全国城市平均自然增长率。

如1995年全国人口自然增长率平均为10.55‰，全国城市自然增长率平均为9.23‰，而天津市平均自然增长率为4.0‰，北京市平均为2.80‰，上海市平均自然增长率为-1.30‰。

又如2003年全国人口平均自然增长率为6.01‰，全国城市平均自然增长率为5.60‰。天津市平均自然增长率为1.10‰，北京市平均自然增长率为-0.1‰，上海市平均自然增长率为-1.35‰。

3）少数民族地区和边远山区，因涉及民族政策和地区政策管理等因素，人口自然增长比我国其他地区高，也比全国平均自然增长率高许多。

如1995年，全国平均自然增长为10.55‰，上海自然增长出现了负值，我国许多地区自然增长率都在全国平均增长率10.55‰以下，但贵州省平均自然增长为14.26‰，青海省平均自然增长率为15.12‰，云南省平均自然增长率为12.70‰，西藏自治区平均自然增长率为16.10‰（表4-10）。

表4-10　1995年我国部分省市人口自然增长率

省、市、自治区	北京	天津	上海	山东	贵州	云南	西藏	青海
人口总量/万人	1251	942	1415	8705	3608	2990	240	481
出生率（‰）	7.92	10.23	5.75	9.80	21.86	20.75	24.90	22.01
死亡率（‰）	5.12	6.23	7.05	6.45	7.60	8.03	8.80	6.89
自然增长率（‰）	2.80	4.00	-1.30	3.75	14.26	12.72	16.10	15.12

2003年我国许多地区人口的自然增长率已经下降到5‰以下，全国平均自然增长率为6.01‰，但一些少数民族地区和边远地区自然增长率还在10‰以上。其中青海省平均自然增长率为10.5‰，新疆维吾尔自治区平均自然增长率为10.78‰，宁夏平均自然增长率为11.10‰。

（二）人口的机械增长

要研究城市人口规模，除了研究城市人口自然增长因素外，更重要的是研究人口的机械增长（又叫迁移增长）。目前我国许多城市的人口增长，主要来自机械增长。

城市人口机械增长主要来自三个方面：一是大专院校录取新生，由农村户口迁入城市转为城市户口；二是复员转业军人和随军家属安置转为城市户口；三是投亲进城和婚迁入城。以上这三个方面的迁移增长，对许多城市来说每年数量都有限，而且比较稳定。如北京市，1981~1990年规划市区城市人口由427.6万人增加到519.5万人，增加90.9万人，平均每年增加10.1万人。其中迁移增长45.2万人，平均每年增加5万人。

但从1992年邓小平同志南方谈话后，我国经济发展进入了一个新时期，随着改革开放深入和社会主义市场经济的发展，城市化步伐明显加快，各地大量农民进城，许多农村户口转入城市户口。1991年我国城市人口31203万人，占总人口的26.84%，到2003年我国城市人口达到52376万人，占总人口的40.53%，平均每年增加城市人口1597.7万人。在城市人口增加数量中属自然增长的平均每年有313.4万人，迁移增长平均每年1284.3万人。

以北京市2002年和2003年这两年为例，北京市城市人口2001年年底是744.1万人，到2003年年底增加到788万人，两年净增44.1万人。而2002年自然增长7908人，2003年自然增长是减少12973人，两年合计减少5065人。所以2002年和2003年实际迁移增长44.6万人。同期北京农村人口由342.2万人减少到318万人，两年减少24.2万人，减少的这些人基本都转入了北京城市人口。因为北京是首都，城市人口迁移增加的44.6万人，不能都是本地区农村人口转入城市人口，还有各部门，特别是中央机关及所属企事业单位，从各地招来的各种人才；还有大专院校学生、复转军人等。

六、职工带眷比例法、带眷系数法和居民系数法

这几种传统的测算方法都是适用于新建矿城镇和城市中的新建工矿居住区。

（一）带眷比例法

带眷比例法的原则就是城镇总人口是城镇单身职工与带眷职工之和。

计算公式：

城镇总人口（含进城务工人数）=单身职工+带眷户数×平均每户人数

推算方法：第一步确定城市职工数，可根据各企业在册职工人数，然后再加上服务人口，一般工矿城镇或矿区的服务人口约占职工人数的1/5~1/4。第二步确定带眷职工和双职工的比例。根据有关资料：新建工矿城镇和工矿居住区：单身职工比例占60%~70%，带眷职工比例30%~40%。在带眷职工中双职工10%~20%。在规划中参照这些比例，可实际对一些矿区进行典型调查，分析确定比例数。第三步，确定平均每户人口数，一般每户3~3.5人。

（二）带眷系数法，这实际上是带眷比例法的一种简化的计算方法。推算公式：

规划总人口数=带眷职工人数×（1+带眷系数）+单身职工+其他人口

带眷系数与带眷家属的平均人口数，与双职工比例及平均每户人口都有关系，一般在3左右。

带眷系数=（1−双职工占带眷职工比例（%）2）×平均每户人口

（三）居民系数法

居民系数法是带眷比例法又一种更为简化的计算方法。推算公式：

城镇总人口=职工总数×居民系数

居民系数可以计算分析，或做些实际分片调查分析得来。一般为2~2.2。

七、环境容量法

随着社会经济的发展，城市环境问题越来越引起人们的重视，城市发展必须以城市环境为重要依据，来确定允许发展的最大规模。城市环境问题涉及内容比较多，就我国目前来说主要有两个问题：一是水资源问题，一些水资源短缺的城市，水环境问题制约城市的发展；二是土地资源问题，有的城市受地形条件限制，开发城市用地困难制约城市发展。

（一）水源问题

从20世纪80年代以来，我国许多城市相继出现水源危机。三十年来，人们在水资源短缺的情况下，在“开源、节流”上采取了很多有力措施，促进了城市社会经济发展。但许多城市水环境问题没有什么改善，有的城市水环境问题越来越严重。以北京市为例，从1981年以来，对水资源进行全面管理，工农业和城市全面节水。这三十年在开源节流和水源保护上做了大量工作，工业用水从每年13亿m^3减到了6亿m^3左右，减少了一半以上，但由于城市不断发展，城市用水不断增加，城市水环境不但没有改善，而且逐渐扩大。近几年，为了解决北京城市用水问题，从远郊区的平谷、怀柔、房山、昌平取地下水供城市用，造成这些地区地下水严重超采。早在1982年编制城市总体规划时，就有人提出城市发展要以水定规模，在2004年的城市总体规划中，明确指出现状1400余万人已经超出了本地区水资源承载力。现状北京全市人均水资源量为270m^3，如果保持这一状态，北京再从丹江口水库引水12亿m^3（南水北调中线工程）北京市水资源可最多承载1980万人。如果想改善北京市水环境，用以色列人均用水量340m^3作标准，北京水资源可承载1600万人。

（二）资源问题

一些地处山区的城市（镇），由于受地形限制，形成相对“封闭体”，在有限的城市发展用地上，需要安排城市建设所需要的各种生产、生活用地和郊区蔬菜、副食品用地等，可采用用地合理法推算城市（镇）人口发展规模。

前面介绍的这些推算城市人口发展规模的方法，都可以在城市总体规划中运用。但每一种方法有其适用性和局限性。到底选用哪种方法来推算，应从每个城市的实际情况出发。最好以某种推算方法为主，用其他方法进行验证，经过综合分析比较，再确定城市规划人口规模数。

附：北京市的人口预测实践

北京市1991年城市总体规划编制中，预测北京市常住总人口时，采用了多种方案预测比较，2000年常住人口总数为1140万人~1180万人（计算采用1160万人），其中常住城市人口740万人~770万人（计算采用750万人），常住农业人口400万人~410万人（采用410万人）；2010年常住总人口1220万人~1260万人（计算采用1250万人），其中常住城市人口830万人~860万人（计算采用850万人），常住农业人口390万人~400万人（计算采用400万人）。在城市人口测算中，考虑了农业人口转为城市人口的因素。现状每年2万人~3万人，规划按每年4万人计算。从1991~2000年北京实际情况来看，规划预测人口规模还是比较符合实际的。到2000年全市常住人口没有突破规划数（表4-11）。

表4-11　2000年北京市人口组成　（单位：万人）

年份	常住人口	市区			远郊		
		小计	城市人口	农业人口	小计	城市人口	农业人口
1991	1039.5	604.3	544.7	59.6	435.2	103.7	331.5
1992	1044.9	609.6	550.7	58.9	435.3	105.6	329.7
1993	1051.2	616.1	559.9	56.2	435.1	108.8	326.3
1994	1061. 8	625.1	570.3	54.8	436.7	113.5	323.2
1995	1070.3	631.8	578.7	53.1	438.5	118.2	320.3
1996	1077.7	638.7	587.1	51.6	439.0	122.6	316.4
1997	1085.5	646.2	595.8	50.4	439.3	126.9	312.4
1998	1091.5	651.8	602.9	48.9	439.7	130.8	308.9
1999	1099.8	652. 5	609.2	43.3	447.3	138.0	309.3
2000	1107.5	665.7	618.3	47.4	441.8	142.4	299.4

因为城市规模问题涉及社会经济发展和国家的相关政策和法规，为了在确定城市规模时，比较客观反映各方面情况，最好由规划部门组织当地政府和政策研究、战略发展研究、公安、劳动、计划生育等部门的相关人员一起分析研究，由各方面提出多种城市人口预测方案，经大家讨论统一认识，最后确定规划期内的城市人口数。

第五章　城市规划布局

第一节　城市空间形态

一、城市空间形态与自然环境关系

自然条件不仅能促使一些城市的形成，自然状态的改变还会影响到城市的兴衰，如河流的淤塞改道或风沙的侵占等，致使一度繁荣的城市因此而衰落。如湖北的荆州，早先是一个商业经济比较发达的城市，后来由于长江的淤积，江岸南移，它的经济地位逐渐被后起的沙市所代替。又如四川汶川县城，因大地震后考虑到城市安全的需求，只能移地重建。

在自然条件中，地形条件会影响到城市发展规模和用地布局形态，如天水、兰州等城市因地形的限制，城市只能沿渭河和藉河的狭长河谷延展。兰州南靠皋兰山，北临黄河，是“丝绸之路”的必经之地，黄河渡口不仅是这条交通大动脉的要冲，而且也决定着兰州城址位置的选择，从十六国到明朝的700余年中，兰州城址就随着渡口位置的变迁而沿着黄河由东向西，又由西向东移动了60多千米（图5-1）。此外，都城沿洛河变迁的古都洛阳也是很有代表性的例子（图5-2）。

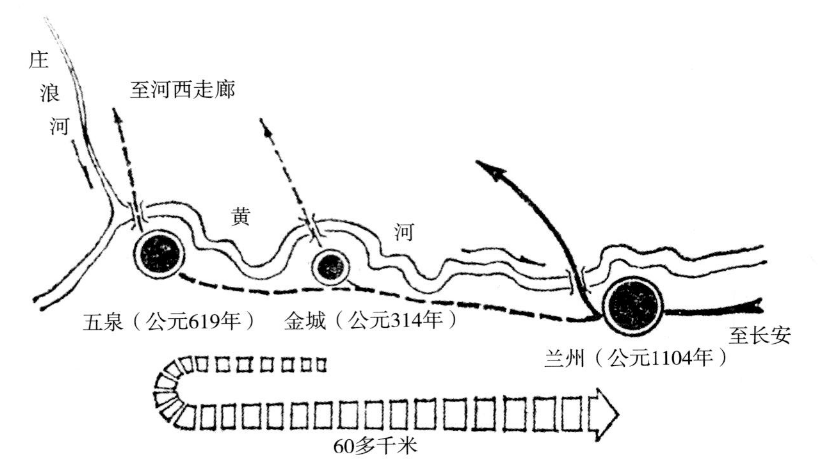

图5-1　兰州城址变迁示意图

地形等条件的差异，还会使城市表现出不同的个性特征，如江南水乡城市苏州、绍兴，同山城重庆所呈现的城市景观是截然不同的。此外，在气候、地质、水文、生物等方面，对城市的土地利用、空间形态，以至各项市政工程的建设，都有直接影响，一定程度上还影响到建设的投资效益、工程技术的采用以及建设的速度等。由于地理条件的改变而引起城市的迁移，或因为自然环境的变化而导致城市的兴衰，在我国历史上都是不乏先例的。

图5-2　历代洛阳都城沿革示意图

例如，北京城市的沿革兴起就与“水环境”的关系十分紧密。先人们之所以选择“北京湾”这块风水宝地建城，并历经数千年长盛不衰，与北京城所处的特殊地理环境条件有着非常密切的关系。《日下旧闻考》中记载道：“幽州之地，左环沧海，右拥太行，北枕居庸，南襟河济，诚天府之国。而太行之山自平阳之绛西来，北为居庸，东入于海，龙飞凤舞，绵亘千里。重关峻口，一可当万。独开南面，以朝万国，非天造此形胜也哉！”北京历史上曾是座名副其实的水城，周围地区泉水涌淌、湿地遍布，曾有东淀、西淀、塌河淀及延芳淀等，号称“九十九淀”；它的西北部有太行、燕山两大山脉组合成“椅子圈”式的天然屏障，阻挡了北边的风沙侵袭，而东南边则沃野千里，京城则兼具“前挹九河，后拱万山”“形胜甲天下”的地势，是平治天下、安居乐业和繁衍发展的理想宝地。在建城史上从燕代蓟城至明清北京城，从莲花池→高梁河→积水潭（含什刹海）→大宁河（今北海和中南海的前身），演化了一条京城独特的“水文化”历史长河，这条历史长河形成的独特“水文化”，亦成为北京城文化宝库中独有的珍品。

又例如，在《拉萨市城市总体规划（2009~2020）》中，明确了拉萨中心城区“东延西扩南跨、一城两岸三区”的空间结构，而“两岸”指中心城区以拉萨河为轴带，沿河发展（图5-3）。此外，水乡城市更是以水系为布局根基，常熟市依托发达的水网和尚湖，加上城市西南部虞山的影响，而呈散射状布局（图5-4）。

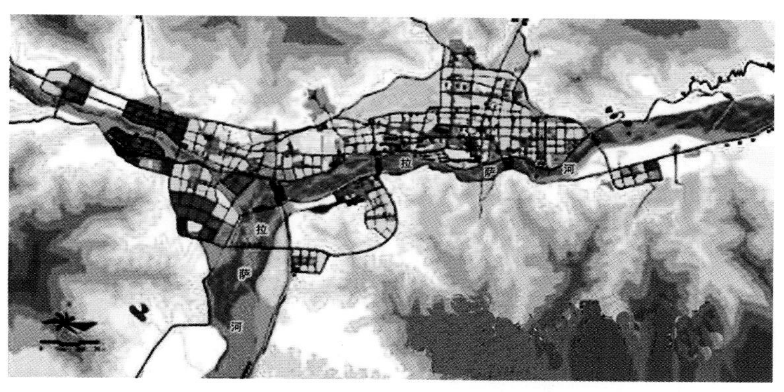

图5-3 拉萨城市沿拉萨河的“水轴”布局结构

图5-4 常熟市因水系、尚湖和虞山影响而呈放射状布局

但也应该看到，在人类征服和改造大自然的过程中，大自然的报复也是无情甚至残酷的。城市的宜居性也会因此不断衰退直至消亡。例如，位于渭水南岸的汉长安城曾经有8条河流，水草丰美，北有高山，南有沃野。但是城市人口泛滥使得近800年的长安城污水沉淀、壅底难泄，连饮水也成了问题，隋文帝只好废弃旧都，另建新都——大兴城，即隋朝长安城。

二、城市的布局与形态

（一）城市的生存发展必须依附于自然环境

早期的城市一般都是在自然条件优越，农业经济发达的地区，如黄河中下游、尼罗河、恒河等流域。据统计，现今世界上人口在20万人以上的城市中，有四分之三分布在环境条件优越的温带。城市与水的关系最为密切，绝大部分城市都是临河靠水的。世界上早期的古城，大多位于当时的渡口，如巴黎、伦敦、南京、武汉、北京等。河流的交汇处，更有利于城市的形成和发展，1400年前的长安城是一个百万人口的世界第一流大城，它处在黄河的大支流渭河与灞河、泾河交汇处。险要的地势、方便的交通、充沛的水源，使古长安兴盛了一千多年，成为周秦到隋唐十几个王朝的帝都。北宋的都城汴梁古称“四水贯都”，是公元10~12世纪世界上第一大城市，从当时的画家张择端的名作《清明上河图》上，看到它当年繁荣富足的景象。古老的北京城更是人们利用自然和改造自然的杰出范例，它背靠群山，面临渤海，“水朝山拱，虎踞龙盘”，宫苑城郭都依托自然作背景，“太液芙蓉未央柳”的景色到处可见，因此，做了800多年的京城，并成为举世瞩目的历史古都。

近些年来，城市的可持续发展成为世界上人们最为关注而热议的话题。就探索城市布局的形态而言，各国政府和学者都发表了各种见解。1996年，英国环境保护局提出了“存在一种城市形态能比其他形态更能降低能源消耗与污染排放、更能与生态环境相和谐”；1997年福曼在《区域与景观生态学》一书中指出了区域发展的空间形态可以大幅度提高城市与自然的和谐程度；2001年，美国国家环境保护局在《我们的建设与自然环境》中认为：“城市形态直接影响城市所在区域的生境与生态系统。”规划师们在这一思想的指导下，试图通过对城市形态的组织，推动城市的可持续发展，他们在不同空间尺度水平上进行探索，提出了一系列可持续发展的城市形态规划模式。保持与自然和谐的空间发展，城市形态就可有利于改善城市环境，并可以获得城市的可持续性发展。

（二）城市布局形态应该千姿百态

为了维系城市的可持续发展，根据城市所依附的环境条件，它的形态不应该遵照某种“标准”的模式，或照搬某种“它山之石”，而必然是多样化的。

在现代城市高效率运行的前提下，交通条件通常成为首要的前导的因素。城市的空间形态在很大程度上是由城市的交通体系（含陆路和水路）所决定的：一定的城市空间结构需要有相应的交通结构体系。美国有一位建筑教授汉普列根，他创导了“支撑体”理论（即SAR理论）。该理论认为，城市的布局基本上由支撑体（道路、市政条件）和填充体（由街道围成的街区、建筑群）所组成。因此，首先把支撑体规划好，城市的形态就必定会千姿百态。这就是一种很有革命性的、有可持续观点的城市规划创意。

同样地，以“TOD”模式（即交通引导模式）主张交通支撑下的空间发展结构，使交通系统成为城市社区组成的“躯干”。这样，城市的空间增长和控制是通过有组织的控制，保护地域特色，形成各不相同的空间形态，最终形成一种高效率的土地开发利用状态；并达到减少交通出行、提高交通效率的目的，真正实现建设资源节约型、环境友好型的“两型”城市的目标。

现代城市的平面结构已经摒弃了单一中心“一块大饼”式的传统方式，代之以更为科学的布局，尽量使自然环境与城市融合在一起，如哥本哈根的“指状”城市布局形态（图5-5）。许多城市在布局结构方面，已充分注意与地理、交通、历史文化肌理等密切结合，形成多样的形态，我国的不少城市也正在做调整、更新城市结构的尝试（图5-6~图5-10）。

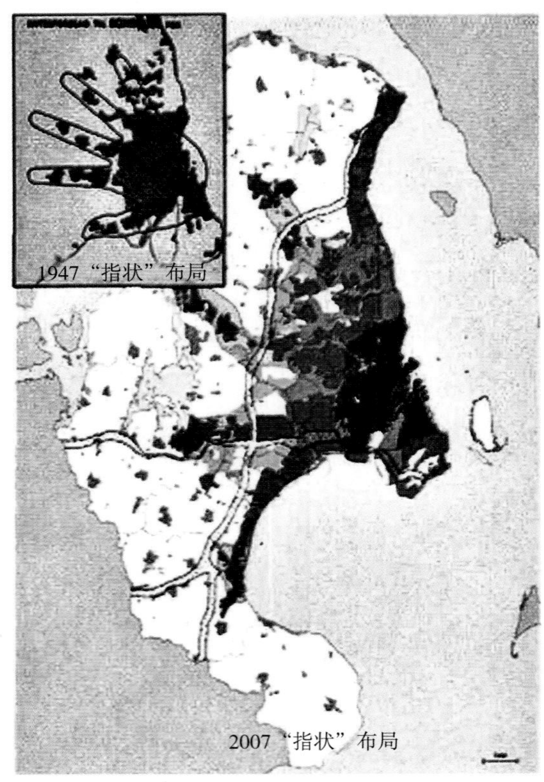

图5-5　哥本哈根“指状”城市布局形态

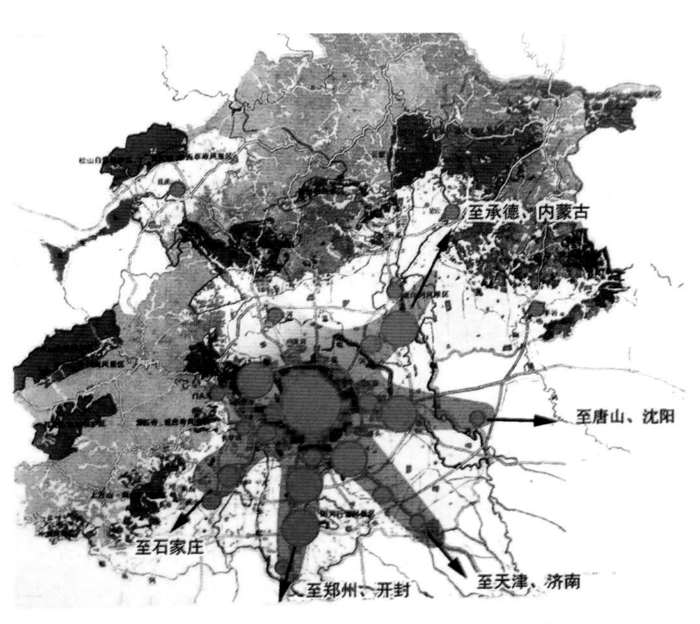

图5-6　北京“手掌状”空间形态发展示意图

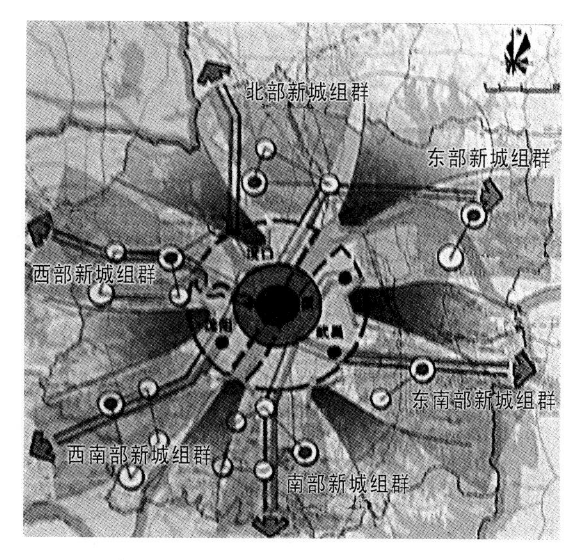

图5-7　武汉“花形”城市空间结构图

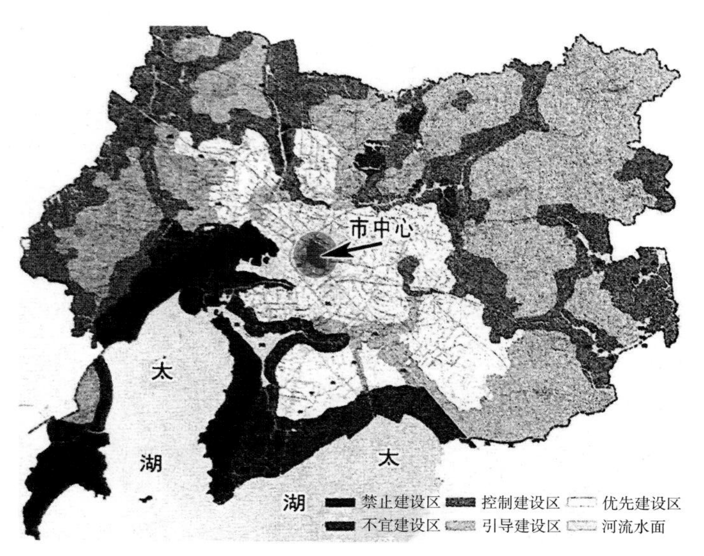

图5-8　无锡市“缎带”状形态布局图

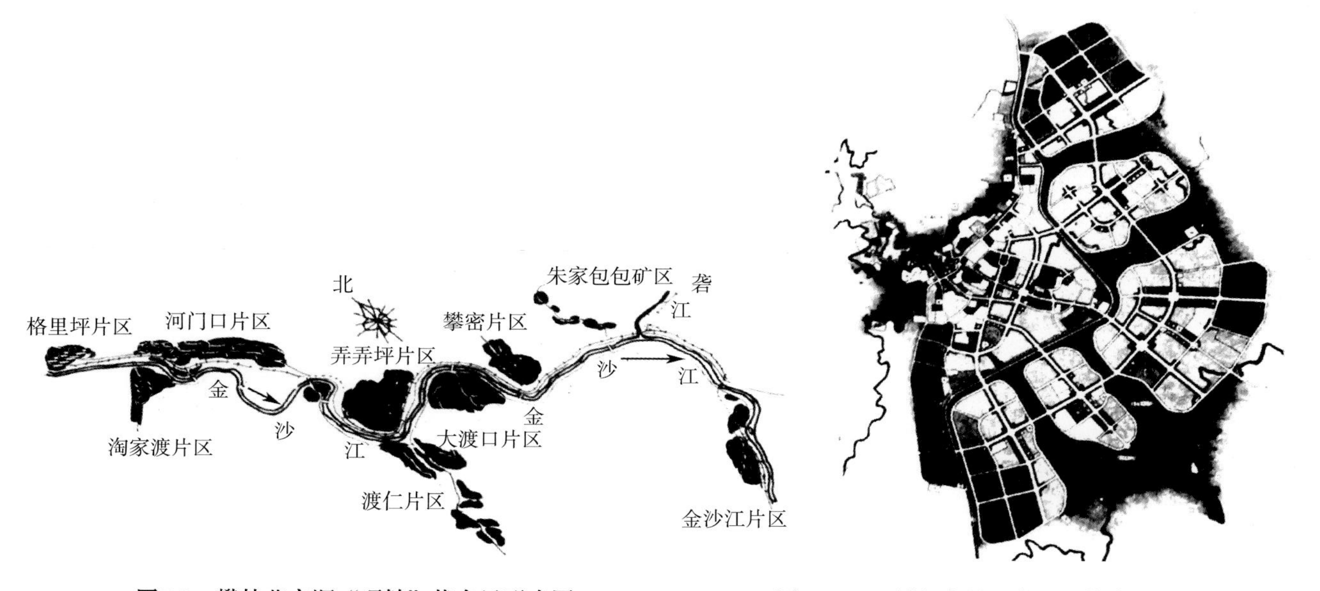

图5-9　攀枝花市顺“项链”状布局形态图

图5-10　四川仁寿县“扇面”状空间形态结构图

（三）贯彻“反规划”原则是科学合理布局的首要任务

1. 问题的背景形势

（1）城市建设用地紧张，生活居住环境恶化　世界性的“城市化”速度加快。21世纪初，全世界有40%以上的人口居住在城市里，发达国家高达80%以上。例如，美国的波士顿、华盛顿和纽约也形成了一条城市带，居住着7000多万人；日本的东京都与大阪、名古屋连成了城市群，差不多全国有一半人口挤在这个城市群之中。有人预测，到21世纪末世界上至少有25个1000万人以上居民的特大城市，60个500万人以上的大城市。城市里充斥着混凝土、沥青、玻璃等非生态物质，使人与大自然越来越疏远。

（2）环境质量急剧下降，生态平衡被严重破坏　由于地理条件的改变而引起城市的迁移，或因为自然环境的变化而导致城市的兴衰，在我国历史上都是不乏先例的。两千多年前，我国西北地区有许多水草丰美、风物宜人的地方。在那里曾出现过上百个人丁兴旺、市肆繁荣的城镇，其中包括曾位于5350km²罗布泊中的楼兰城、西夏国的京都统万城，但后来由于水源枯竭、流沙侵蚀，这些城镇都相继衰亡了，现在人们只能在茫茫沙海中见到它们的废墟。

历史上的北京也曾是非常宜居的。800年前，海陵王在今北京莲花池一带修建金中都城的时候，泉涌长流，湿地遍布，交通通畅，气候宜人，物产丰饶。直到清代，用玉泉山泉水种植的“京西稻”还可以供应皇宫食用有余。十分遗憾的是自从1976年开始，号称“天下第一泉”的玉泉山泉枯竭断流，北京从此进入了缺水年代。而今天的北京，人口迅速增长，工业污染，交通不畅，离宜居越来越远。

城市环境质量下降、生态平衡被破坏的普遍表现为：植被大面积被蚕食和破坏，造成空气污浊、气候异常；车辆剧增引起交通拥挤，噪声严重；超量抽取地下水，致使地面下沉、局部工程地质性破坏频发。其中，污浊的城市空气对人的健康威胁最大，如今大城市居民的平均寿命因空气污染要缩短10%。伦敦中心区的交通调度员每天吸入的有害空气，相当于吸五包香烟；北京近三十年来癌症死亡率也大幅度上升，其中与大气污染有关的肺癌居癌症病例的第一位。城市噪声干扰日趋严重，诱发心血管、神经及消化等系统的疾病。据统计，英国有一半男人和1/3的妇女患神经官能症，其中多数是由噪声引起的。而有关数据表明，北京市区噪声超过允许标准的地区已达2/3以上。大城市超量抽取地下水而造成的地面下沉，对建筑物、道路、桥梁及市政构筑物造成严重破坏，如地处沿海的东京，已有部分地区沉陷到海平面3m以下。

（3）破坏了固有的自然风貌　市中心摩天大楼栉比鳞次，高楼重叠，路如峡谷，许多城市原先颇有特色的风貌被有形地（指建设本身）或无形地（指周围环境）破坏了。如现在的东京，除了皇宫及御花园呈“孤岛”之势外，其他文物古迹几乎被现代技术物质文明摧毁殆尽；巴黎市中心区鹤立鸡群式的蒙巴纳斯办公高塔楼，欲与 1889年完工的埃菲尔铁塔试比高，破坏了故城的风貌；德国波恩是一座有二千年历史的古城，城内有一幢30层的联邦议会办公大厦挤在景色秀丽而古朴的莱茵河畔，由此遭到市民的强烈非议，有关当局决定今后不再在此盖高楼大厦……作为古都，北京也出现了类似情况，使得严谨而庄重的古城风格正不断受到不可逆的破坏。

2. 实施“反规划”的意义

城市的规模和建设用地的功能可以是在不断变化的，而景观中的河流水系、湿地、历史文化重点保护街区、交通轴线、绿地走廊、林地等要素，是城市赖以生存和发展必不可少的依托，是永恒不变的城市支撑体系。因此，“规划的要意不仅在规划建造的部分，更要千方百计保护好留空的非建设用地。”（吴良镛，2002）。

生态基础设施（Ecological Infrastructure），是支撑城市的自然系统和文化系统，是城市及其居民能持续地获得自然服务和文化传承的基础，它广泛地包括提供新鲜空气和足够的环境容量、满足对休闲娱乐和体育活动的需求、避灾安全庇护、传统文化教育熏陶以及满足居民的审美等方面。因此，生态基础设施不仅指通常认知的绿地系统，而是更广泛地包含环境绿地系统、水系湿地、农业系统、历史文化系统以及自然保护地系统。

早在一百多年前（1879~1895年），在美国的波士顿总体规划布局中，规划师就将公园、林荫道与查尔斯河谷以及沼泽、荒地连接起来，规划了至今成为波士顿骄傲的“蓝宝石项链”，并在规划界留下了广泛的影响。

北京市在近年来专门编制了一个专项规划：《北京市限建区规划（2006—2020年）》（图5-11），从注重“填空”到关注“留白”，综合生态适宜性、工程地质、资源保护等方面因素，在总体规划层面上划定了绝对禁建区、相对禁建区、严格限建区、一般限建区和适宜建设区，深化、细化了对建设行为的分区管制，建立了市域建设区和非建设区全覆盖的限建空间体系，为规

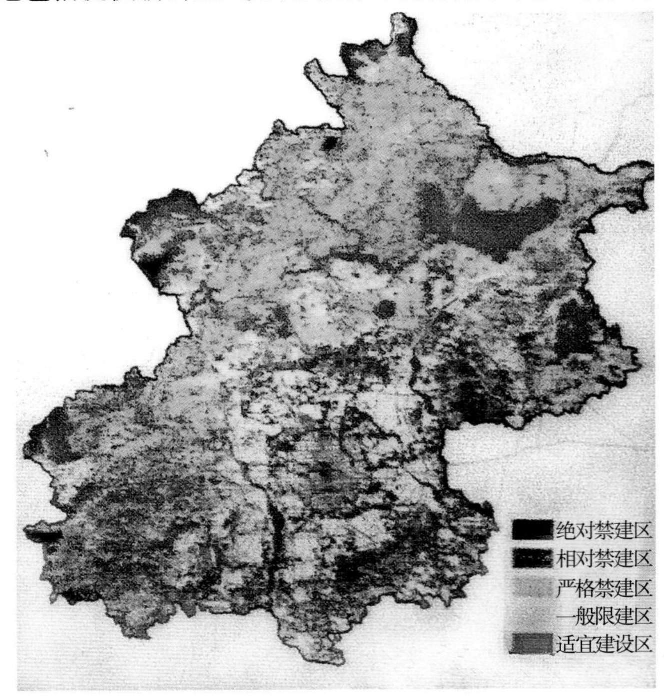

图5-11　《北京市限建区规划（2006—2020年）》

划编制、城市建设和发展决策，为推进首都人口、资源、环境协调发展提供了科学的基础平台。这项工作是全国首次开展，具有较强的开拓性和创新性。

在一些工矿城市，通常由于矿区开采会形成范围很大的塌陷区，这也是在城市布局上必须避开的。工矿城市河南鹤壁，大片的采空塌陷区，往往决定了城市总体布局的形态（图5-12）。

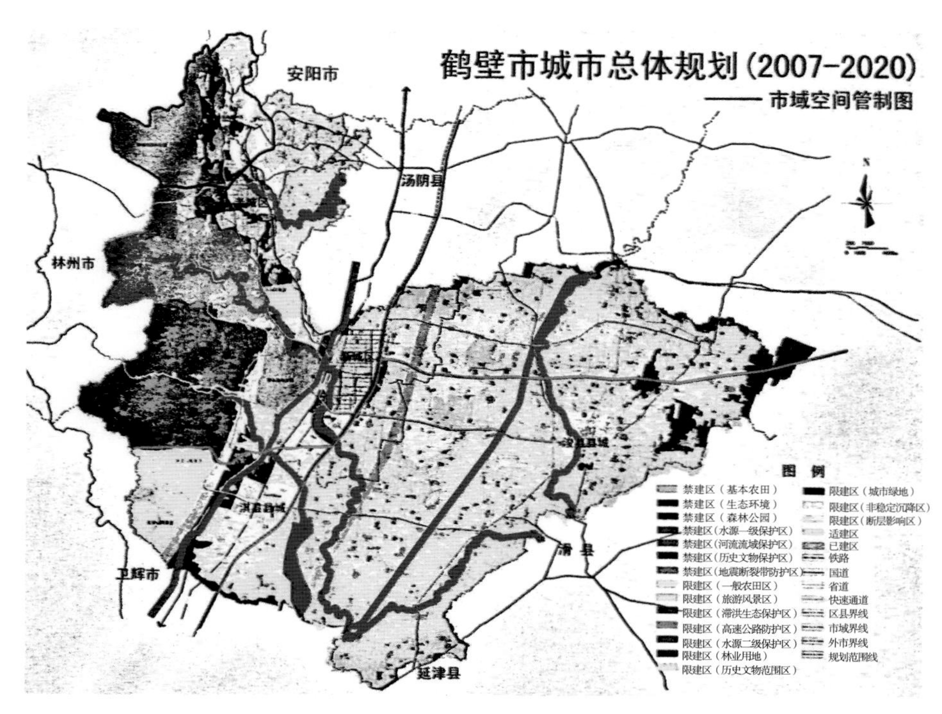

图5-12　鹤壁市市域空间管制图

根据我国诸多专家们的预测，在未来近十多年的不长时间内，中国的城市化水平将急剧地从目前的36%达到65%。中国城市化的迅猛、快速，将会对全球产生广泛的影响，并即将成为21世纪最大的世界性事件之一。因此，切实保护好城市赖以发展的自然生态环境和历史人文记忆，包括绿色环境、水环境、气环境、历史文化街区等要素，实施一定意义的“反规划”战略，即编制规划布局方面的禁建、限建性专项文件，就显得格外的迫切和意义重大。

3. 警惕作茧自缚式布局的漫延

城市是人类利用自然、改造自然的产物，但是，随着生产力的不断发展和人类改造自然能力的增强，城市的环境却越来越受到严酷的挑战。美国前总统约翰逊在一次演说中惊呼美国的城市将是“死亡中的城市”；日本前首相田中角荣在上台前亦适时提出《日本列岛改造论》一书，为他的竞选登台铺平道路。资产阶级政治家们纷纷对城市和环境问题表示关注，这不仅说明城市的生存环境确已遭到了严重的威胁和破坏，也说明广大居民对这个问题已有深深的忧虑和希望问题能尽快得到解决的愿望。

以城市中心为核的单一中心布局方式，是当前许多城市的通行做法。其结果，是“摊大饼”的发展形态，造成中心城区的功能过分叠加，形成建筑密集、交通拥堵、环境恶化，“大城市病”日甚一日（图5-13）。

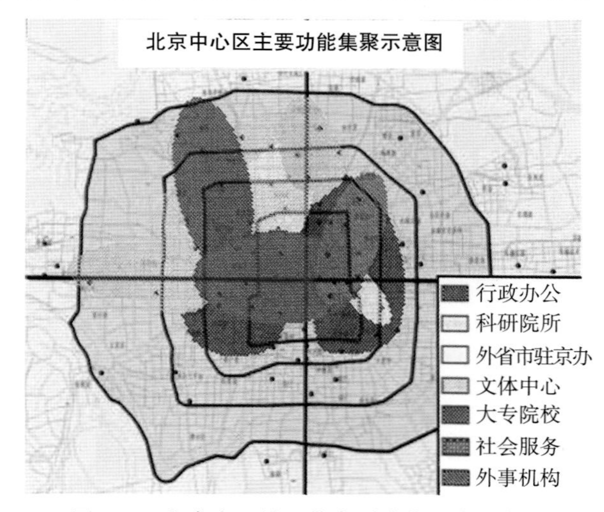

图5-13　北京中心城区的主要功能聚集示意图

（四）布局形态的总趋向

城市自然环境被破坏而带来的各种后果，已引起人们日益强烈的关注。因为人们不能脱离大自然而独善其身。如何既能保护自然环境，又能满足城市建设发展的需要，已成为当今世界城市规划界的热门话题。现在，各流学派对未来城市形态式作了各种探求，诸如水下城镇、海上城市、浮岛城市、悬空城市以及太空新城等，花样繁多、不一而足。但是，这些构想是远水难解近渴，可望而不可即的。

总结了以往过分追求形式的经验和教训，人们逐渐领悟到“人——城市——环境”本是不可分割的三位一体，反映这种新认识的新的布局设计思想——环境设计理论，正在取代那些只是单纯注重使用功能的陈旧观念。“生活环境与自然环境的和谐”“城市和自然共存”的呼声越来越高；推崇环境意识，使一个个能有机地融溶于大自然环境的新型城市正在世界各地不断涌现。

改革旧城市结构，开创新的布局已成为寻求布局形态变革的总趋势。在城市、郊区和大自然之间保持应有的生态平衡，是解决科学布局问题的关键。现代城市的平面结构应摒弃“一块大饼”式的传统方式，代之以更为科学的布局，尽量使自然环境与城市融合在一起。巴西首都巴西利亚的平面图好像一只飞鸟，“伸”入大自然的环抱之中；莫斯科已改造了单一市中心的旧结构，化整为零，把一个城市“切”成八小块，相互间用足够宽的森林和绿带隔开，蜂窝似地布置在“井”字形高速道路上；华盛顿则是“雪花”式结构，在6条放射的交通干道沿线，分布着若干卫星城镇，使大自然景物和新鲜空气从四周楔形地伸向市中心（图5-14）。

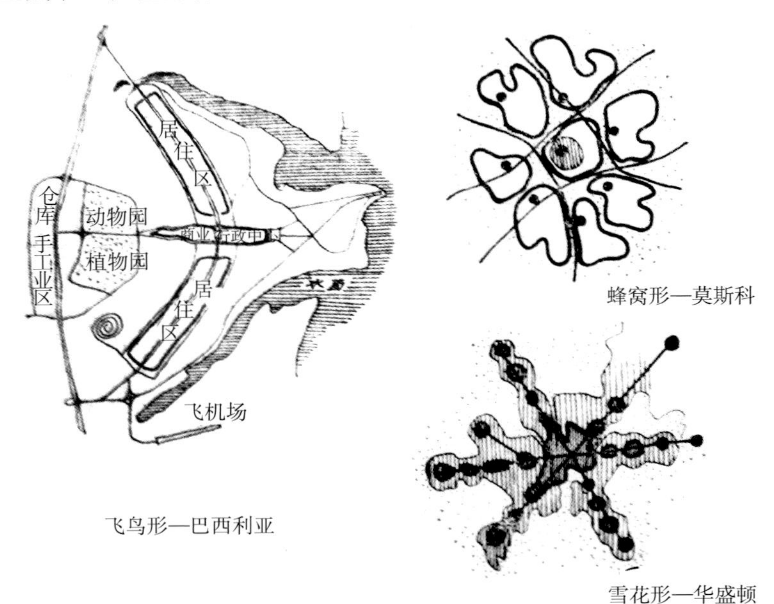

图5-14　丰富多彩的城市形态

我国北京、上海等大城市也正在做更新城市结构的尝试。北京经过了半个多世纪的建设实践，沿着对外交通干道呈带状发展的现实，早已冲破了“分散集团式”的凝固状构架，呈放射形态（图5-15）；为改善中心城区的环境质量，正在营造伸向中心区的“绿楔”群，城市总体的布局形态亦正在面临重大的变革（图5-16）。

图5-15　北京已建成的放射形带状市区使“分散集团式”名存实亡

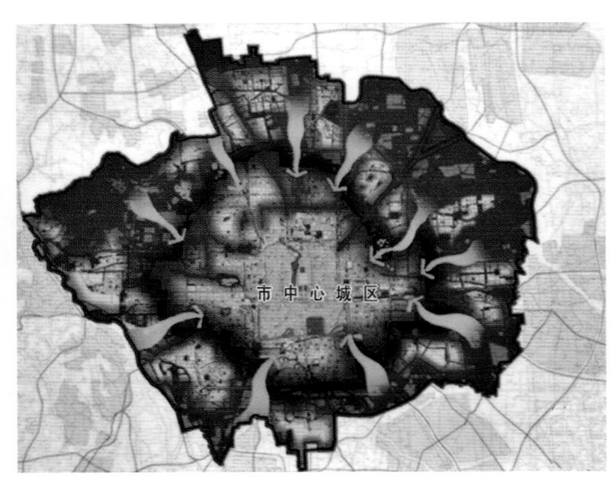

图5-16　北京中心城区引入“绿楔”影响城市形态分析图

第二节　空间轴线对布局的影响

城市的轴线往往是城市总体布局的结构性支撑体系，它往往会造就一座城市与众不同的用地构架和风貌。

自古至今，规划师们对于城市轴线从来是极为注重的。城市轴线大致可以分为三类：

一、交通轴线

交通轴线在城市轴线中是占大多数，城市用地往往沿交通轴线布局，组成了城市的空间序列。无论是严谨式轴线还是自由式轴线，都极大程度地决定了城市的总体布局框架。

严谨式轴线广泛地在城市规划中采用，这种模式可保持城市结构的规整、紧凑，有利于充分提高用地的建设效益，也有利于充分发挥城市功能和提高城市运营效率。在布局方式方面，可以是全部城市的布局，也可以在局部地段采用（图5-17~图5-22）。

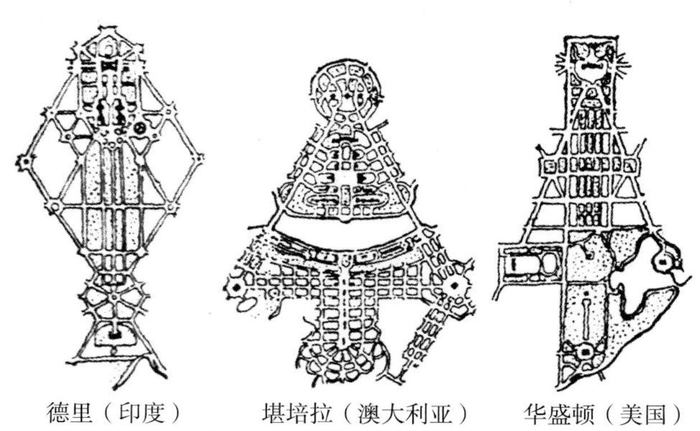

图5-17　严谨式轴线城市

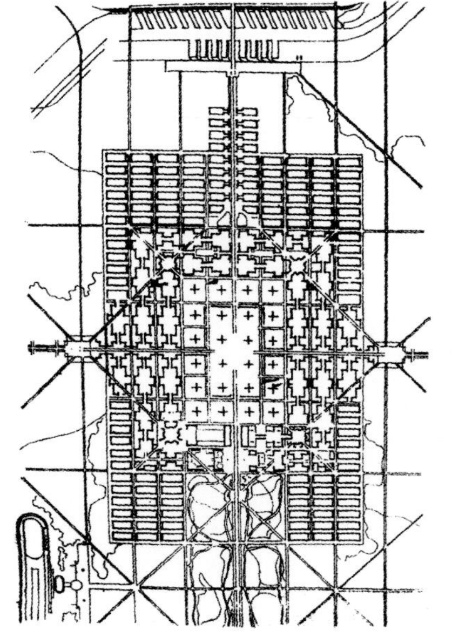
图5-18　勒·柯布西耶（法国）的“明日之城市”方案图

图5-19　行政新都“太子城”的中轴线政府街

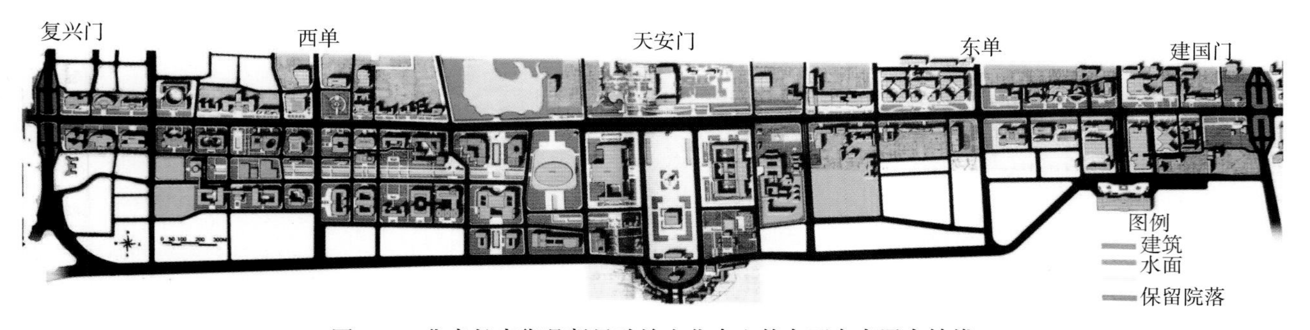

图5-20　北京长安街是彰显政治文化中心的东西向交通主轴线

图5-21 北京奥林匹克公园的中轴线延伸了故都中轴线

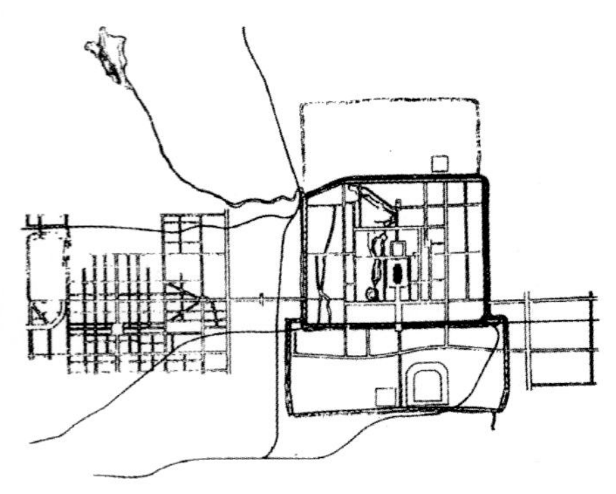

图5-22 日伪时期的“北平特别市规划图”拉长了城市向西的交通轴线

自由式道路轴线布局较多适用于微地形的浅山区或丘陵区的城市，它可充分利用不规则的建设用地，并能结合地势，造就变换多姿的城市风貌（图5-23~图5-26）。

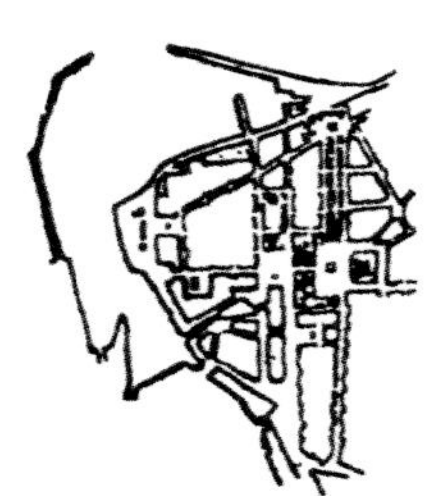

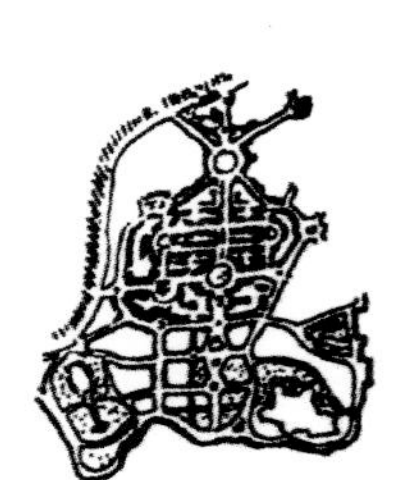

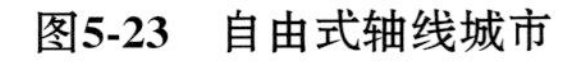

加费尔（法国） 普利茅斯（英国） 阿尔及尔（阿尔及利亚）

图5-23 自由式轴线城市

图5-24 瑞士伯尔尼旧城由一条微弯形中轴贯穿

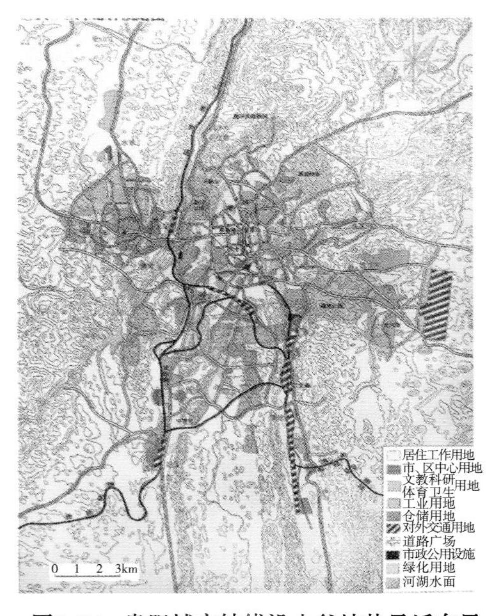

图5-25 贵阳城市轴线沿山谷地势灵活布局

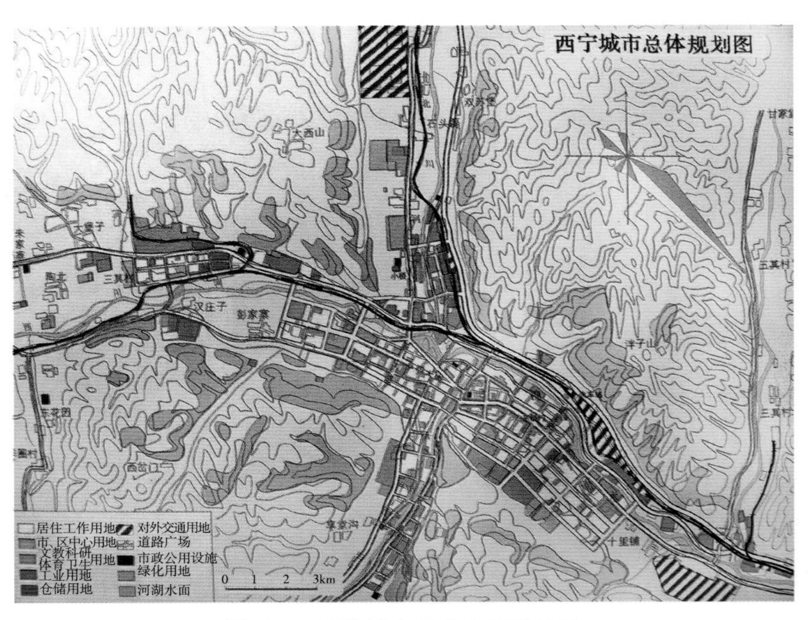

图5-26 西宁城市沿山水地形伸展

二、建筑轴线

由建筑群（或绿地）组成城市的空间轴线，是城市总体布局的重要依托。它不强调交通的功能，而是在城市总体空间结构上，突出主体建筑群的地位，从而引领整个城市或某些街区的空间秩序，并更有利于突出城市的形象风貌（图5-27~图5-33）。

图5-27　城市轴线成网的华盛顿

图5-28　华盛顿宾夕法尼亚大道是城市的主轴线

图5-29　北京从天安门至钟鼓楼是全市空间核的主轴线

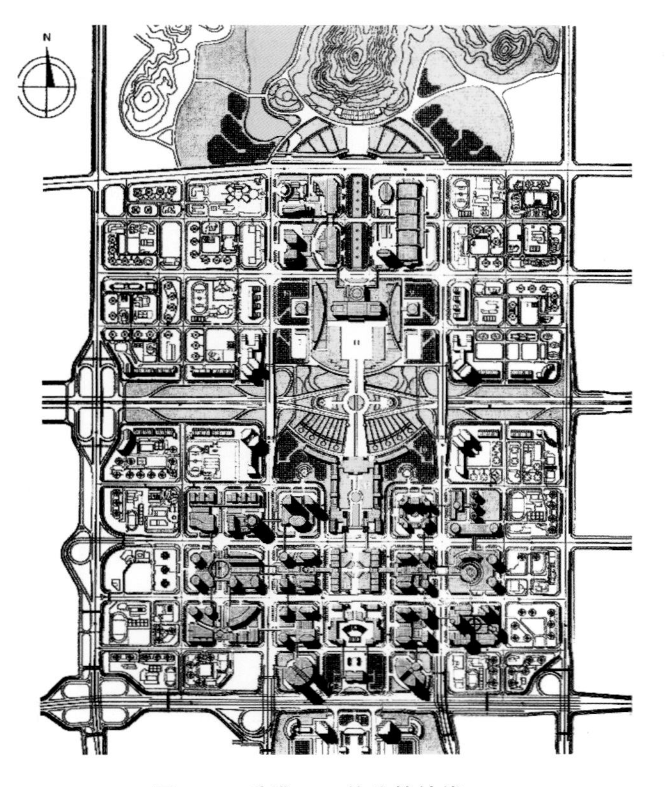

图5-31　香港CBD的建筑轴线

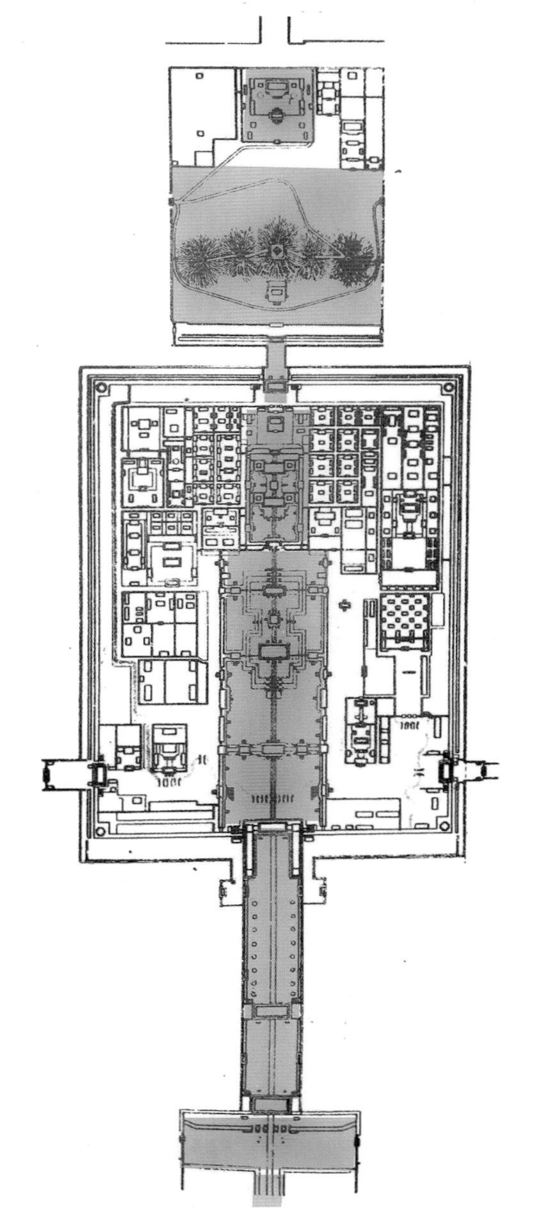

图5-30　北京皇城主轴线空间组织体系

图5-32　深圳市行政中心的空间轴线

图5-33　上海“世博会”的世博轴

三、视廊轴线

城市总体布局中，还必须构造若干空间视廊，以丰富城市景观体系，突出城市的总体结构，彰显城市的空间秩序（图5-34、图5-35）。

图5-34　从巴黎埃菲尔塔眺望德方斯新城的建筑轴线

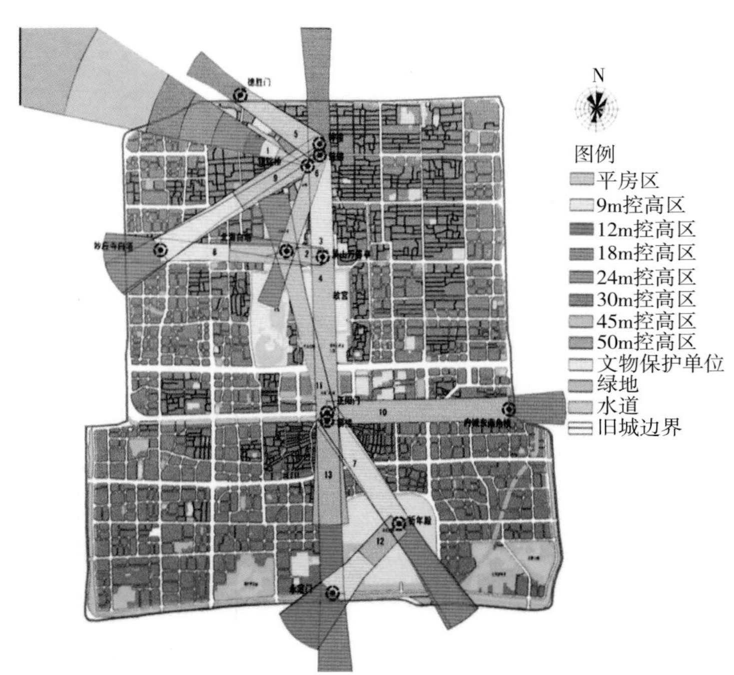

图5-35　北京旧城景观视廊保护规划图

第三节　影响城市布局的主要因素

一、产业功能对布局的影响

城市布局与其产业功能的结构有着一定的相关性。不同城市主导产业的构成，往往在一定程度上，因合理的占地空间需求而影响着城市的布局规律。

（一）工矿业型城市

工矿业型城市的布局，要考虑到矿区分布的条件，因此，“因矿设市”的城市布局大多呈分散型状态。与矿区相近地段安排较基层的生活居住区，各矿区相互之间以道路或水路相联系，并在适中位置，安排城市服务业和行政管理中心。但是，这一类城市由于采矿引起的塌陷区遍布，还要注意对城市地面建设项目的影响（露天矿区除外）。近些年来，一些过于分散的工矿业型城市，通过改善交通条件，正逐步由大分散小集中向大集中小分散的布局格式调整（图5-36~图5-38）。

图5-36　鹤壁市因矿设市各矿区分散布局达20余km

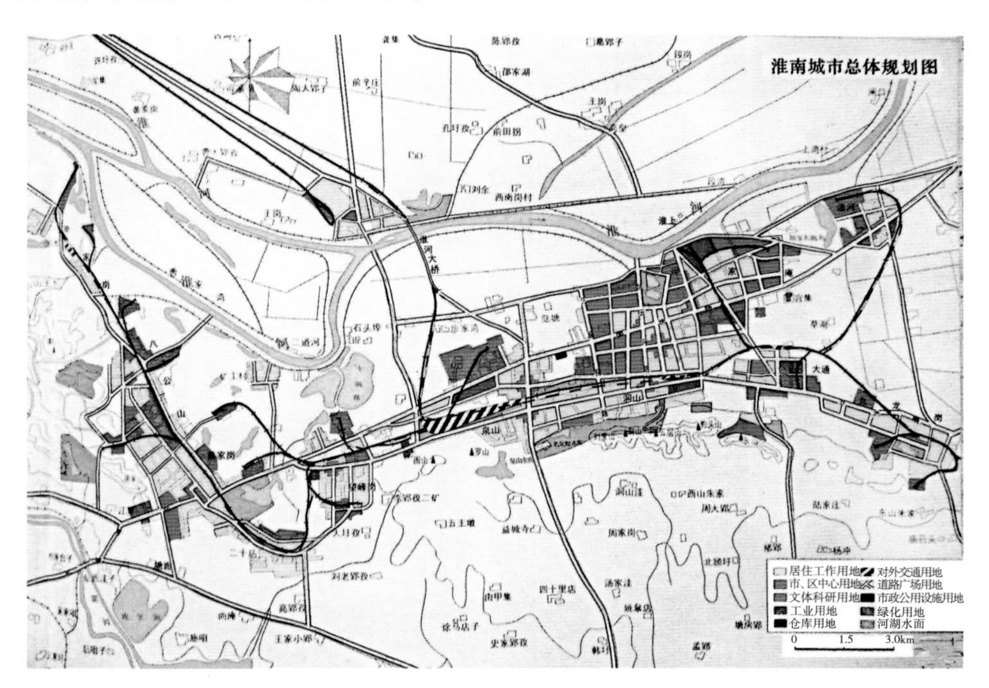

图5-37　淮南市以煤炭、电力为主导产业，城市沿淮河散布

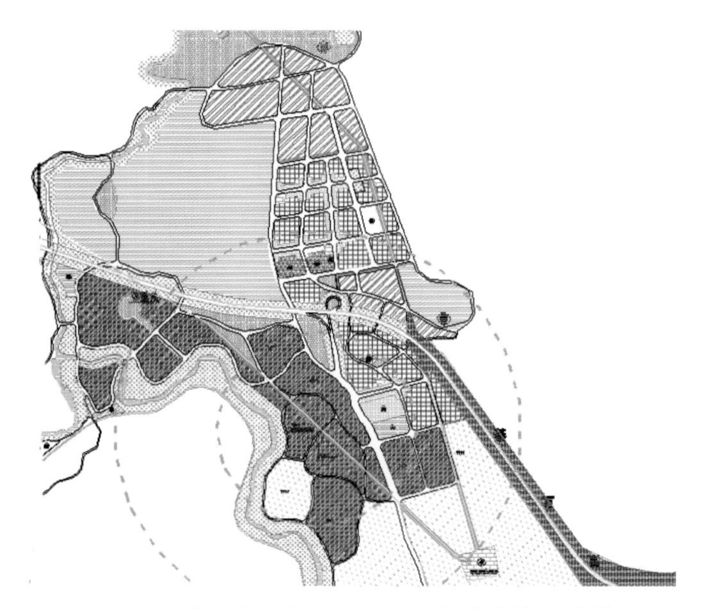

图5-38　重庆市万胜区平山矿区通过规划化零为整

（二）制造业型城市

制造业型城市大多为传统制造业为城市的主导产业，如机械制造、化工制造、车辆船舶制造、轻工业制造等。制造业往往分为一个或几个工业区分布，必须有方便的交通，充裕的市政基础设施、与仓储物流中心毗邻等良好的外部条件保障。并且在城市中宜位于下风下游位置，与市中心区和居住生活区既要有一定的隔离又应有便捷的联系。

浙江宁波市，是一个以化工、纺织、机械制造和港口运输为主导产业的城市，其布局展现了以市中心区、北仑和镇海三足鼎立式的布局模式，相互之间有道路和铁路紧密相连（图5-39）。

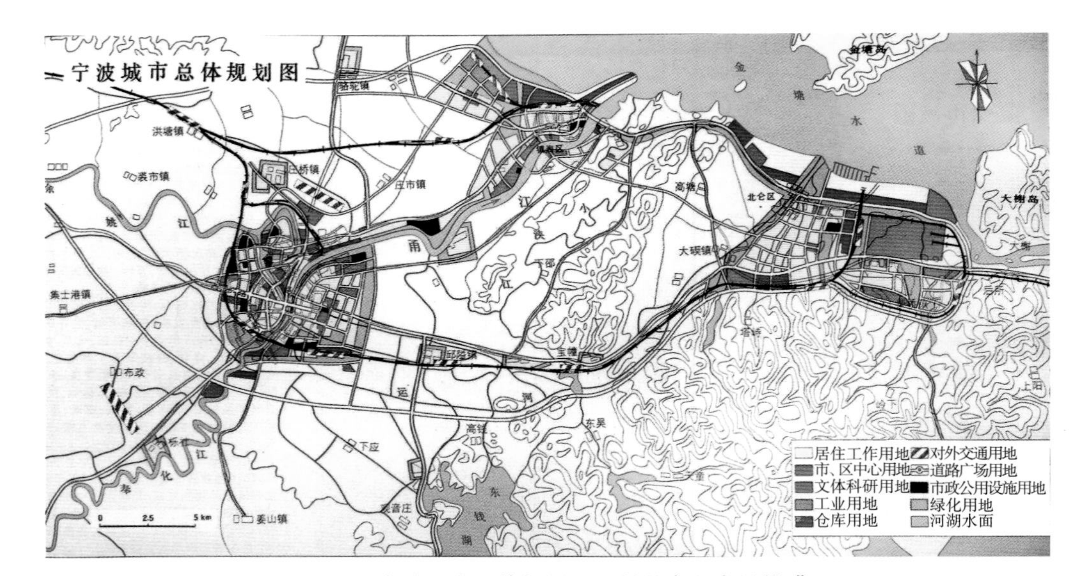

图5-39　宁波城市总体规划“三足鼎立”布局模式

山东潍坊市，是一个有著名的手工业制造传统的老工业城市，现为以轻纺、机械、电子等为主的新兴工业城市。城市布局紧凑，工业区基本分两大部分，并与集中的仓储区联系方便（图5-40）。

湖南沅江市，是一个以纺织、造纸、食品、机械和化工五大产业为支柱的新兴工业城市，由于它位于洞庭湖畔，有湘、资、沅、澧四水入湖，自然河道的分隔，城市基本上呈六块点状布局（图5-41）。

图5-40　潍坊城市布局紧凑、分区明确

图5-41　沅江城市被水系分隔为六部分

（三）交通枢纽型城市

交通枢纽型城市可以是铁路枢纽，也可以是公路枢纽、水运枢纽、航空枢纽，有的还可以是综合性的枢纽。这一类城市的布局，应满足进出运输、转运衔接、物流仓储、基础服务等项用地的功能需求，各类用地往往与交通线路尤其是场站布局有着密集的联系。

河南省的郑州市位于京广、陇海两大铁路干线交汇点，有61条航空线通达20多个国家（地区）的45个城市，是沟通南北、贯穿东西的要冲。城市的工业企业、仓储转运及铁路站场，都分别沿两大铁路干线呈“X”形布局，而城市的服务中心和居住生活区则均布在铁路客运站两侧（图5-42）。

湖北的武汉市位于中华腹地，承东接西、通南连北，内联九省、东通大洋，公路、铁路、水运、航空各种运输线路在此交汇，有四通八达的交通网络。汉水、长江在此汇合，历来是长江中游最大的物资集散地。由于江河的“Y”形自然分隔，城市由武昌、汉口和汉阳三大部分所组成，俗称“武汉三镇”。武汉已成为内联华中、外通大洋的现代化枢纽城市（图5-43）。

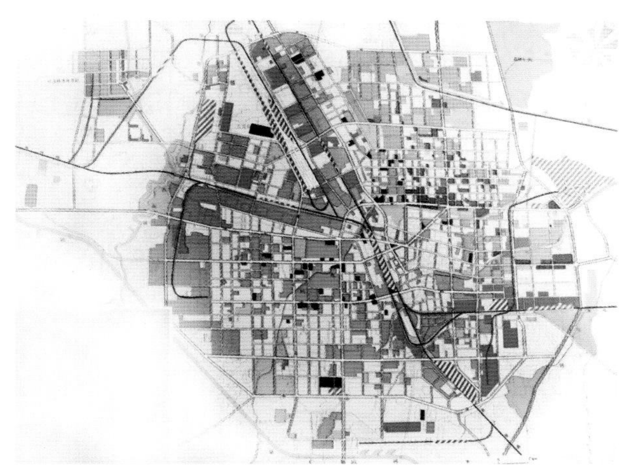

图5-42　郑州城市总体布局示意图

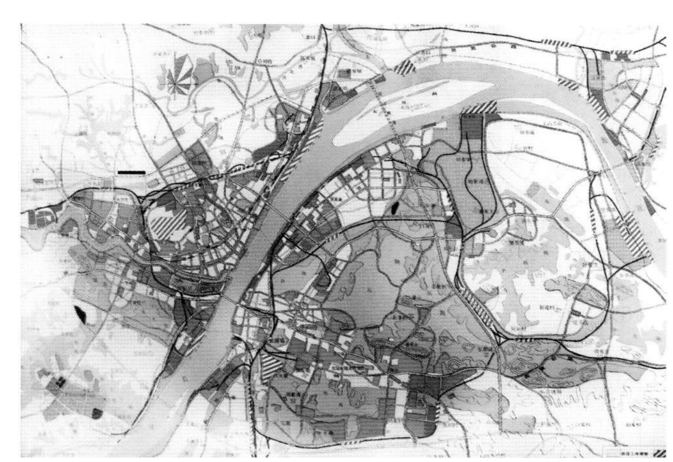

图5-43　武汉城市总体布局示意图

江苏的连云港市是我国东西公路大动脉“连（云港）霍（尔果斯）高速”和陇海铁路干线的起始点，也是沟通亚欧大陆桥的桥头堡，从连云港可直达荷兰的鹿特丹港。该市的港区与市中心区呈哑铃状布局，之间有铁路与道路紧密相连（图5-44）。

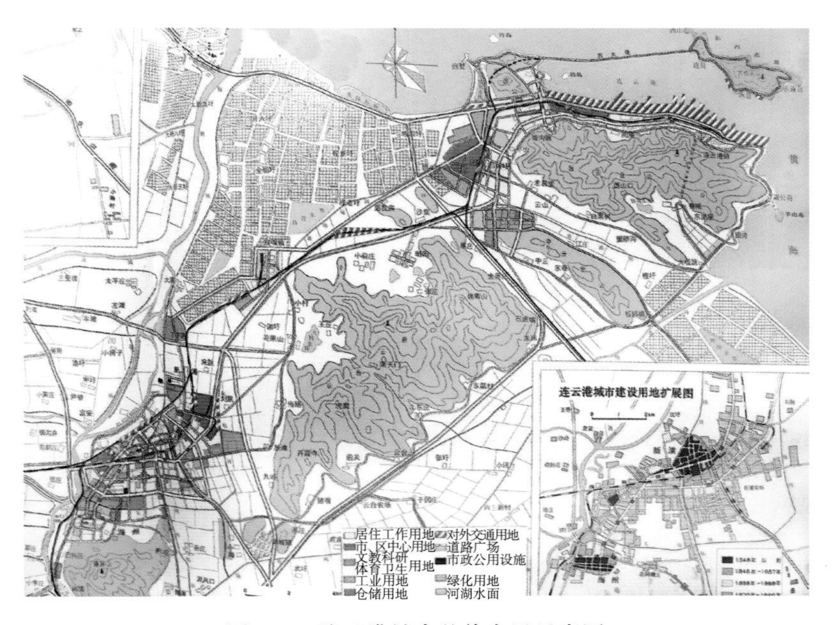

图5-44　连云港城市总体布局示意图

（四）科技经济型城市

科技经济型城市的主体产业园区的布局有五大基本特性：

1）集约紧凑——可以降低园区单位土地面积的投资额和提高单位土地面积的贡献率，实现园区的“寸土寸金”。

2）综合兼容——布置综合性建筑群，兼容功能丰富多样的项目，完善生活、服务、休闲等多元性配套设施，提高园区内社会化服务水平。

3）集群成链——园区内要尽可能加长产业价值链，必须注重发展产业集群，这种布局思想是国内外园区建设获得成功的通则。对于交通、生活服务、市政基础设施、信息等的规划布局，应尽力走公共服务、集约运营的现代化模式。

4）节约用地——尽可能整理利用好适用土地，合理提高层数，整体开发地下空间，发展可适用于多种用途的标准化建筑，实现可持续发展的目标。

5）业态开放——世界性经济的开放性、互动性和一体化是产业结构的规律，它可以极大推动园区的高新技术发展，并加快融入国际产业体系，是园区保持旺盛生命力的重要支撑（图5-45~图5-49）。

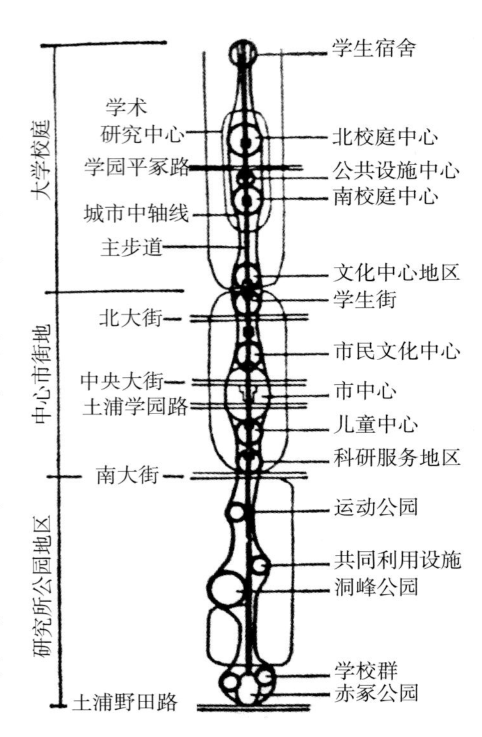

图5-45　日本竹波科学城布局结构关系图

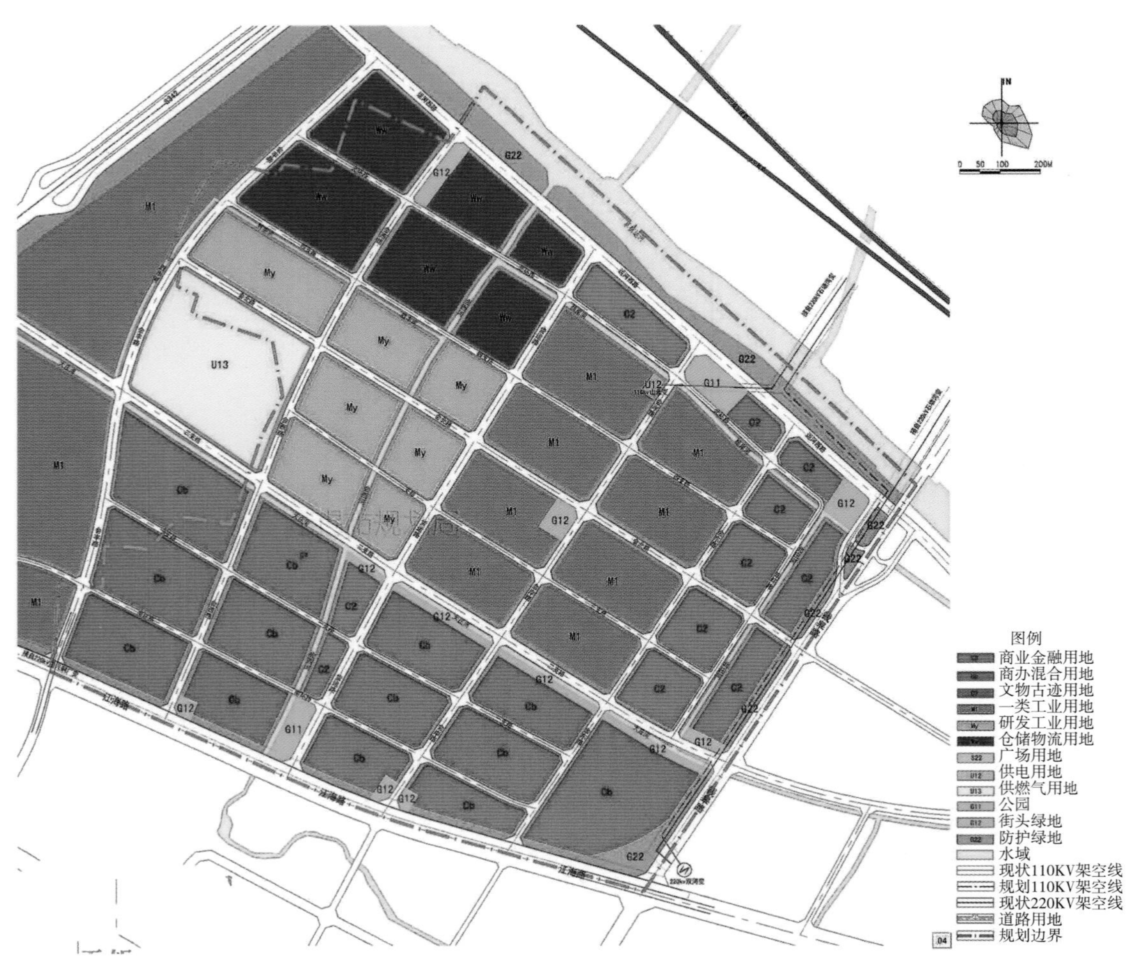

图5-46　无锡市金山北科技产业园用地集约紧凑

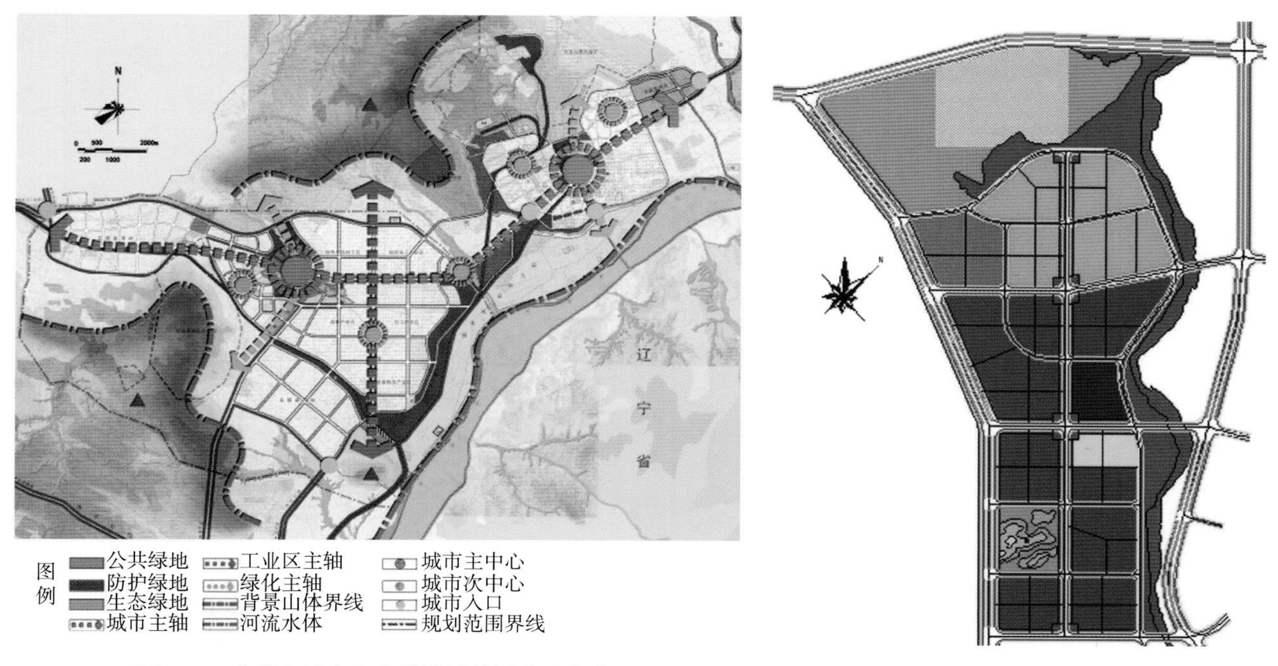

图5-47 内蒙古元宝山高科技试验区布局集中

图5-48 安徽黄山经济科技园区布局成组

图5-49 湖南郴州园区利用地形尽可能成组成团

（五）商业型城市

以商业集散流通为主导产业的城市，商业流通、货物运输、人员接待、社会服务等功能必须配套齐备。传统的商业服务用地，大多以带形沿路分布为主，许多城市采用“商业街”模式。这种模式，兼顾了商业活动与人流交通的便捷，有利于显示城市商业区的繁华风貌。但是，在城市交通日益繁忙的今天，商业功能的发挥与交通流动之间的干扰也日甚一日，过密的车流会一定程度地制约了商业区的活动，并带来城市安全的隐患。因此，代之于“商业街”的“商业街区”模式，将会更多地出现。

以我国小商品流通交易枢纽城市浙江义乌市为典型实例：义乌位于浙江省的中部，金（华）衢（州）盆地的东部，市域面积1105km^2，辖八个镇，五个街道办事处，总人口91.3万人，规划人口约200万人。义乌是中国小商品贸易中心，中国小商品城（小商品专业市场）成交额连续十年居全国第一。规划目标为国际性商贸城市和宜商宜居城市，在它的总体规划布局中，摒弃了原规划的简单“商业街”模式，在新规划布局方面突出了“中心与组团、轴线与走廊、生态与绿色空间”的引导与控制，形成多组团、多片区的网络型一体化空间格局，使规划极具开放性、核心性和互动性，各区块功能互补、结构合理（图5-50~图5-52）。

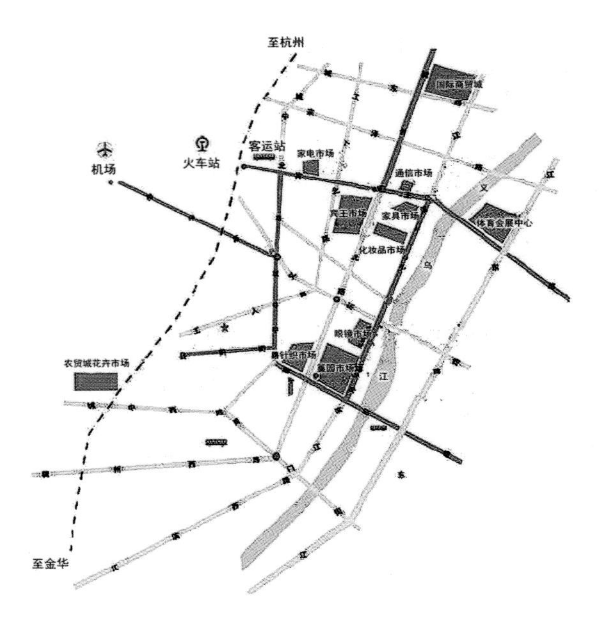

图5-50　浙江义乌市小商品市场现状分布图

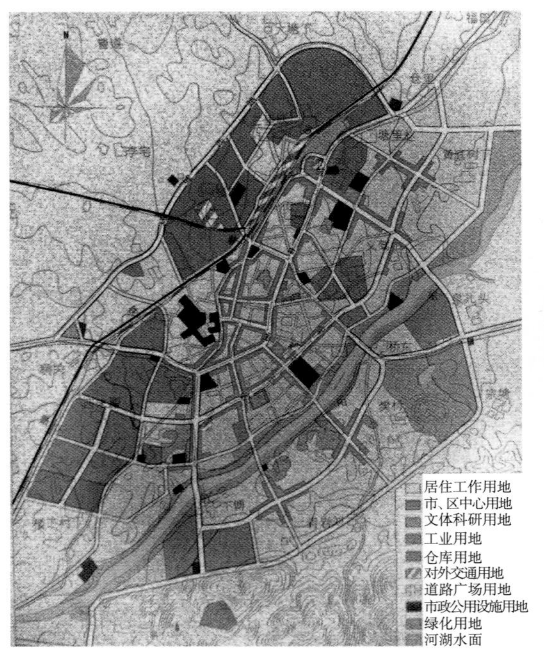

图5-51　义乌市原城市总体规划图

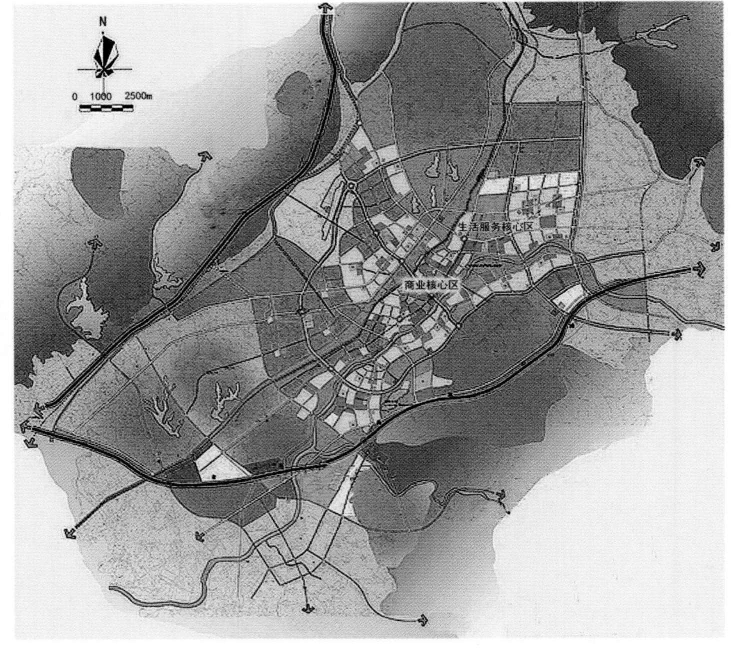

图5-52　义乌市现城市总体规划图

（六）旅游休闲业型城市

旅游业正成为全球方兴未艾的热门产业，在我国，旅游业已明确为国家的支柱产业，由旅游大国演进为旅游强国，已成为总趋势。

1. 旅游城市的业态

旅游城市正由初始的单纯观光，进一步逐步演化为休闲、体验、怀旧、健身、养生、医疗等的复合型功能。旅游休闲类城市已经在我国涌现，2010年，在全国287个地级以上的休闲类城市中，评定了30个城市为“2010中国休闲城市”。这一类城市都拥有四项优势：

1）城市形象突出——有着出众的空间特性，能成为“城市名片”。如北京、三亚、丽江、上海、广州、黄山等。

2）自然环境优良——拥有得天独厚的自然资源，能成为休闲者的“天国”。如杭州、秦皇岛、桂林、昆明等。

3）基础设施良好——交通可达性强，硬件建设配套，有较强的接待能力。如北京、重庆、青岛、成都等。

4）休闲经济发达——规划和布局得当，养生资源独特，能吸引游人云集，并引领经济社会发展。如苏州、西安、巴马、宜春、枣庄等。

（注：上述实例的优势并非单一突出，许多城市往往是兼而有之的。）

2. 旅游城市的规划布局

该类城市的规划布局亦有了新的要求和体现，大致有下述四方面：

1）方便的交通体系——旅游休闲的主体服务对象是非本市居民，便捷的对外交通和市内交通是重要的基础设施。

2）丰厚的文化内涵——旅游休闲以文化为主线，无论是历史文化或近现代文化，无论是物质文化还是非物质文化，都是其支撑的基础。

3）完善的设施配套——提供配套齐全的服务、接待、康体和娱乐设施，以及良好的服务软件建设，是吸引并留住游人的先决条件。

4）合理的空间布局——在城市空间布局上能全面满足上述功能要求，完整构建名副其实的旅游休闲城市（图5-53~图5-58）。

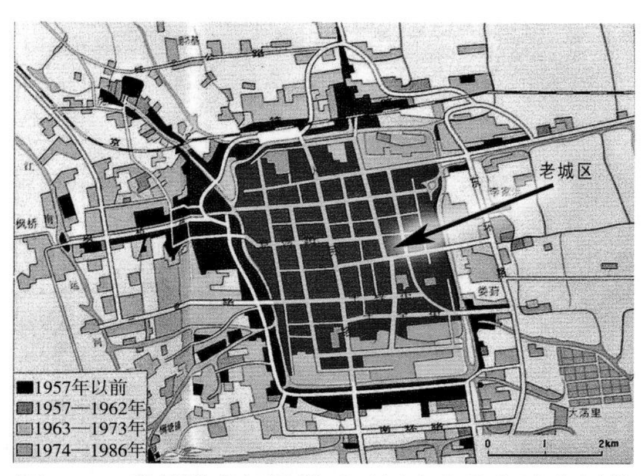

图5-53　苏州城市拓展避开了历史文化积淀丰厚的老城区

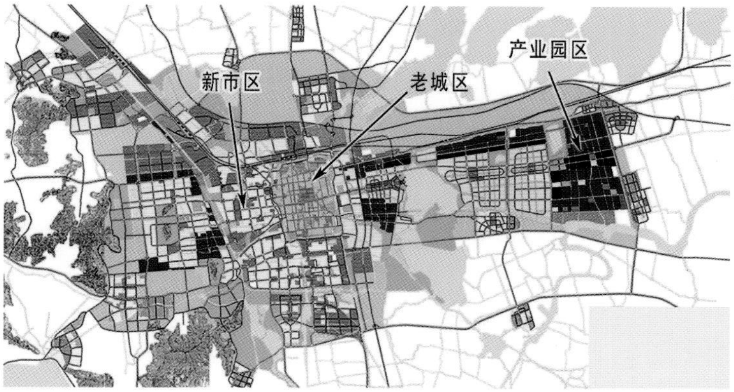

图5-54　苏州市城市总体规划在老城区东西两侧发展（2003~2010）

图5-55　黄山市区沿屯溪而布局

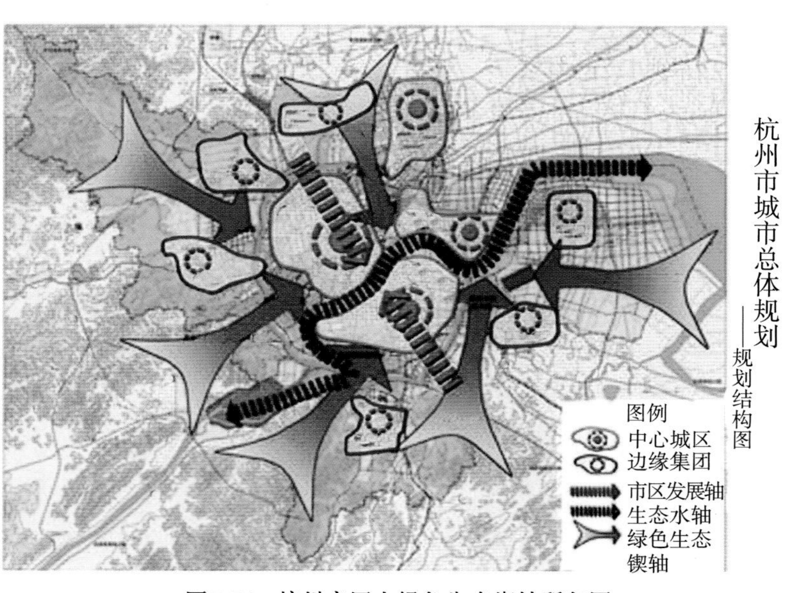

图5-56　杭州市区由绿色生态锲轴所包围

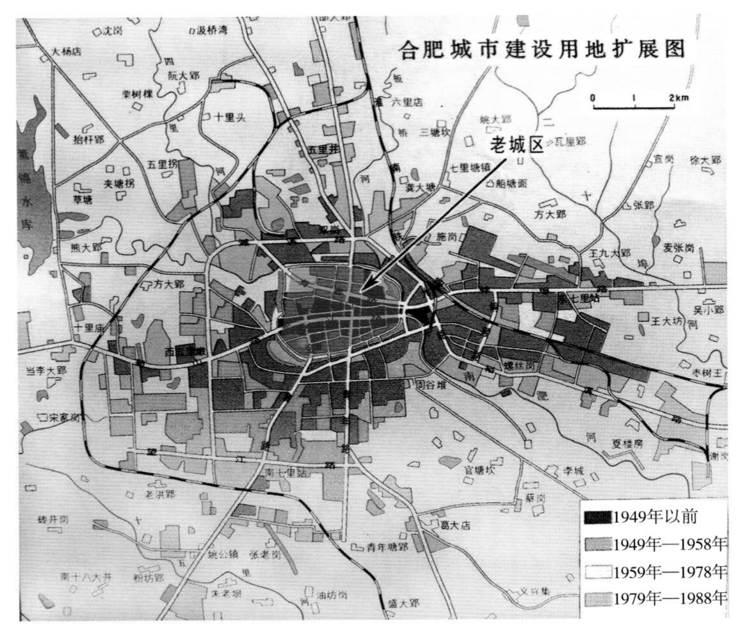

图5-57　合肥城市老城区的肌理基本完整

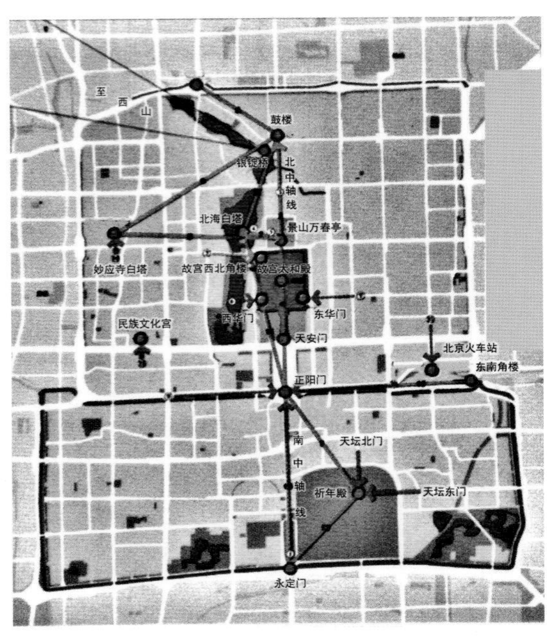

图5-58　北京旧城区在总体规划中考虑了视线观赏走廊的布局要素

二、交通网络对布局的影响

（一）交通对城市空间形态的互动作用

由于城市交通的骨架不同，会在一定程度上影响到城市土地利用的空间布局；反过来，城市的布局结构，又往往与交通构架密不可分。

在世界上，城市的空间布局形态，呈现出鲜明的个性差异。其中，以公共交通、特别是以大运量公交为主的城市，会以土地的集约利用，构成特有的城市布局空间形态。如丹麦的哥本哈根，它主要依托城市轨道交通和与新城的联合开发，形成了特有的“指形廊道”。哥本哈根是采用了大运量轨道交通方式引导了城市空间发展的成功典范。它通过轨道交通和周边新城的联动开发，使城市空间沿着南、西南、西、西北、北5个方向的轨道交通线路建设呈“指形”发展。在规划中，该市规定了城市的发展大都集中在轨道交通车站附近，每一个轨道车站又都成为城市居住用地的核心，把所有的重要功能设施用地都安排在站点周围步行1km，即交通时间为不超过15min的范围内，这样就有效降低了到市中心的交通负荷（图5-59）。

巴西北部城市库里蒂巴，城市用地沿着5条快速公交轴线布局，形成海星形城市空间形态，这也是一个世界公认的成功规划实例（图5-60）。

在我国，许多城市也因地形和交通条件不同，而呈现各种布局状态（图5-61~图5-64）。

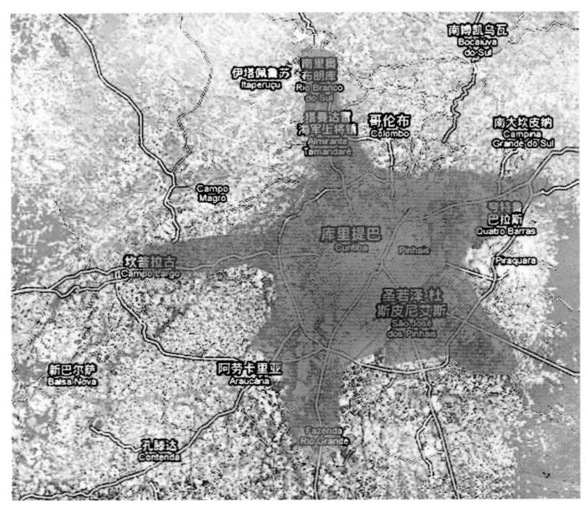

图5-59　丹麦哥本哈根市区布局随轨道交通轴线呈“海星形”延伸

图5-60　巴西库里蒂巴城市沿快速公交形成的“指形”布局

图5-61　南昌市区东部以赣江为依托将北京路、井冈山路向外延伸

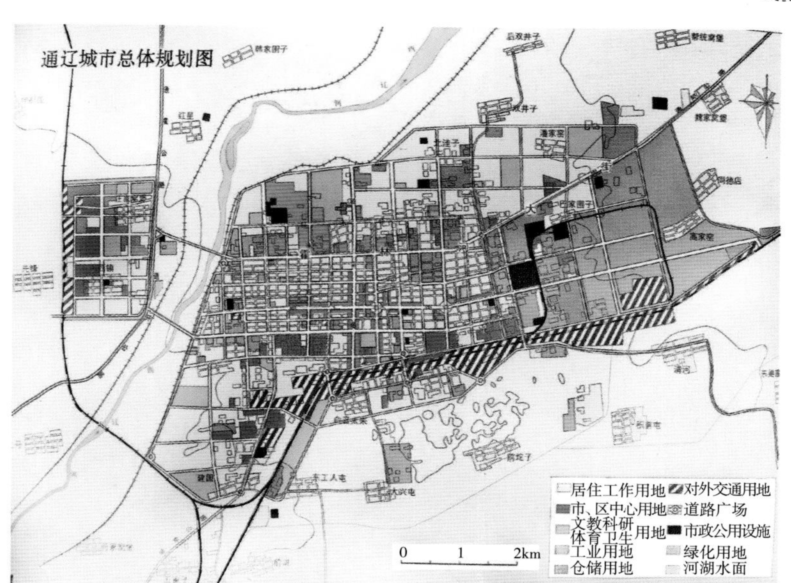

图5-62　内蒙古通辽市区以霍林河大街和铁路向两端延伸

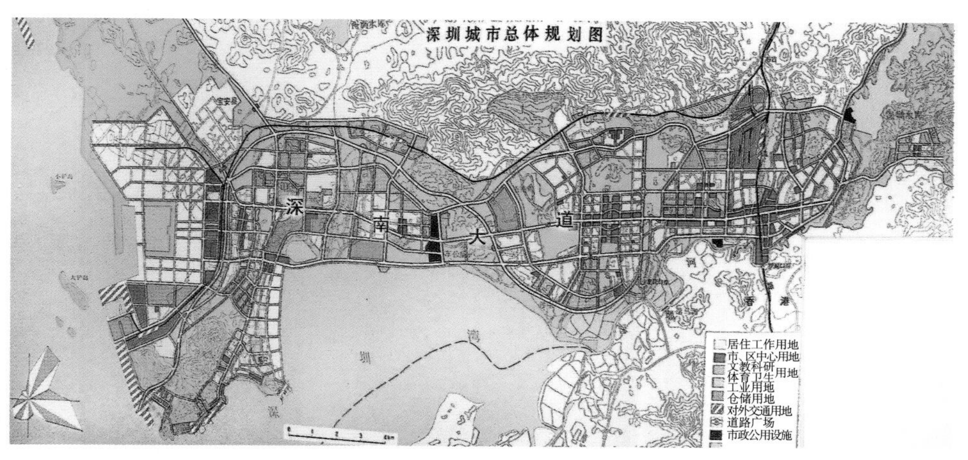

图5-63　深圳市区以深南大道为主轴线发展

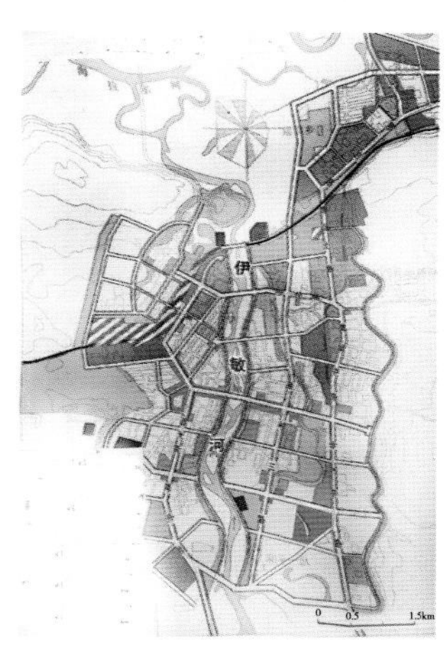

图5-64　海拉尔城市沿平行于伊敏河的三条干道组成市区

（二）城市布局的空间半径

美国规划官员协会（ASPO）在1951年提出了一种“等时间线”的概念，认为交通的时空距离不是路程的长短，而是从出发地到目的地所实际花费的交通时间，这就是所谓的“可达性”空间半径，并在规划布局方面，引入了“等时间区”的概念，以这个概念去校核居住区与工作区的相互区位是否合理。

城市空间形态的合理规模取决于城市采用的交通方式，因此不同的交通方式会决定城市的空间规模，常规的原则是城市的地理范围应该小到使该城居民在一个小时内从城市边缘到达中心城市，因之也由此可以确定了城市的规模不可能无限制地扩大。对于主要采用汽车出行的城市，城市半径就可能达到50km左右；如果对于特大型城市超出了该原则，就应该用城市群的模式，城市之间采用快速轨道交通方式解决，就似北京与天津的关系一样；而对于主要采用非机动车为主要交通方式的城镇，其用地布局半径宜为8~12km。

（三）带形城市的可持续发展性

“带形城市”的概念最早出现在1882年由西班牙工程师索里亚·伊·马塔发表的带形城市的文章，由于城市交通在现代城市运营中具有决定性的首位要素，他提出那种传统的从核心向外一圈圈扩展的

“同心圆”式城市形态已经过时，因为单核型的传统布局模式只会使城市拥挤、生态恶化和效率下降。该文中提出了使城市的发展必须沿高运量、高速度的轴线向前延伸发展。在这种运输形式高度集约化的带动下，城市的发展必然呈带形的空间形态，带形城市还能将城市的文明设施“伸”到农村，对实现城乡一体化有着十分积极的意义。用这种理论指导，索里亚·伊·马塔于1882年在西班牙马德里外围建设了一个4.8km长的带形城市，后来又于1892年又在马德里周围设计一条有轨交通线路，联系两个已有城镇，从而构成了一个近60km长的马蹄形的带形城市（图5-65、图5-66）。

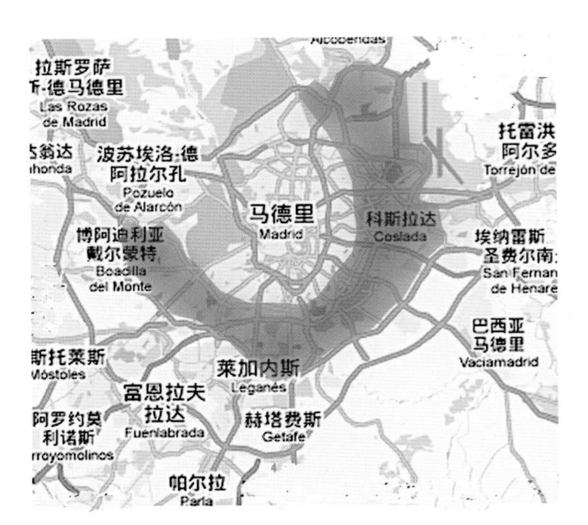

图5-65 西班牙马德里总体规划图

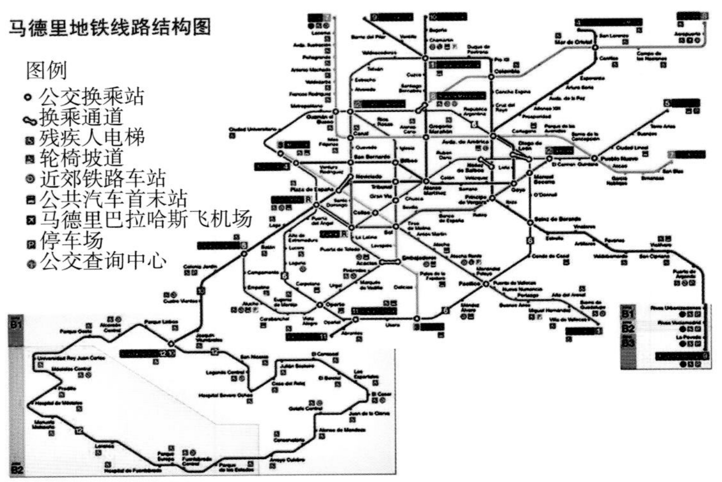

图5-66 西班牙马德里地铁线路规划图

在这种布局思维的影响下，世界上许多城市，特别是大城市，都编制了富有蓬勃发展潜力的总体规划布局形态。由现代建筑研究会（MARS）的一组建筑师所编制的著名的伦敦规划（1943）就采取了带形城市形态，并且先后在哥本哈根（1948）、华盛顿（1961）、巴黎（1965）、斯德哥尔摩（1966）等城市的总体规划中，都采用了类似的布局指导思想。

自从20世纪80年代以来，北京的城市空间规模也发生了急剧扩张，至2005年，北京城市建成区面积已达到1182km^2，比1985年时的规模扩大了3.17倍。由于受“集团式”的原有形态制约影响，北京城市布局一直呈“摊大饼”状的同心圆方式发展，使得一切活动高密度集中于中心城区周围。但随着城市交通运输方式以大运量公共交通为主导，致使公交站点周边的土地可达性提升，人们的经济活动沿交通线路更加集聚，交通服务的服务影响范围明显大于常规公共交通，使得北京的城市空间形态正在形成带形或线形的模式进化（图5-67）。

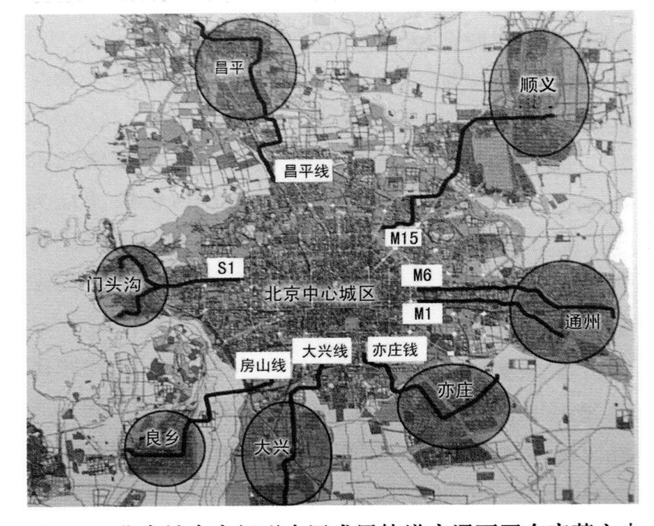

图5-67 北京城市空间形态因发展轨道交通而正在变革之中

中国的城市布局，必须避免再走西方发达国家的老路。第二次世界大战以后，欧洲许多工业化国家在大规模的城市改建和扩建中，运用了一些诸如“私家车交通优先”的错误规划理念，片面热衷于开辟大量满足于小汽车道路、高架路和立交桥，它对城市布局造成的不良影响至今还难以彻底改善。

三、自然条件对布局的影响

从一定意义上看，城市是“生长”在所在自然地域的有机体，其布局形态与自然地理环境、特别是河川水岸有着密不可分的地缘关系，所谓“择水而居”，正是绝大部分城市选址和布局形态的最重要依托之一。北方平原地区的城市，常具有城郭方整，布局严谨的传统风貌；江南水乡的苏州、无锡等城市，山清水秀、河渠纵横，构成了水网地区城市的特殊风貌；重庆是典型的山城，用地不规整，高程差别大，形成一种高低错落，层次丰富的立体轮廓；兰州、延安等河谷地带城市，形成沿河顺川，条形发展的特殊平面布局。因此，城市布局不应该局限于某种一成不变的模式，而必须因地制宜，才能使城市顺应山水而长盛不衰（图5-68~图5-74）。

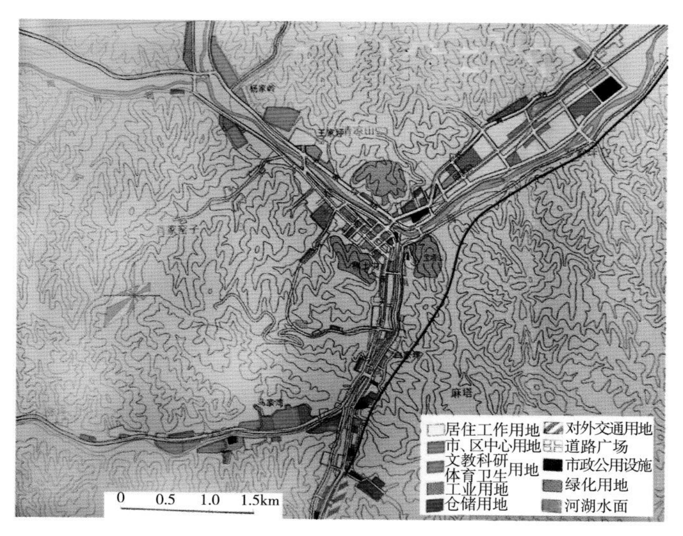

图5-68　延安城市沿着延河与南川河呈“Y”形发展

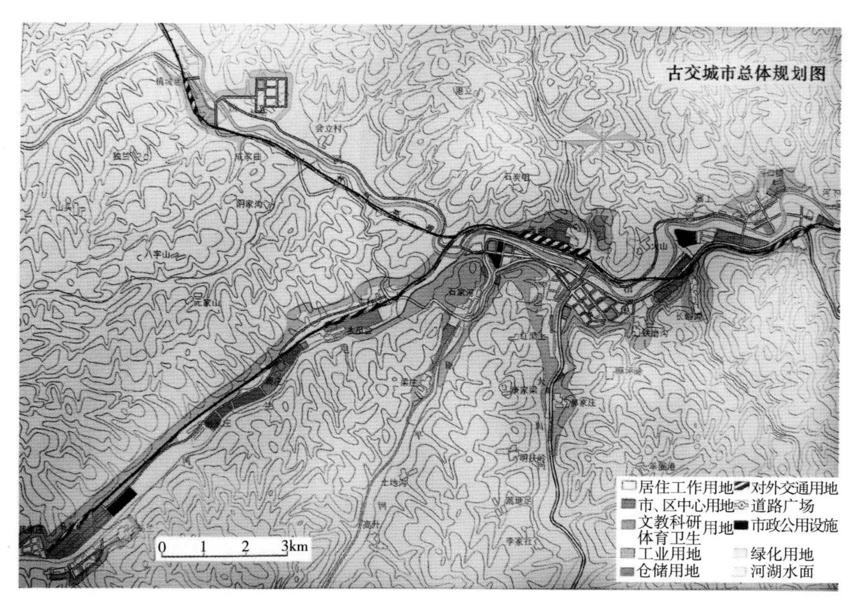

图5-69　古交城市沿着4条河谷发展呈“爪状”布局

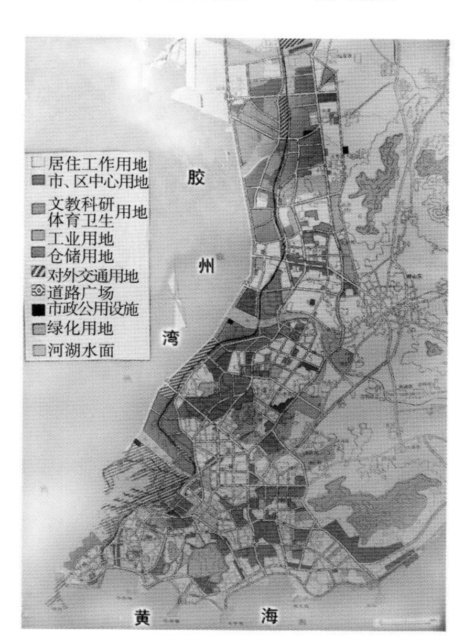

图5-70　青岛市区因濒临黄海和胶州湾而生机勃勃

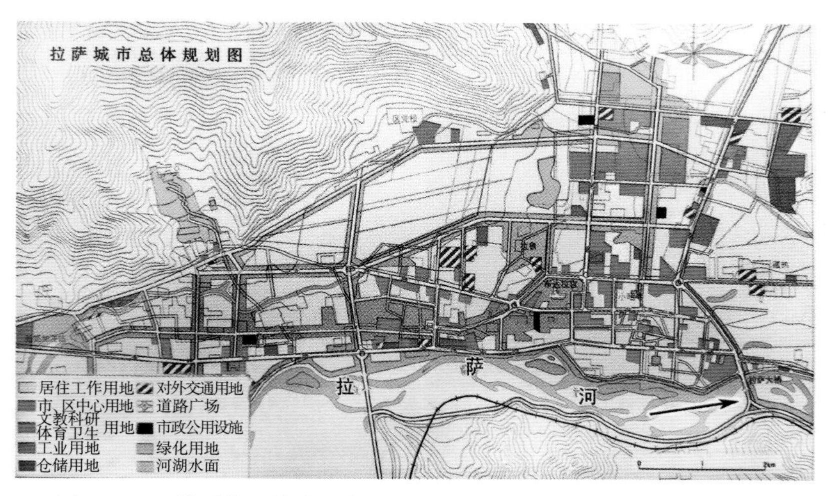

图5-71　呈带形布局的拉萨市区是拉萨河冲积洪积平原上的一颗明珠

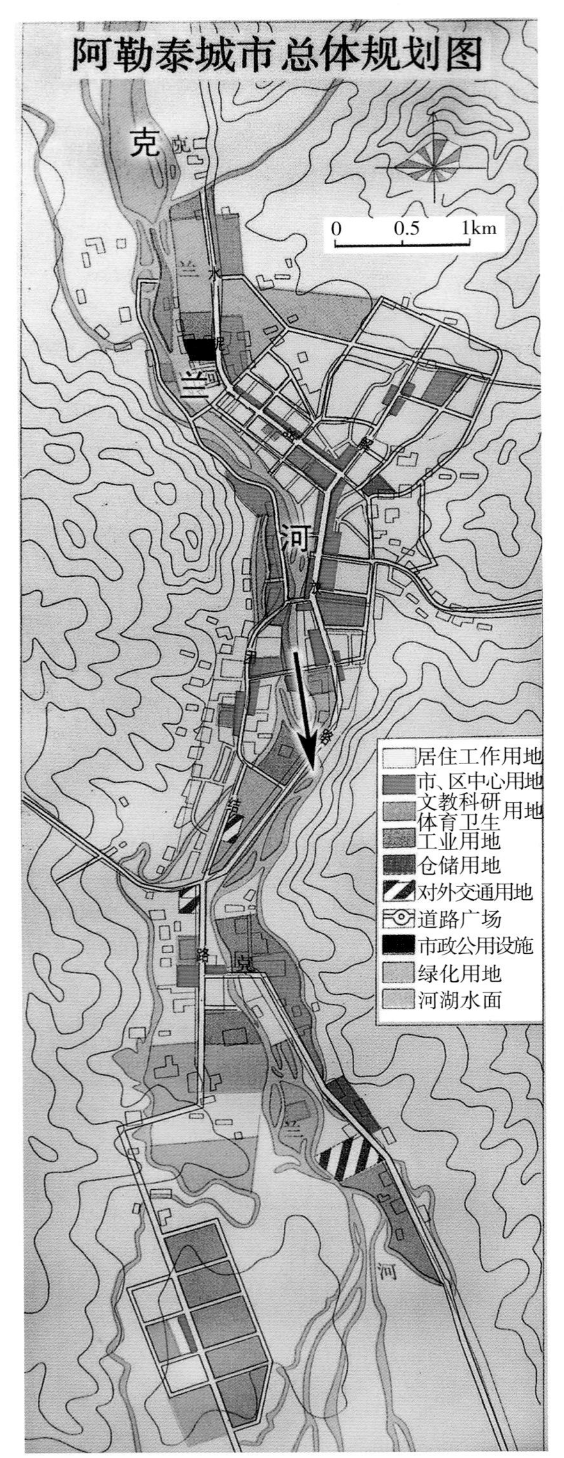

图5-72 新疆阿勒泰市由克兰河纵贯而发展

图5-73 福建泉州市靠晋江和洛阳江的交汇支撑而兴盛

图5-74 西双版纳景洪市沿澜沧江畔与流沙河口组成市区用地

四、旧城与新区的关系

（一）背景与形势

随着中国城市化进入快速发展时期，许多城市的旧城区必须进行市政、交通与居住条件的更新改造，然而城市面临的保护与更新改造既是紧迫的现实课题也是难题。城市在保护与更新改造过程中，往往由于工作思维上的短期效益和急于求成，对建设与保护的规划和组织工作不到位，在实施过程中，市民对于拆建和外迁的缺乏配合甚至抵制，由此引发的上访，已经给城市领导者带来了前所未有的重大压力，并成为一个社会的热点问题；同时，城市的文化传承与生活传统，由于高速发展的汽车交通和粗犷的市政设施建设，正在遭到前所未有的大规模破坏。毋庸讳言，中国城市大拆大建导致城市文脉与文化传统的破坏和城市“记忆”的丧失，已经引起有识之士的痛心疾首并招之高度关注。

城市必须发展，城市又要保持文化传承与发展的平衡。城市的领导者们试图从各种利益的冲突中去探索这种城市发展的平衡。“城市文化北京宣言”由此应运而生：2007年6月9日至11日，来自世界23个国家和地区的1000多位市长、规划师、建筑师、文化学者、历史学家以及其他各界关注城市文化的人士，应中华人民共和国建设部、文化部和国家文物局的邀请，相聚在世界著名的文化古都北京，讨论了全球化时代的城市文化转型、历史文化保护、当代城市文化建设等议题。宣言的中心内容为：

1）新世纪的城市文化应该反映生态文明的特征，“人类中心主义”的观念、恣意掠夺自然资源的发展模式已经不再可取；减少城市发展对自然环境的压力，修复被破坏的生态系统，实现人与自然、城市与乡村之间的相互和谐，应成为城市发展的基点。

2）文化建设是城市发展的重要内涵。城市规划、城市建设必须特别重视城市文化建设，城市的形态和布局要认真吸取地域文化和传统文化的营养。

3）城市的风貌和特色要充分反映城市文化的精神内涵，城市的建筑和设施要努力满足普通市民精神文化和物质的基本需求。

4）城市规划和建设要强化城市的个性特色。要通过城市街道、广场和建筑演绎城市内在的气质、情感及其文化底蕴，让城市的特色蕴含在每一个细节和活动中。

（二）遵循的原则

1. 全面继承

历史文化遗存由于沧桑沿革，大多在城市中仅存局部空间，为了彰显历史文脉，根据编制北京城市总体规划的经验，城市布局中对历史文化名城或街区的保护与发展应突出下列八方面：

1）保护城市传统轴线的空间风貌特色。

2）保护城郭形态和标志物，并沿城墙遗址或旧址保留一定宽度的绿化带，形成寓意古城旧址的区位。

3）保护或部分恢复旧城内的历史河湖水系。

4）保护旧城原有的道路网骨架和街巷格局。

5）保护旧特有的古城传统建筑形态、组合和色彩特征。

6）严格控制建筑高度，保持旧城平缓、开阔的固有空间风貌。

7）保护重要景观视线通廊和街道对景。

8）保护作为活的历史文物的古树名木及大树。

2. 保护和复兴兼容

城市是在传承历史文化进程中不断发展的，要以动态的思维使城市得到复兴和新生。一般应做到：

1）确定旧城内合理的功能和容量，疏导不适合在旧城内发展的城市职能和产业，鼓励发展适合旧城传统空间特色的文化事业和现代服务业、旅游产业。完善文化、服务、旅游、特色商业和生活居住等主导功能。

2）积极疏散旧城内过密的居住人口，复苏传统街区宅院的固有肌理和风貌，并提高居住生活质量。

3）在规划和建设实践中，强化政府的调控职能，特别注意要严格控制旧城的建设总量和开发强度，减少过度的房地产开发行为，不宜搞超强度建设，把建筑容积率保持在传统街区合理的水平以下。

4）停止拆建大马路和破坏旧城街巷构架，建立并完善适合旧城保护和复兴的综合交通体系。我国城市总体规划中对旧城区的道路红线宽度，往往只是简单化地作为整个城市道路网的延续，红线宽度通常都较宽，实践证明，这种做法不仅不能从根本上解决旧城区内的交通需求，更会因大尺度地拆建造成旧城区风貌和环境尺度的不可逆性破坏。因此，抓紧调整旧城原有道路红线规划，建立旧城自行车交通和步行游览系统，实施严格的停车管理措施，控制车位供应规模，已经成为复兴文化古城的当务之急（图5-75、图5-76）。

图5-75　北京阜成门内大街文物保护单位与规划红线的冲突十分严重

图5-76　北京旧城内拆成70m宽的"两广大街"破坏了文化古都的风貌

3. 编制好保护规划

编制保护规划是城市总体规划布局的重要组成部分，在工作中必须坚持"保护为主、合理利用、加强管理"的总方针，达到"改变落后现状、适应现代生活，保护传统风貌、延续历史文化、挖掘文化资源、繁荣旅游产业"的综合目标。规划中应当明确四大重点，即：

1）整体保护文物古迹、名胜景观及其影响环境。

2）对划定为"历史文化保护区"予以重点保护，包括近代建筑群。对已经不存在的"文物古迹"一般不提倡重建、仿建或移址迁建，而是着重遗址遗迹的整理和展示。

3）编制保护规划应当注意对城市传统文化内涵的发掘与继承，尽力保持原住民居住生活及其活动环境特性，造就历史文化鲜活的场景。

4）关注保护区的民生要求。在编制历史文化保护区的保护规划中，要注意满足城市经济、社会发展的需要和改善工作环境和市民生活，使保护与之协调发展。

欧洲一些历史文化名城在总体保护方面，有着许多可借鉴的成功经验。如意大利在1947年建立了保护古迹的法律，许多古城与古建筑保护问题，都是通过议会决策的。意大利的罗马古城采用区别主次、分级分群保护。把整个罗马城划分为绝对保护区与外观保护区两部分在绝对保护区内所有古迹均采用遗址保护办法，绝不仿真复建；在古建筑群的周边一定范围内不准随意插建别的建筑，以免混淆古建筑群的个性和环境、破坏古建筑群的场景氛围（图5-77）。瑞士首都伯尔尼古城是13世纪开始发展的，城市建筑物原先主要为木结构，在1405年的一场大火中城市几乎全部被焚毁，后来用石灰石为材料加以重建，至今500多年还是完整地保持原样，新市区在其东部发展，互不相扰。三面环水的老城被划为绝对保护区，多座桥梁把两岸老城区和东岸新区连接在一起。在该保护区内旧建筑一律不许拆改。在这座古城里，中世纪古色古香的风格保持着几百年的文化传承（图5-78）。意大利的文化古城佛罗伦萨已采用了相似的保护措施（图5-79）。

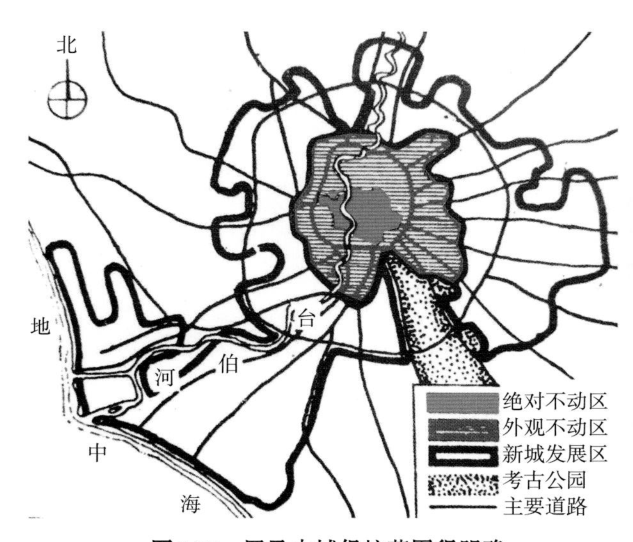

图5-77 罗马古城保护范围很明确

图5-78 瑞士伯尔尼古城整体风貌被严格保护

图5-79 被完整保护的意大利“文化首都”佛罗伦萨城市轮廓

4. 引入新技术

积极引用现代科学的新技术、新材料和新设备，改善旧城的市政基础设施条件，探索适合旧城保护和复兴的新一代的市政基础设施建设模式。特别是要由政府主导，在历史文化街区内推广节地型的市政综合管沟技术和垂直布线技术，以集约公共用地空间，保持街区传统空间的比例尺度（图5-80~图5-82）。

图5-80 巴黎传统街道的环境景观

图5-81 意大利佛罗伦萨传统街道的环境景观

图5-82 日内瓦市区街道的环境景观

在我国，许多城市对完整保护古城空间，在总体规划方面进行有效的控制，从而传承、保存了城市的历史文化肌理，焕发了城市可持续发展活力。在实践中，合肥、苏州、西安、菏泽等城市，都是较为成功的实例（图5-83~图5-86）。

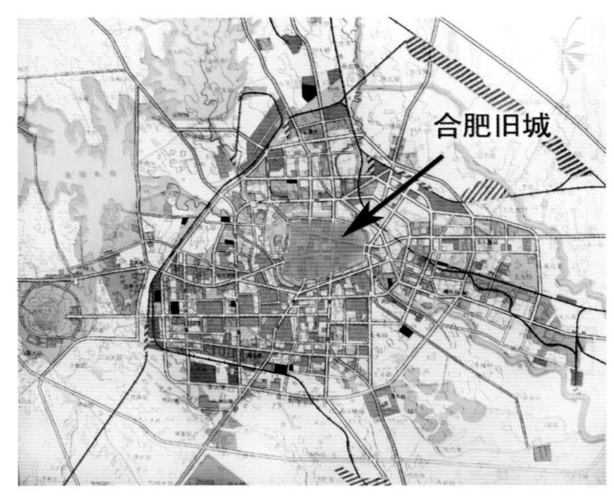

图5-83　合肥市旧城的环城公园是我国最早完整保护旧城肌理的创举之一

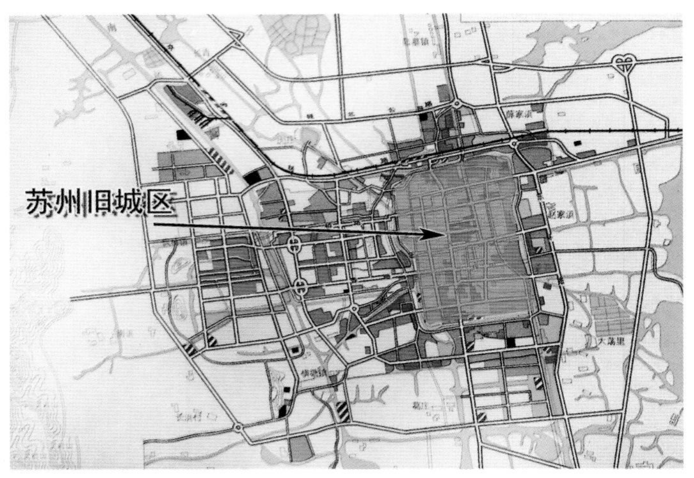

图5-84　苏州市城市总体规划避开老城区在西郊建设新区

图5-85　西安市完整保护旧城墙并开辟了我国最大的环城公园

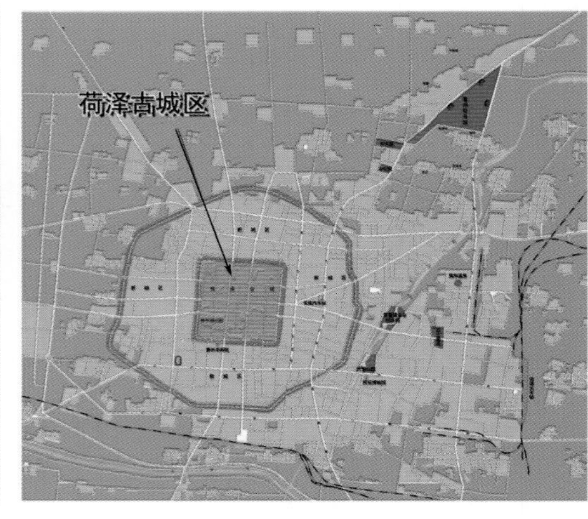

图5-86　菏泽以老城区为核心向外辐射发展新市区

然而，在中国的城市规划理论和实践中，正确处理旧城保护与城市更新改造的成功案例十分稀少。那种摧毁历史传承、破坏自然环境的发展模式，倒是比比皆是，屡见不鲜。笔者认为，在编制城市总体规划中，应该纠正“人类中心主义”的偏颇观念，尽力保护好城市历史文化的脉络，减少城市发展对环境的挤压，努力修复被破坏的生态系统，实现城市与自然环境、与人文历史之间的相互和谐融合。我国传统的敬畏天地、尊重祖先、天人合一和道法自然的思想，既是珍贵的世界文化瑰宝，也是对今天的城市发展具有重要价值的基本准则。

第四节　用地布局要领

一、居业平衡

现代城市交通拥堵严重，其中重要的原因在上下班高峰时段内由集中的劳动客流所引起的。这种

“潮汐式”或称“钟摆式”的交通压力，使城市交通建设和管理不堪重负，也大幅度地降低了城市运行效率，浪费了巨大的社会资源。而产生这个问题的始作俑者，就是“卧城”型社区的普遍规划建设。

随着新时期城市用地功能的日趋综合化、“去功能化”的理念正在城市规划范畴内逐渐体现，把用地功能简单地“单打一”式的划分割裂，已不适时宜。采用土地使用功能可相互兼容的综合性用地，正成为规划的新理念。

运用居住与就业就近安排的规划布局措施，加上城市管理的政策性互动，就可以在很大程度上降低城市劳动人流负荷，达到“居业平衡”的理想境界。

城市主要用地功能的相互可兼容性的潜力很大，如何科学而合理地运用可兼容性的规划布局措施，可参见表5-1的具体规定。

表5-1 土地使用功能兼容性一览表

序号	用地类别 / 建设项目	居住用地（R）		公共设施（C）		生产设施用地（M）			仓储用地（W）		市政公用设施用地（U）	绿地（G）	
		一类 R1	二类 R2	行政商业 C1	文教体卫 C2 C3 C4	一类 M1	二类 M2	三类 M3	普通 W1	危险品 W2		G1	G2
1	低层住宅		☆	×	●	×	×	×	×	×	×	×	×
2	多层住宅	×	☆	×	●	●	×	×	×	×	×	×	×
3	单身公寓	×	☆	×	☆	☆	●	×	●	×	●	×	×
4	商住综合楼	×	☆	☆	●	●	×	×	×	×	×	×	×
5	教育设施		☆	×	☆	●	×	×	×	×	×	×	×
6	商业服务设施	●	☆	●	☆	☆	×	×	●	×	×	×	×
7	综合修理店	×	☆	●	●	☆	●	×	●	×	×	×	×
8	小型农贸市场	×	☆	×	×	☆	●	×	●	×	×	×	●
9	小商品市场、综合市场	×	☆	●	●	☆	●	×	●	×	×	×	●
10	文化设施	×	☆	☆	☆	●	×	×	×	×	×	×	×
11	体育设施	☆	☆	×	☆	×	×	×	×	×	×	×	●
12	医疗卫生设施	☆	☆	×	☆	●	×	×	×	×	×	×	×
13	市政公用设施	☆	☆	☆	☆	☆	☆	●	☆	●	☆	×	●
14	行政管理设施	☆	☆	●	☆	☆	●	×	●	×	●	×	×
15	旅游宾馆	×	●	☆	●	●	×	×	×	×	×	×	×
16	一般旅馆招待所	×	●	☆	●	☆	×	×	●	×	×	×	×
17	农贸市场、工业品市场	×	×	×	×	☆	●	×	☆	●	×	×	×
18	科研设施机构	×	●	●		☆	×	×	×	×	×	×	×
19	宗教活动场所、社会福利院	×	☆	×	●	×	×	×	×	×	×	×	×
20	对环境基本无干扰、污染的工厂	×	●	×	●	☆	●	●	☆	×	●	×	×
21	对环境有轻度干扰，污染的工厂	×	×	×	×	●	☆	×	●	×	●	×	×
22	对环境有严重干扰、污染的工厂	×	×	×	×	×	×	☆	×	×	×	×	×
23	普通储运仓库	×	×	×	×	☆	●	×	☆	×	●	×	×
24	危险品仓库	×	×	×	×	×	×	×	×	☆	×	×	×
25	社会停车场、库	×	●	☆	●	☆	☆	●	☆	×	☆	×	●

（续）

序号	用地类别 / 建设项目	居住用地（R）		公共设施（C）		生产设施用地（M）			仓储用地（W）		市政公用设施用地（U）	绿地（G）	
		一类 R1	二类 R2	行政商业 C1	文教体卫 C2 C3 C4	一类 M1	二类 M2	三类 M3	普通 W1	危险品 W2		G1	G2
26	加油站	×	●	●	●	☆	☆	×	☆	×	☆	×	●
27	汽车维修站，保养站、训练场	×	×	×	×	☆	☆	×	☆	×	☆	×	×
28	施工与维修设施	×	×	×	×	☆	☆	×	☆	×	●	×	×
29	污水处理厂	×	×	×	×	×	×	×	●	●	☆	×	●
30	其他工程设施	×	×	×	×	☆	●	●	☆	●	☆	×	●

注：☆ 良好兼容
● 一般兼容
× 不兼容

在北京市新城体系总体规划中，不少新城已运用了综合性组团分区的模式。怀柔新城的雁栖组团，就由紧邻的居住区和产业区所构成；延庆新城则在中心部位的妫水河两侧，规划了两个综合功能区（图5-87、图5-88）。

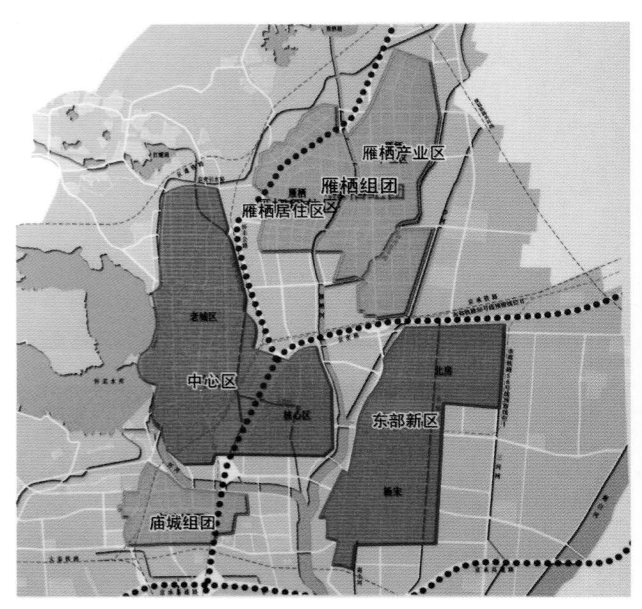

图5-87　怀柔新城空间结构图

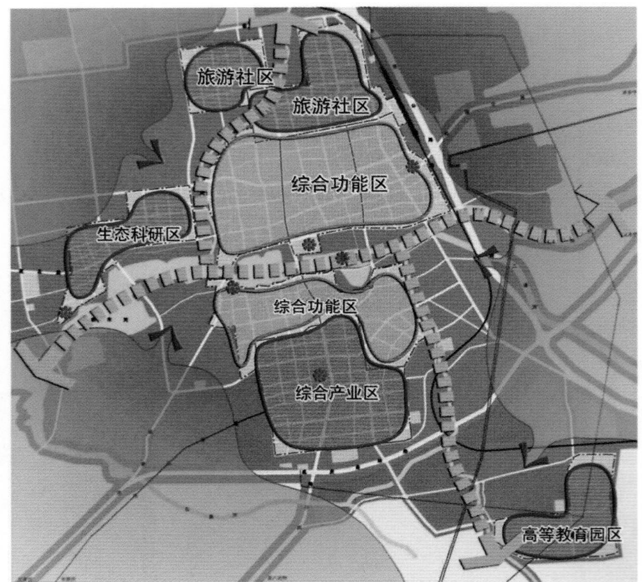

图5-88　延庆新城总体空间结构图

二、突出“宜居”

北京城市总体规划（2004—2020年）在“北京的城市发展目标”中，在我国率先提出了“宜居城市”的概念，其内涵为 “提供充分的创业、就业机会，建设舒适的居住环境，创建以人为本、可持续发展的首善之区。”此后，国内许多城市相继提出了类似建设宜居城市的规划思路。

宜居城市究竟的科学内涵是什么？

“宜居”是一个十分宽泛性的概念，是具有良好居住的物质环境和较好的精神环境，它包括良好的生态与自然环境、清洁高效的生产环境和人文社会环境。依据2007年4月19日通过中华人民共和国建设部科技司验收的《宜居城市科学评价标准》，标准中所有的七大要素中均与城市总体规划的布局有着密切的关系，具体详见表5-2。

表5-2 宜居城市科学评价项目一览表

一级指标	二级指标	三级指标
一、社会文明度	1. 政治文明	（1）科学民主决策 建立城市规划、建设、管理、发展重大决策事先征求专家、公众、民主党派、人大代表、政协委员意见制度，并贯彻执行
		（2）政务公开 城市政府开通电子政务网站并每天更新城市规划、建设管理、发展政务信息（包括不涉及国家安全的所有政府文件、联系方式）
		（3）民主监督 按时办理人大代表和政协委员提案及建议、当地所有媒体都开设“群众来信”栏目，政府网站开设“市长信箱”并坚持一周内回复；已经开通“市长电话” 并建立督办制度；主要领导定期到信访办公室接待来访群众并建立信访督办制度
		（4）行政效率 建立行政审批中心，并有整套可网上公开查询的限时审批、过错追究、缺席默认、目标责任制、追踪监察等管理制度
		（5）政府创新（加分项目） 创造了好的城市规划、建设、管理、发展工作经验或和谐社会经验，生态环境保护经验，被中央部委在全国推广
	2. 社会和谐	（1）贫富差距 基尼系数小于0.3的，得满分； 基尼系数0.3~0.4的，得一半分； 基尼系数大于0.4的，得0分。
		（2）社会保障覆盖率
		（3）社会救助 建立、实施流浪、贫困、受灾、孤寡群体救助制度，建有条件较好的救助站、孤儿院、福利院、养老院、法律援助中心等救助设施
		（4）刑事案件发案率和刑事案件破案率
		（5）文化包容性 城市居民能够充分尊重其他人不同性别、不同民族、不同信仰、不同学历、不同种族、不同年龄、不同籍贯、不同行为方式
		（6）流动人口就业服务 建立为流动人口提供就业信息和职业介绍、就业训练、社会保险等服务，并能依法处理用人单位与外来务工、经商人员的劳动争议，保护双方的合法权益
		（7）加分、扣分项目 市民普遍重承诺、守信用，典范事例近一年被中央媒体报道3次以上
	3. 社区文明	（1）社区管理 建立有依法选举的居委会领导班子并能履行好人民调解、居民服务等职能的社区比例
		（2）物业管理 抽样调查，入住满一年的小区，业主委员会聘请物业公司覆盖面。标准值：100%
		（3）社区服务 抽样调查，社区内文化、体育、卫生、家政服务设施或机构完备的社区比例。标准值：100%
		（4）扣分项目 业主和物业公司矛盾冲突较大较多，被省级及以上新闻媒体多次曝光

（续）

一级指标	二级指标	三级指标
一、社会文明度	4. 公众参与	（1）阳光规划 建立城市规划公示、征集公众意见制度并贯彻落实
		（2）价格听证 建立价格听证制度并贯彻落实
二、经济富裕度	1. 人均GDP 标准值：大城市4万元，中小城市2.5万元 注：以2005年统计数据为准，以后按国家公布的物价涨幅自动调整	
	2. 城镇居民人均可支配收入 标准值：大城市2.5万元，中小城市2万元 注：以2005年统计数据为准，以后按国家公布的物价涨幅自动调整	
	3. 人均财政收入 标准值：大城市0.4万元，中小城市0.2万元 注：以2005年统计数据为准，以后按国家公布的物价涨幅自动调整	
	4. 就业率（%） 标准值：96%	
	5. 第三产业就业人口占就业总人口的比重（%） 标准值：70%	
三、环境优美度	1. 生态环境	（1）空气质量好于或等于二级标准的天数/年 标准值：365天/年
		（2）集中式饮用水水源地水质达标率（%） 标准值：100%
		（3）城市工业污水处理率（%） 标准值：100%
		（4）城镇生活垃圾无害化处理率（%） 标准值：100%
		（5）噪声达标区覆盖率（%） 标准值：100%
		（6）工业固体废物处置利用率 标准值：100%
		（7）人均公共绿地面积（m^2） 标准值：$10m^2$
		（8）城市绿化覆盖率（%） 标准值：35%
		（9）加分项目 市区内有水质良好的海、大江、大河、天然湖泊、湿地和保护较好的国家森林公园、国家重点风景名胜区、省级风景名胜区、世界自然遗产

（续）

一级指标	二级指标	三级指标
三、环境优美度	2. 气候环境（加分、扣分项目）	（1）加分项：全年15℃至25℃气温天数超过180天
		（2）扣分项：全年灾害性气候天数超过36天
	3. 人文环境	（1）文化遗产与保护 有世界文化遗产、世界文化景观、全国重点文物保护单位、国家历史文化名城、国家非物质文化遗产并且保护较好；有省级历史文化名城、省级重点文物保护单位并且保护较好
		（2）城市特色和意向性 城市人文景观具有鲜明的特色，城市的标志、节点、通道、边界等意向要素清晰可辨
		（3）古今建筑协调 城市现代建筑与传统建筑之间的协调程度：从城市现代建筑本身的色彩、尺度、形体、质地与城市中传统建筑是否协调
		（4）建筑与环境协调 城市建筑与当地环境的协调程度：从城市建筑设计和施工是否考虑城市所在地理位置和气候特点
	4. 城市景观	（1）城市中心区景观 城市中心区的景观：从城市的建筑设计、建筑色彩、空间布局、园林艺术等方面
		（2）社区景观 城市平民社区的景观：从城市的建筑设计、建筑色彩、空间布局、建筑密度、园林艺术等方面
		（3）市容市貌 城市背街小巷市容市貌：从城市空间布局、园林艺术、环卫保洁、路面完好情况等方面
四、资源承载度	1. 人均可用淡水资源总量 标准值：1000m^3	
	2.工业用水重复利用率（%） 标准值：100%	
	3. 人均城市用地面积 标准值：大城市80m^2；中小城市100m^2	
	4. 食品供应安全性 食品供应数量、质量有充分保障	
	5. 加分、扣分项目	（1）加分项：形成节约资源、节约能源等全套建设节约型城市
		（2）扣分项：在禁止开发区域内开发建设
五、生活便宜度	1. 城市交通	（1）居民对城市交通的满意率
		（2）人均拥有道路面积（m^2/人） 标准值：15m^2/人
		（3）公共交通分担率（%） 标准值：大中城市35%，小城市直接得分
		（4）居民工作平均通勤（单向）时间（min） 标准值：30min
		（5）社会停车泊位率（%） 标准值：大城市150%；中等城市100%
		（6）市域内主城区与区县乡镇、旅游景区的城市公交线路通达度 标准值：100%

（续）

一级指标	二级指标	三级指标
五、生活便宜度	2. 商业服务	（1）问卷调查：居民对商业服务质量的满意度（%） 标准值：100%
		（2）人均商业设施面积（m^2） 标准值：1.2m^2
		（3）抽样调查：居住区商业服务设施配套率（%） 标准值：100%
		（4）抽样调查：1000m范围内拥有超市的居住区比例（%） 标准值：100%
	3. 市政设施	（1）居民对市政服务质量的满意度（%） 标准值：100%
		（2）城市燃气普及率（%） 标准值：100%
		（3）有线电视网覆盖率（%） 标准值：100%
		（4）因特网光缆到户率（%） 标准值：100%
		（5）自来水正常供应情况（天/年） 标准值：365天/年
		（6）电力（北方城市包含热力）正常供应情况（天/年） 标准值：365天/年（北方城市热力供应情况标准值为当地政府规定天数）
		（7）现场考察：环保型公共厕所区域分布合理性 按照建设部（现住建部）标准应分布合理
	4. 教育文化体育设施	（1）500m范围内拥有小学的社区比例（%） 标准值：100%
		（2）1000m范围内拥有初中的社区比例（%） 标准值：100%
		（3）每万人拥有公共图书馆、文化馆（群艺馆）、科技馆数量（个） 标准值：0.3个
		（4）1000m范围内拥有免费开放体育设施的居住区比例（%） 标准值：100%
		（5）市民对教育文化体育设施的满意率（%） 标准值：100%
	5. 绿色开敞空间	（1）市民对城市绿色开敞空间布局满意度（%） 标准值：100%
		（2）拥有人均2m^2以上绿地的居住区比例（%） 标准值：100%
		（3）距离免费开放式公园500m的居住区比例（%） 标准值：100%
	6. 城市住房	（1）人均住房建筑面积（m^2） 标准值：26m^2
		（2）人均住房建筑面积10m^2以下的居民户比例（%） 标准值：0%
		（3）普通商品住房、廉租房、经济适用房占本市住宅总量的比例（%） 标准值：70%

（续）

一级指标	二级指标	三级指标
五、生活便宜度	7. 公共卫生	（1）抽样调查：市民对公共卫生服务体系满意度（%） 标准值：100%
		（2）社区卫生服务机构覆盖率（%） 标准值：100%
		（3）人均寿命指标（岁） 标准值：75岁
		（4）扣分项目 近一年发生过重大食品或药品安全事故，并被省级以上新闻媒体曝光
六、公共安全度	1. 生命线工程完好率 标准值：100%	
	2. 城市政府预防、应对自然灾难的设施、机制和预案	有整套暴风、暴雨、大雪、大雾、冰凌、雷电、洪水、地震、山体滑坡、泥石流、火山、海啸、干旱等应对设施和预案
	3. 城市政府预防、应对人为灾难的机制和预案	有整套恐怖袭击、火灾、群体性恐慌、群体骚乱、大规模污染、能源短缺、食品短缺、大爆炸、地下资源超采等预防措施和应对预案
七、综合评价否定条件	1. 社会矛盾突出，刑事案件发案率明显高于全国平均水平	
	2. 基尼系数大于0.6导致社会贫富两级严重分化	
	3. 近三年曾被国家环保局公布为年度“十大污染城市”	
	4. 区域淡水资源严重缺乏或生态环境严重恶化	（1）区域淡水资源严重缺乏 标准：人均淡水资源500m^3以下
		（2）区域生态环境严重恶化 标准：城区河流水质普遍劣于4类，或2级以上空气质量天数不足260天/年，或沙漠流动沙丘逼近城市边缘5km以内

三、合理的用地组成比例

城市性质不同，组成城市的五大类不同功能用地，也必然有着不同的比例。在规划实践中，必须根据城市的不同性质，并按照所在地形条件及地理气象等条件，因地制宜。在我国，不同性质城市的基本用地比例可参照表5-3的数据。

表5-3　我国不同性质城市建设用地比例比较表

城市类型＼用地类型	居住用地（%）	公共设施用地（%）	工业用地（%）	道路广场用地（%）	绿地（%）
大型综合性中心城市	31.0	16.5	14.0	10.7	10.5
综合型城市	44.5	12.4	20.0	9.0	4.0
工业城市	30.9	12.2	28.7	12.0	6.1
商贸城市	43.3	16.0	12.0	11.6	4.4
旅游城市	35.8	12.7	22.1	12.2	6.2

第五节　城市布局与可持续发展

一、可持续发展是城市必须面对的重要课题

1987年，世界环境及发展委员会在《我们共同的未来》的报告中，首先提出了“可持续发展”一词。报告中对“可持续发展”解释为“既能满足我们现今的需要，而又不损害子孙后代能满足他们的需要的发展模式”；联合国环境及发展会议在1902年采纳了“可持续发展”的概念，并成为全世界普遍关注和努力的新形势。

城市是一个不断发育生长的有机体，在对它的布局中，必须重视提供有利于城市合理“生长”的环境支撑和资源支撑，只有如此，城市才能步入可持续发展的康庄大道。本章第二节中提及了城市发展与交通轴线（实际上也是城市用地发展的可能空间）的关系，也是城市在布局方面实现可持续发展的一个极重要方面。

城市可持续发展又常常被称为城市可持续性和可持续城市，也是科学发展观在城市规划中的体现。在今后的10~20年内，我国的城市化如果以年均提高一个百分点的速率快速发展，这就意味着每年将有大约1500万人从农村迁入城市；以人均城市用地100m^{2}计算，每年就要有1500km^{2}的土地转化为城镇建设用地。如何顺应这个趋势，保障城市布局合理的发展，由静态的规划布局，转化为动态的布局理念，正是当今规划工作者和管理者必须正视的新课题。

据联合国人居中心预测，世界城市化的平均水平在2050年将达到60%以上，21世纪可以说是 “城市化”的世纪。世界城市化的规律又表明：一个国家城市化水平达到30%以后，将进入加速发展阶段，我国已经处于这个阶段。我国政府早于1994年就颁布了《中国21世纪议程——中国21世纪人口、环境与发展白皮书》，并以此形成我国可持续发展的总体战略，以后又在《“九五”计划和2010年远景目标纲要》中，明确将可持续发展作为两大发展战略之一。

二、中国城市布局必须正视的可持续发展的六大课题

在城市布局范畴内，涉及可持续发展的六大课题是：环境容量、交通负荷、地下空间、基础设施、综合防灾以及生态环境。

（一）环境容量

合理的环境容量，是宜居城市的重要指标，城市人口密度越高、规模越大，市区稠密化的问题就越来越突出。

（二）交通负荷

中国的私人小汽车拥有量以每年30%的速度增长，交通拥堵已经从特大城市向大中城市蔓延，严重降低了城市运行效率和提高了城市经营成本。

（三）地下空间利用

城市地下空间作为宝贵的土地资源，正为人们日渐重视；布局立体化正成为新一轮城市规划的大趋势。

（四）基础设施

各类市政基础设施的布局和设计，必须预留必要的发展容量，以保障城市功能的持续发挥。

（五）综合防灾

包括传染病、地质灾害、恐怖袭击、气候灾害等在内的城市灾害防治任务越艰巨，并从沿海城市向内地蔓延；诸如瘟疫传染病、地震、洪涝等一类的灾害，正严重制约城市的正常秩序和发展。

（六）生态环境

城市生态环境质量，是城市赖以生存发展的根基，改善和保护生态环境，是城市可持续发展的重要任务。

此外，城市持续发展还需要提供一系列的“软件”体系保障，如体制保障（强化公众参与、发展多元化社会治理、地方和城市政府的绩效考核应包涵可持续发展内容）、法律保障（《城乡规划法》）、政策保障（将区域发展战略进行深入的立法支撑定位）和技术保障（加大生态城市规划的技术研究、引进诸如城市交通的TOD及BRT等技术、加大研究和推广绿色建筑和建筑节能技术等）。

三、节约建设用地

在实施城市空间的可持续发展中，进一步节约城市建设用地，通过对土地资源的有效运用和集约的发展模式，有着十分重要的支持保障意义。我国总体上城市建设用地紧缺，除了在规划建设中，要遏止贪大求“气魄”的浮躁心理和片面追求形象型“政绩”的指导思想之外，合理调整城市各类用地的定额标准，也是刻不容缓的重要举措。

（一）背景

国务院于2007年12月召开的常务会议专门研究了节约集约用地、保持经济社会可持续发展等问题，并于2008年1月国务院颁发了《关于促进节约集约用地的通知》（国发[2008]3号）文件，要求健全各类建设用地标准体系，抓紧编制公共设施和公共事业建设用地标准，要按照节约集约用地的原则，重新修改现有各类工程项目建设用地标准。探索走出一条符合中国国情的节约利用土地的途径。

我国城市建设在节约用地方面潜力巨大。原建设部在2005年就提出应适当提高工业建筑的容积率；综合考虑节能和节地，适当提高公共建筑的密度；立足宜居环境，合理确定住宅建筑的密度和容积率；开发利用城市地下空间。通过合理规划城镇布局，提高土地利用集约程度，实现城乡新增建设用地与节约用地的动态平衡。

国务院在《北京城市总体规划（2004—2020年）》的批复中明确了建设节约型城市的目标，要求北京率先切实解决好城市可持续发展的土地、能源、环境、水资源等问题，节约用地、集约用地、合理用地，积极推进北京节约型城市建设，北京市规划委员会、北京市国土资源局于2007年初着手了《北京市城市建设节约用地标准》的调研和编制工作。

（二）形势

1. 资源紧缺

节约集约城市建设用地，不仅关系当前经济社会和城市的发展，而且关系国家长远利益和民族生存根基。1981年全国城市建成区面积才为7438km^2，到了2005年，这个数字变成了32521km^2，仅仅在25年内城市建成区用地就增长了3.4倍。

1949年我国的城市化率为10.6%，到2009年，已上升到45.68%，全国城镇人口达到6.066亿人，全国已建成较发达的城市体系，形成建制城市655座，其中百万人口以上特大城市118座，超大城市39座。目前，特大城市占城市总数的8.85%，大城市占12.52%，中等城市和小城市各占35.42%和43.21%。据预测，到2020年，中国将有50%的人口居住在城市，2050年则有75%的人口居住在城市，即城市化率达到50%及以上。现在每年经过审批的各种建设用地大概是400万亩㊀，其中大约 280万亩是耕地，还不含未经审批的大量违章占地。据中国科学院地理科学与资源研究所对我国145个城市的调研显示：大中城市建设用地总体扩展速度很快，占用耕地的比例也很大，平均达70.0%左右，在西部地区甚至高达80.9%。如若维持这一速度占用耕地，10年内就将触及我国耕地总量不得低于18亿亩的警戒线，而不少城市都还在千方百计拓展城市建设用地，“找米下锅”。经济社会发展与土地资源紧缺之间的矛盾，已

㊀ 1亩=666.6666667m^2

经是目前我国急剧的城市化发展过程中普遍存在的尖锐问题。

2. 利用粗放

当前，我国在全国性的城市化浪潮中的空间开发乱象频生，主要体现在：

（1）贪大求全　全国有40个城市要建CBD，183个城市要建国际大都市，盲目向纽约、伦敦、东京等世界级特大城市“看齐”，而在土地利用方面，粗放用地却十分普遍。比如，以“开发区”名义大量圈占土地。据2003年国土资源部对24个省市区的调查，当时中国各类开发区达5658个，开发区规划面积3.6万km^2，超过了现有城市建设用地总量。热衷于建设大广场和宽马路，“形象工程”满天飞。

（2）闲置浪费　在许多“开发区”中，“开而不发”屡见不鲜，许多城市不管有无条件都竞相建设开发区，开发区数量多、面积过大，大批不具备条件的开发区，造成大量耕地闲置。在2003年对全国的各类开发区建设现状统计中，因开发不足和闲置“晾晒”的土地超过70%；有些设施由于不能区域联动统筹，以致重复建设；许多村镇农民建房分散无序，新旧住宅双重占地，违背了新农村建设可以节省宅基地的初衷。

（3）管理粗放　注重表面文章，不考虑土地成本，少用多要，而造成土地的极大浪费。同时，粗放型的土地管理方式加剧了土地供需矛盾的激化。

3. 认识不足

我国在城市建设用地的规划中，对土地资源的紧缺认识往往不足。1990~2004年，中国城镇建设用地由1.3万km^2扩大到近3.4万km^2，城市用地规模的“弹性系数”（城市用地增长率：城市人口增长率），已经从1991年前的2.13增加为21世纪初的2.28，明显高于公认的1.12合理水平。当前城市规划布局必须面对的焦点问题之一，是必须改变以往城市土地利用扩张的外延型和管理粗放型的模式，科学高效地利用土地，实现城市建设用地利用的集约化和社会化，进一步提高土地利用效率。

4. 法规滞后

21世纪初，我国城市人均建设用地已超过130m^2，已经大幅度高于发达国家人均82.4m^2和发展中国家人均83.3m^2的平均水平（包括郊区在内），其中村镇建设用地方面，2004年全国建设占地2.48亿亩，按当年农业人口计算，人均用地面积达218m^2，高出国家定额最高值（150m^2/人）45.3%。据《经济参考报》2010年3月13日的报道，中国城市人均建设用地数额之大，甚至超过世界最繁华的城市之一纽约（人均占地为112.5m^2），总量更是已达世界第一。“平地建城植树，基本农田上山”的粗放模式怪状，在不少城市布局中已经屡见不鲜。

政策标准滞后，是造成建设土地浪费带根本性的原因；在标准规范制定和政策制定方面，都有一些不同程度的漠视或者疏漏。正因为而节约集约用地的关键也是用地标准问题，节约集约用地的首要任务就是要抓紧制定节约用地标准。目前某些行业用地配置存在标准过高和标准过时等问题；同时，很多标准仅有全国性的通用标准，缺少更有针对性的地方标准。只有提出适应各地实际条件的节约用地标准，才可能因地制宜地从规划上保证城市土地利用的合理高效，这也是城市土地节约集约利用的科学依据。

（三）节约用地标准研究工作的主要内容

1. 研究节约用地标准

以当前城市建设中需求量大（如居住用地、工业用地等）、矛盾集中的用地（如公共服务、交通设施、市政基础设施用地等）为重点，重点对应城市建设用地标准中存在的问题，在各地城市总体规划、土地利用总体规划和各专项规划等已有的工作基础上，通过研究提出各类用地的节约用地标准。

通过做好节约用地标准的研究和编制工作，不仅能提高土地使用效率，促进科学技术进步，同时也可以为城市基础设施、公共服务设施和公共安全设施的合理布局以及为城市环境的进一步改善提供更大的发展空间。

2. 制定节约用地管理规定

为配合和保障节约用地标准的执行，要求城市规划的编制者、管理者和决策者，都应当充分认识节约集约用地的重要性和紧迫性，增强节约集约用地的责任感，按照促进本地区经济、社会、人口、资源和环境全面协调可持续发展的原则，制定节约用地管理规定，实施城市建设节约用地的规划管理，使节约城市建设用地成为共同遵循的准则。

（四）北京市的经验概述

北京市在研究制定节约城市建设用地标准方面，是走在全国的前列的。北京的城市建设用地，由于规模的不断扩大，耕地被大量征用。据截至2010年底的统计，耕地已仅剩2235km^2，而建设用地已达3414km^2，是耕地面积的1.5倍还多。进入21世纪以来，近11年共占48.6万亩耕地，平均年征地万亩，征地步伐空前加快。由于如此大量而无节制的占用耕地，使北京市的人均耕地面积由当初的1.92亩，降至现今的仅仅0.57亩。现行的北京城市总体规划也曾预测："到2010年前后市区用地将会达到建设用地可能达到的上限"。而城市人口却要增长到2040年才可望稳定下来，这样，将会出现未来的几十年，城市建设用地将会遇到无地可征的窘境。而历年市区建设征用大量的土地正且愈演愈烈，以往的"分散集团式"格局实际已受影响，尤其是集团之间的绿化隔离带正迅速变窄甚至消失，据统计，市区内244km^{2}的绿化隔离带有1/3事实上已盖了房子，只是在规划总图上还用绿色表示而已，市区的建设布局已形成了"摊大饼"的形态，维持了几十年的"分散集团式"趋于名存实亡（图5-89、图5-90）。

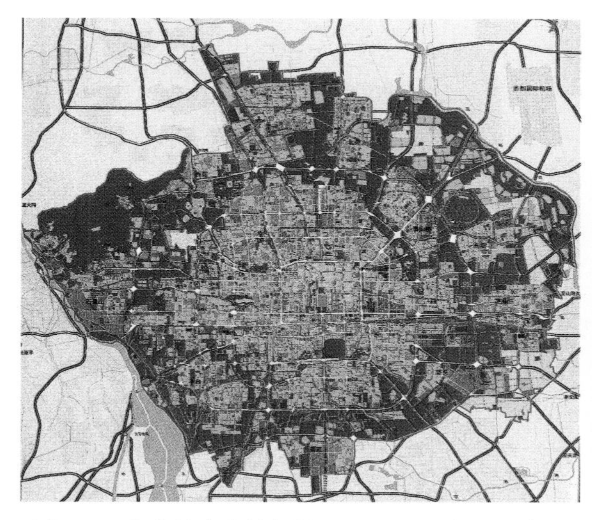

图5-89 北京城市总体规划（2004~2020年）的市区分散集团式布局

图5-90 北京市区建设实际的卫星遥感图说明分散集团式布局已演变为一块大饼

为贯彻落实国务院《关于促进节约集约用地的通知》（国发〔2008〕3号）精神，北京市在2008年3月率先编制了《北京市城市建设节约用地标准（试行）》。该标准按居住工作用地、公共服务设施用地、市政交通设施用地三大类，包括：居住、工业、行政办公、基础教育、高等教育、医疗卫生、邮政设施、消防设施、应急避难场所；供水设施、排水设施、供电设施、燃气设施、供热设施、环卫设施、电信设施、有线广播电视设施；公共汽电车场站、公共文通场站设施、轨道交通设施、加油站等二十余小类，分别以列表形式阐述节约建设用地的指标，它可以使上述各类城市建设用地节地10%~20%。该指标体系可供规划业界借鉴参考。

1. *居住用地*

居住用地的节地途径主要应在保证居住环境质量适应居民居住水平提高的基础上，防止过多发展低层低密度一类住宅，鼓励轨道交通站点周边合理的高强度开发。建设保障性住房的居住用地，根据用地条件，轨道交通站点周边（500~1000m）用地（一类居住用地除外）的容积率可在《北京市城市建设节约用地标准（试行）》的基础上适当提高，但最高不超过2.8。

在具体的技术方面，可以适当加长楼体减少楼侧向间距，合理加大住宅进深以减小户均面宽、降低住宅层高；采用复式或夹层住宅；提高住宅层数；采用北向退台式住宅或坡顶住宅以缩小日照间距；朝向适当偏东或偏西以缩减日照间距系数等措施，以有效节约建设用地。容积率的确定因相关因素（包括用地形状、大小、周边规划建设条件等）而有较大差异。并建议选取综合容积率作为用地控制指标。具体节地指标可参见表5-4。

表5-4　北京市居住用地节约用地标准

居住用地	建筑高度/m	节地标准						
		用地指标/（m^2/人）		套型标准/（m^2/套）	容积率		套密度/（套/hm^2）	居住人口毛密度/（人/hm^2）
		中心城	中心城外		中心城	中心城外		
一类居住	9（12）	25~47		平均200	0.6≤r<1.0		30~45	—
二类居住	18	23	25	平均100	1.7	1.6	140	400
	30（24、36）	18	19		2.2	2.1	190	500
	45（50）	16	18		2.5	2.2	220	600
	60	14	16		2.8	2.5	250	700
	80	14	—		2.8	—	250	700
经济适用住房	18	14	15	60左右	1.7	1.6	220	650
	30（24、36）	11	12		2.2	2.1	300	850
	45（50）	10	11		2.5	2.2	350	900
	60	9	10		2.8	2.5	400	1000
	80	9	—		2.8	—	400	1000

（1）套密度是按住宅占总建筑规模的90%，套型面积分别为200m^2、100m^2、60m^2/户计算；套密度为低限指标

（2）套型建筑面积90m^2以下住房面积所占比重，必须达到开发建设总面积的70%以上

（3）继续停止别墅类房地产开发项目土地供应，严格限制低密度、大套型住房土地供应

（4）轨道交通站点周边（500~1000m）居住用地（一类居住用地除外）的容积率可在上述规定数值基础上适当提高，但最高不超过2.8

（5）若同时采用提高容积率和降低套型标准的节地措施，应注意保持适宜的居住人口密度

（6）保障性住房停车泊位指标建议（其中居民停车场库在位于轨道交通站点周边500~1000m范围内取下限值）：
两限普通商品住房：自行车2辆/户，居民汽车场库0.2~0.3车位/户，社会停车场库0.1车位/户；
经济适用住房：自行车2辆/户，居民汽车场库0.1~0.2车位/户，社会停车场库0.1车位/户；
廉租住房：自行车2辆/户，不设居民汽车场库，社会停车场库0.1车位/户，应结合残疾人、老年人的需求适当安排残疾人助力车、小型三轮车停车位，并优先在地上安排

2. 工业用地

在保障合理的工艺流程基础上，采用连排式厂房，多采用功能可兼容的综合建筑物，减少不必要的通道空场等办法，能有效节约工业建设用地，具体节地标准参见表5-5。

表5-5　北京市工业用地节约用地标准

容积率		建筑密度	绿地率	行政办公及生活服务设施比例	
中心城	中心城外			用地面积	建筑面积
1.0~2.5	0.8~2.0	一般地区： 多层厂房≥40%； 单层厂房≥50% 市级开发区：≥50%； 国家级开发区：≥55%	≤15%	≤5%	≤10%

（1）高新技术产业用地的容积率，中心城区一般为1.5~3.5，中心城外一般为1.0~2.5

（2）当建筑物层高超过8m，在计算容积率时该层建筑面积加倍计算

（3）工业（开发）区或集中连片工业用地的总体绿地率不应低于30%（不含城市绿化隔离带）

（4）对工艺流程或安全生产等有特殊要求项目的规划指标，可具体研究确定

3. 行政办公用地

为集约用地和提高办事服务效率，行政办公用地宜采用多部门联合办公综合楼形式，把用地化零为整；并加强对存量行政办公用地、办公用房的科学管理和统筹利用，提高现有行政办公用地、办公用房的使用效率。节地标准可参见表5-6的要求。

表5-6　北京市行政办公用地节约用地标准

<table>
<tr><th rowspan="3">建筑高度/m</th><th colspan="4">节地标准</th></tr>
<tr><th colspan="2">容积率</th><th colspan="2">单位建筑面积用地指标/（hm^2/万m^2建筑面积）</th></tr>
<tr><th>中心城</th><th>中心城外</th><th>中心城</th><th>中心城外</th></tr>
<tr><td>12~24</td><td>1.0~2.0</td><td>1.0~1.8</td><td>0.50~1.00</td><td>0.56~1.00</td></tr>
<tr><td>24~60</td><td>2.0~3.0</td><td>1.8~2.5</td><td>0.33~0.50</td><td>0.40~0.56</td></tr>
<tr><td>>60</td><td>3.0~3.5</td><td>2.5~3.0</td><td>0.29~0.33</td><td>0.33~0.40</td></tr>
<tr><td></td><td colspan="4">（1）旧城以外以及不受文物保护、环保、安全、景观等环境因素影响的区域，建筑高度不宜低于12m
（2）城市重点地区用地、特殊用地等可根据具体情况另行研究其用地指标
（3）建议加强对存量行政办公用地、办公用房的科学管理和统筹利用，提高现有行政办公用地、办公用房的使用效率</td></tr>
</table>

4. 生活服务设施用地

规划布局中应推广使用性质相近或可兼容的公共服务设施尽量综合设置模式，形成公共活动中心。其中教育设施由于有活动场地，日照间距要求高，占地面积较大，它的节地潜力也较大。中心城地区改建学校，可通过适当提高容积率，保证建筑规模指标要求，满足发展需求。节地标准可参见表5-7~表5-9的要求。

表5-7　北京市基础教育节约用地标准

<table>
<tr><th rowspan="4">类型</th><th colspan="5">节地标准</th></tr>
<tr><th colspan="3">用地指标/（m^2/学生）</th><th colspan="2">容积率</th></tr>
<tr><th colspan="2">中心城</th><th rowspan="2">中心城外</th><th rowspan="2">中心城</th><th rowspan="2">中心城外</th></tr>
<tr><th>改建</th><th>新建</th></tr>
<tr><td>托幼</td><td rowspan="5">原用地面积</td><td>11.5~11.7</td><td>11.7~12.9</td><td rowspan="5">0.8~0.9</td><td rowspan="5">0.8</td></tr>
<tr><td>小学</td><td>12.3~12.6</td><td>12.6~13.8</td></tr>
<tr><td>初中</td><td>15.4~15.9</td><td>15.9~17.3</td></tr>
<tr><td>高中</td><td>13.6~14.3</td><td>14.3~15.4</td></tr>
<tr><td>九年一贯制</td><td>13.6~14.1</td><td>13.6~15.8</td></tr>
<tr><td></td><td colspan="5">中心城地区改建学校，通过适当提高容积率，保证建筑指标要求，满足发展需求</td></tr>
</table>

表5-8　北京市高等教育节约用地标准

<table>
<tr><th rowspan="3">类型</th><th colspan="5">节地标准</th></tr>
<tr><th colspan="2">用地指标/（m^2/学生）</th><th colspan="3">容积率</th></tr>
<tr><th>中心城</th><th>中心城外</th><th>用地面积/hm^2</th><th>中心城</th><th>中心城外</th></tr>
<tr><td rowspan="3">普通高等学校</td><td rowspan="3">35</td><td rowspan="3">47</td><td>>100</td><td>0.8~0.9</td><td rowspan="3">0.6~0.8</td></tr>
<tr><td>50~100</td><td>0.8~1.2</td></tr>
<tr><td><50</td><td>1.2~1.6</td></tr>
<tr><td></td><td colspan="5">（1）在保证基本功能和安全的前提下，高等学校可通过适当提高容积率满足高校建筑规模指标要求
（2）特殊类型高校（如体育院校等），应根据现行标准具体研究，确定其用地及建筑指标</td></tr>
</table>

表5-9　北京市医疗卫生节约用地标准

类型	节地标准						
	用地指标/（m^2/床）			建筑指标/（m^2/床）		容积率	
	中心城		中心城外	中心城	中心城外	中心城	中心城外
综合医院	改建	新建	89~109	80~120		改建：1.2~1.8	0.9~1.1
	原用地面积	80~100				新建：1.0~1.2	

5. 邮电局（所）

（1）邮政局（所）　对于新建邮政局（所）、中心城外邮政所可以不单独立地，业务用房宜在综合建筑的首层设置。应结合其他功能可兼容的建筑统一安排。邮政局（所）如不单独占地，应在规划中把邮件处理场地与邮政局合建，以节约建设用地。节地标准可参见表5-10的要求。

表5-10　北京市邮政设施节约用地标准

类型	节地标准					
	用地指标/（m^2/处）		建筑指标/（m^2/处）		容积率	
	中心城	中心城外	中心城	中心城外	中心城	中心城外
邮件处理场地	≥4000				0.8~1.2	
邮政局	不单独占地	1200	1200		—	1.0
邮政所	不单独占地	不单独占地	200		—	—
	邮政局（所）如不单独占地，业务用房应在综合建筑的地上首层设置					

（2）电信设施用地　电信网实现数字化、宽带化、光缆化，在规划中普及互联网、有线电视及ADSL网线，正成为建设“数字化城市”的大趋向，节地工作十分有意义。节地标准可参见表5-11和表5-12的要求。

表5-11　北京市电信局（所）节约用地标准

交换容量	节地标准	
	建筑面积/m^2	用地面积/m^2
1000~2000门	100	—
2000~5000门	200	—
5000~10000门	300	—
10000~20000门	400	—
20000~30000门	600	1500
30000~50000门	800	2000
50000~60000门	1000	2500
60000~100000门	3000	3000
100000门以上	5000	4000

（1）2万门以下的电信局（所），不单独占地，应与其他建筑结合建设

（2）大中型局（所）提供参考用地指标，中心城地区的大中型局（所）宜与地区公建结合

表5-12　北京市有线广播电视机房节约用地标准

类型	节地标准
	建筑面积/m²
前端信号处理传输基站（一级站）	3000
地区级基站	600
居住区级基站	200

（1）有线广播电视机房不宜单独占地
（2）地区级站指服务3万~5万用户的传输基站，居住区级站指服务0.5万~3万用户的传输基站

6. 城市防灾设施

城市安全是当前十分重要而敏感的课题，城市防灾是城市总体规划的重要组成部分，其中消防站和避难场所是用地的主体。

（1）消防站　一级普通消防站与消防支队合建，其建筑面积宜取低限，用地面积宜取高限。节地标准可参见表5-13的要求。

表5-13　北京市消防设施节约用地标准

<table>
<tr><th rowspan="4">类型</th><th colspan="8">节地标准</th></tr>
<tr><th colspan="3">用地指标/（m²/处）</th><th colspan="2">建筑指标/（m²/处）</th><th colspan="3">容积率</th></tr>
<tr><th colspan="2">中心城</th><th rowspan="2">中心城外</th><th rowspan="2">中心城</th><th rowspan="2">中心城外</th><th colspan="2">中心城</th><th rowspan="2">中心城外</th></tr>
<tr><th>旧城内</th><th>旧城外</th><th>旧城内</th><th>旧城外</th></tr>
<tr><td>特勤消防站</td><td colspan="2">4900~6300</td><td>4900~6300</td><td colspan="2">3500~4900</td><td colspan="2">0.8~1.5</td><td rowspan="3">0.8~1.5</td></tr>
<tr><td>一级普通消防站</td><td>2500~3500</td><td>3000~4000</td><td>3300~4800</td><td colspan="2">2300~3400</td><td>0.9~1.7</td><td>0.8~1.8</td></tr>
<tr><td>二级普通消防站</td><td colspan="2">2000~3200</td><td>2000~3200</td><td colspan="2">1600~2300</td><td colspan="2">0.8~1.5</td></tr>
<tr><td></td><td colspan="8">（1）一级普通消防站与消防支队合建，以及现状不具备扩建条件的，可采用容积率高限。消防支队与消防站合建时，消防站建筑面积取低限，用地面积取高限
（2）消防支队建筑面积按3500~5000m²核算</td></tr>
</table>

（2）应急避难场所用地　应急避难场所是在灾害来临时确保人们人身安全的必要硬件配套设施，其包括紧急（临时）避难场所与长期（固定）避难场所。紧急避难场所用地面积的指标必须控制为每处不应低于2000m²，服务半径为不大于500m；长期避难场所用地面积一般不低于4000m²/处，服务半径为500~4000m。在布局中还应考虑到周边建筑的倒塌安全范围，以确保避难场所用地的安全。节地标准可参见表5-14的要求。

表5-14　北京市应急避难场所节约用地标准

设施要求	节地标准		
	紧急（临时）避难场所	长期（固定）避难场所	备注
用地指标/（m²/处）	≥2000	≥4000	
有效避难用地比例	60%~70%		
人均综合面积/（m²/人）	1~1.5	2.0（≥1.0）	城区1.0
服务半径/m	500	500~4000	
疏散道路	2条以上	4条以上	不同方向
	（1）应急避难场所应避开周边建筑的倒塌范围，确保安全 （2）建筑物倒塌范围测算方法：砖石混合结构，预制楼板房屋为1/2H~1H；砖石混合结构，现浇板房屋为1/2H；砖承重墙体房屋为1/3H~1/2H（H为建筑檐口至地面的高度）		

7. 市政基础设施用地

市政基础设施用地门类众多且分散，某些项目的用地面积较大，节约用地意义重大。

（1）供水厂　按建设规模（30万~50万m³/d、10万~30万m³/d、5万~10万m³/d）分别提出用地面积指标。建设规模大的取用地指标下限值，建设规模小的取用地指标上限值，中间规模应采用内插法确定。节地标准可参见表5-15的要求。

表5-15　北京市供水厂节约用地标准

类型	节地标准 用地指标/[m²/（m³·d）]		
	建设规模 30万~50万m³/d	建设规模 10万~30万m³/d	建设规模 5万~10万m³/d
常规处理水厂	0.28~0.22	0.35~0.28	0.41~0.35
配水厂	0.15~0.10	0.20~0.15	0.30~0.20
预处理+常规处理水厂	0.31~0.25	0.39~0.31	0.46~0.39
常规处理+深度处理水厂	0.33~0.26	0.42~0.33	0.50~0.42
预处理+常规处理+深度处理水厂	0.36~0.29	0.45~0.36	0.54~0.45

（1）表中的用地面积为水厂围墙内所有设施的用地面积，包括绿化、道路等用地，但不包括高浊度水预沉淀用地
（2）建设规模大的取用地指标下限值，建设规模小的取用地指标上限值，中间规模应采用内插法确定
（3）预处理采用生物预处理形式控制用地面积，其他工艺形式宜适当降低
（4）深度处理采用臭氧生物活性炭工艺控制用地面积，其他工艺形式宜适当降低
（5）表中除配水厂外，净水厂的用地面积均包括生产废水及排泥水处理的用地
（6）水厂厂区周围应设置宽度不小于10m的防护间距

（2）供水泵站　中心城地区新建供水泵站应在此指标基础上压缩10%。节地标准可参见表5-16的要求。

表5-16　北京市供水泵站节约用地标准

建设规模	节地标准 用地指标/[m²/（m³·d）]
30万~50万m³/d	0.0183~0.016
10万~30万m³/d	0.035~0.0183
5万~10万m³/d	0.050~0.035

（1）表中用地指标为泵站围墙以内，包括整个流程中的构筑物和附属建筑物、附属设施等用地面积
（2）建设规模大的取用地指标下限值，建设规模小的取用地指标上限值，中间规模应采用内插法确定
（3）小于5万m³/d规模的泵站，用地面积参照5万m³/d规模的用地面积控制
（4）泵站有水量调节池时，可按实际需要增加建设用地

（3）污水处理厂、污水泵站和雨水泵站　污水处理厂的水池占地面积大，防护要求高，但随着工艺改革和设备更新，节地潜力也大。节地标准可参见表5-17~表5-19的要求。

表5-17　北京市污水处理厂节约用地标准

建设规模		节地标准 用地指标/[m²/（m³·d）]		
		一级污水厂	二级污水厂	深度处理
Ⅰ类	50万~100万m³/d	—	0.50~0.45	—
Ⅱ类	20万~50万m³/d	0.30~0.20	0.60~0.50	0.20~0.15

（续）

建设规模		节地标准		
		用地指标/[m^2/（m^3·d）]		
		一级污水厂	二级污水厂	深度处理
Ⅲ类	10万~20万m^3/d	0.40~0.30	0.70~0.60	0.25~0.20
Ⅳ类	5万~10万m^3/d	0.45~0.40	0.85~0.70	0.35~0.25
Ⅴ类	1万~5万m^3/d	0.55~0.45	1.20~0.85	0.55~0.35

（1）建设规模大的取用地指标下限值，建设规模小的取用地指标上限值
（2）表中深度处理的用地指标是在污水二级处理的基础上增加的用地；深度处理工艺按提升泵房、絮凝、沉淀（澄清）、过滤、消毒、送水泵房等常规流程考虑；当二级污水厂出水满足特定回用要求或仅需某几个净化单元时，深度处理用地应根据实际情况降低
（3）污水处理厂厂区外围应设置宽度300m的防护间距
（4）中心城地区新建污水处理厂应在此指标基础上压缩10%

表5-18 北京市污水泵站节约用地标准

建设规模		节地标准
		用地指标/[m^2/（m^3.d）]
Ⅰ类	50万~100万m^3/d	0.0054~0.0047
Ⅱ类	20万~50万m^3/d	0.010~0.0054
Ⅲ类	10万~20万m^3/d	0.015~0.010
Ⅳ类	5万~10万m^3/d	0.020~0.015
Ⅴ类	1万~5万m^3/d	0.055~0.020

（1）表中用地指标为泵站围墙以内，包括整个流程中的构筑物和附属建筑物、附属设施等用地面积
（2）建设规模小于Ⅴ类的泵站用地面积按Ⅴ类控制
（3）建设规模大的取用地指标下限值，建设规模小的取用地指标上限值

表5-19 北京市雨水泵站节约用地标准

雨水流量	节地标准
	用地指标/（m^2·s/L）
20000 L/s以上	0.6~0.4
10000~20000 L/s	0.7~0.5
5000~10000 L/s	0.8~0.6
1000~5000 L/s	1.1~0.8

（1）用地指标是按生产必需的土地面积
（2）雨水泵站规模按最大秒流量计
（3）本标准未包括站区周围绿化带用地
（4）合流泵站可参考雨水泵站指标
（5）建设规模大的取用地指标下限值，规模小的取用地指标上限值
（6）中心城地区新建雨水泵站应在此指标基础上压缩10%~20%

（4）城市动力设施用地　城市动力设施一般包括变电站、燃气站、热电厂等，随着综合型建筑设计、新工艺新设备的推广，节地也大有可为。节地标准可参见表5-20~表5-22的要求。

表5-20　北京市变电站节约用地标准

类型		节地标准	
		中心城	中心城外
		用地面积/m^2	用地面积/m^2
220kV变电站	半户内枢纽站	不推荐	12000
	半户内负荷站	不推荐	9000
	全户内负荷站	6500	不推荐
110kV变电站	半户内变电站（四台变）	5400	
	全户内变电站三级变压（三台变）	4800	
	全户内变电站二级变压（三台变）	3000	
	半地下变电站（四台变）	2500	

（1）各类变电站占地面积为围墙内面积

（2）围墙以外宜留出消防通道5~6m（亦可作为正常的小区内部通道），变电站和电信局、广播等弱电设施之间的间距按照500m控制

表5-21　北京市燃气设施节约用地标准

类型		节地标准				
		用地面积/m^2			防火间距/m	备注
天然气门站		10000			视具体情况按规范预留	若设长输末站，规模同门站
天然气储配站（罐站）		10000/万m^3储罐容积			每侧60	
天然气调压站		一级调压站	二级调压站	三级调压站		
	高压A调压站	1500~3500	2000~4200	2100~4400	含在用地范围内	
	高压B调压站	1400~2400	1800~3000		含在用地范围内	
	次高压A调压站	调压柜80~360（站700~1000）			含在用地范围内	推荐采用调压柜，条件许可时可采用地下调压装置
液化石油气基地		按1hm^2/万t年供应能力计算			视具体情况按规范预留	
液化石油气瓶装供应站		供应站		3000	一般情况已含在用地范围内，遇重要建筑或明火参照规范	
		配送站		1300		
		供应点		600		
天然气压缩加气站		3500			视具体情况按规范预留	
压缩天然气供气站与液化天然气气化站		无储罐		3000	含在用地范围内	
		有储罐		11000	含在用地范围内	

（1）对于中小型燃气场站，如调压站等，宜选用调压箱或调压柜以及地下调压装置

（2）新建燃气场站宜将安全间距包含在场站用地内；大型场站应按相关规范对周边建设进行控制，同时充分利用河沟、山坡、林地等自然条件满足安全防护要求

表5-22　北京市供热设施节约用地标准

类型	节地标准
	用地指标/（m^2/MW）
燃气热电厂	360
燃煤供热厂	145
燃气供热厂	100

8. 道路交通设施用地

现代城市的道路交通设施用地占整个城市的1/4左右，节地具有举足轻重的意义。在以“高效便捷、公平有序、安全舒适、节能环保”为发展方针的指引下，只要采取精细化场地流程、集约化建设布局和加强防护安全等有效措施，各相关场站都会有程度不同的节地前景。节地标准可参见表5-23~表5-32的要求。

表5-23 北京市汽车公交中心站节约用地标准

辖车数（标准车）	节地标准	
	总建设用地面积/m²	平均每标准车建设用地面积/m²
200~400	12770~25540	182
401~600	25546~38320	
>601	>38320	

表5-24 北京市汽车公交首末站节约用地标准

辖车数（标准车）	节地标准	
	总建设用地面积/m²	平均每标准车建设用地面积/m²
微型车首末站（到发站）（<20辆）	990~1000	141~143
小型车首末站（20~50辆）	1410~3010	301~167
中型车首末站（50~200辆）	3270~10660	182~152
大型车首末站（>200辆）	>10940	<156

表5-25 北京市汽车加油站节约用地标准

级别	节地标准		
	用地面积/m²		建筑面积/m²
	旧城内	旧城外	
Ⅰ级加油站	2500	3000	150
Ⅱ级加油站	1500	2000	120
Ⅲ级加油站	1200	1500	100
Ⅳ级加油站	800		80

表5-26 北京市汽车公交保养场节约用地标准

年保养车辆数/辆	节地标准		
	总建设用地面积/m²	总建筑面积/m²	平均每标准车建筑面积/m²
<500	30290~31710	25000~26000	50~52
500~800	29570~46240	22500~35200	44~45
800~1000	41570~50570	28800~35000	35~36

对于各级别间用地面积有交叉的部分，则较高级别的取值按两级别的较大值取值。（如：年保养能力为800辆的保养场，总建筑面积分别为35200m²和28800m²，35200m²较大，取35200m²作为800~1000辆保养级别中800辆保养场的用地面积）

表5-27 北京市高速公路监控通信设施节约用地标准

<table>
<tr><td rowspan="2"></td><td colspan="3">节地标准</td></tr>
<tr><td>用地面积/hm²</td><td>建筑面积/（m²/处）</td><td>设置间距/km</td></tr>
<tr><td>监控通信中心</td><td>2.0</td><td>5000~8000</td><td>—</td></tr>
<tr><td>监控通信分中心</td><td>1.2~1.6</td><td>3000~4000</td><td>每路设一处</td></tr>
<tr><td>监控通信所</td><td>0.3~0.6</td><td>800~1000</td><td>50</td></tr>
</table>

表5-28 北京市高速公路收费站节约用地标准

<table>
<tr><td rowspan="3">项目</td><td rowspan="3" colspan="2">收费车道数/条</td><td colspan="7">节地标准</td></tr>
<tr><td colspan="5">用地面积/（hm²/座）</td><td colspan="2">建筑面积/（m²/座）</td></tr>
<tr><td colspan="3"></td><td colspan="2">每增减一个
收费车道</td><td></td><td>每增减一个
收费车道</td></tr>
<tr><td>主线收费站</td><td colspan="2">12</td><td colspan="3">0.6~1.0</td><td rowspan="2" colspan="2">0.02~0.04</td><td>1500</td><td>25</td></tr>
<tr><td>匝道收费站</td><td colspan="2">6</td><td colspan="3">0.06~0.10</td><td>60</td><td>15</td></tr>
<tr><td rowspan="11">收费广场
及过渡段</td><td rowspan="2">公路
等级</td><td rowspan="2" colspan="2">行车道宽度及
中间带宽度/m</td><td colspan="2">收费车道数</td><td colspan="2">用地面积/（hm²/处）</td><td rowspan="2" colspan="2"></td></tr>
<tr><td>进口</td><td>出口</td><td></td><td>每增减一个收费车道</td></tr>
<tr><td rowspan="5">高速
公路</td><td colspan="2">2×15+4.5</td><td>6</td><td>13</td><td>2.1598</td><td>0.1450</td><td colspan="2"></td></tr>
<tr><td colspan="2">2×7.5+4.5</td><td rowspan="4">4</td><td rowspan="4">7</td><td>0.6758</td><td>0.0856</td><td colspan="2"></td></tr>
<tr><td colspan="2">2×7.5+3.5</td><td>0.6997</td><td>0.0867</td><td colspan="2"></td></tr>
<tr><td colspan="2">2×7.5+2.5</td><td>0.7240</td><td>0.0878</td><td colspan="2"></td></tr>
<tr><td colspan="2">2×7.0+2.5</td><td>0.7487</td><td>0.0889</td><td colspan="2"></td></tr>
<tr><td rowspan="2">一级
公路</td><td colspan="2">2×7.5+3.0</td><td rowspan="2">3</td><td rowspan="2">5</td><td>0.3389</td><td>0.0706</td><td colspan="2"></td></tr>
<tr><td colspan="2">2×7.0+2.5</td><td>0.3705</td><td>0.0706</td><td colspan="2"></td></tr>
<tr><td rowspan="2">二级
公路</td><td colspan="2">9</td><td rowspan="2">3</td><td rowspan="2">3</td><td>0.2579</td><td>0.0611</td><td colspan="2"></td></tr>
<tr><td colspan="2">7</td><td>0.2872</td><td>0.0625</td><td colspan="2"></td></tr>
<tr><td colspan="10">（1）收费广场及过渡段用地指标中已扣除主线行车道及中间带宽度范围内的用地
（2）本表参考了《公路建设项目用地指标》中的数据</td></tr>
</table>

表5-29 北京市高速公路服务设施节约用地标准

<table>
<tr><td rowspan="4">分 类</td><td colspan="5">节地标准</td></tr>
<tr><td rowspan="3">用地面积</td><td rowspan="3">主线日流量/辆</td><td rowspan="3">停车泊位数/位</td><td colspan="2">总建筑面积/m²</td></tr>
<tr><td>为主一侧合计</td><td>两侧合计</td></tr>
<tr><td>（A1）</td><td>（A2=1.75 A1）</td></tr>
<tr><td rowspan="5">服务区</td><td rowspan="5">≤4.0hm²
（主线为4车道或6车道的高速公路），建筑面积4000~6000 m²</td><td>25000</td><td>64</td><td>2760</td><td>4830</td></tr>
<tr><td>30000</td><td>74</td><td>2922</td><td>5114</td></tr>
<tr><td>35000</td><td>82</td><td>3048</td><td>5334</td></tr>
<tr><td>40000</td><td>91</td><td>3313</td><td>5797</td></tr>
<tr><td>45000</td><td>93</td><td>3382</td><td>5919</td></tr>
<tr><td rowspan="5">停车区</td><td rowspan="5">≤1.0hm²，
建筑面积≤1000 m²</td><td>25000</td><td>20（小型10大型10）</td><td colspan="2">310</td></tr>
<tr><td>30000</td><td>25（小型10大型15）</td><td colspan="2">320</td></tr>
<tr><td>35000</td><td>30（小型15大型15）</td><td colspan="2">330</td></tr>
<tr><td>40000</td><td>35（小型15大型20）</td><td colspan="2">330</td></tr>
<tr><td>45000</td><td>40（小型20大型20）</td><td colspan="2">330</td></tr>
<tr><td colspan="6">（1）高速公路服务区的设置间距以50km为宜；通车里程不足25km的高速公路不应设置服务区，可以设置停车区一处
（2）主线为双向八车道的高速公路服务区，用地规模和建筑面积可以适当增加
（3）服务区建筑包括餐厅、小卖部（内）、免费休息所、客房与职工宿舍、办公用房、公共厕所、加油站、维修站、附属设施等
（4）停车区建筑包括公共厕所、小卖部及其他附属设施
（5）高速公路服务设施应与监控通信、养护以及收费站等管理设施就近合并建立，合并后的用地规模相应减少</td></tr>
</table>

表5-30　北京市汽车客运站节约用地标准

级别	年平均日旅客发送量/人次	节地标准	
		用地面积/m^2	建筑面积/m^2
一级客运站	10000~25000	35000~55000	10000~15000
二级客运站	5000~9999	20000~35000	6000~10000
三、四级客运站	＜5000	＜20000	＜6000

表5-31　北京市汽车货运站节约用地标准

级别	年换算货物吞吐量/万t	节地标准	
		用地面积/m^2	建筑面积/m^2
一级货运站	＞60	80000~120000	12000~20000
二级货运站	30~60	65000~80000	8000~12000
三、四级货运站	＜30	＜65000	＜8000

表5-32　北京市交警驻地及检查站节约用地标准

类别	节地标准	
	用地面积/hm^2	建筑面积/m^2
高速公路交通警察队驻地	0.5~0.8	1600~2500
公路公安交通检查站	应与其他相关检查站合并设置	100~200

（1）超限超载检查站不配置永久性用地
（2）动植物检验检疫检查站应与公安交通检查站合并建立

9. 环卫设施用地

生活垃圾转运站的节地标准，按场站容量分为五类，各类节地的用地面积可参见表5-33的要求。

表5-33　北京市生活垃圾转运站节约用地标准

类型		节地标准			
		设计转运量/（t/d）	用地面积/m^2	与相邻建筑间隔/m	防护间距/m
大型	Ⅰ类	1000~3000	≤20000	≥50	≥20
	Ⅱ类	450~1000	15000~20000	≥30	≥15
中型	Ⅲ类	150~450	4000~15000	≥15	≥8
小型	Ⅳ类	50~150	1000~4000	≥10	≥5
	Ⅴ类	≤50	≤1000	≥8	≥3

（五）节地范例绍兴县（2013年改为绍兴市柯桥区）经验

浙江省绍兴县当年作为全国经济“十强”县，在迁址建城中，坚持走集约型城市建设道路，较好地处理了经济增长、城市发展与资源、环境之间的矛盾，实现了由粗放式增长到内涵式提高的转变。

绍兴县创新运用了八种办法节地，坚持集约用地，使土地投资强度提高了17%。这八种方法是：

1）向“闲置”要土地，通过立法收取闲置费、协议收回、无偿收回、公开出让等方式，减少闲置土地，提高土地利用率。

2）向空间要土地，通过原厂房翻建、加层、集中连片建设多层标准厂房、拼接等举措，合理提高容积率。

3）向时间要土地，通过采用集中审批、联合审批、现场办公等方式，缩短项目建设周期，提高土地利用效率。

4）向管理要土地，大力培育扶持土地资源集约型示范企业。

5）向科技进步要土地，重点引进占地少、科技含量高、土地利用附加值高的项目。

6）向规划要土地，通过调整规划审批指标，合理降低工业项目非生产性辅助指标。

7）向企业要土地，出台鼓励政策，促进企业挖潜利用土地。

8）向置换要土地，通过土地整合梳理，挖掘用地自身潜力。

上述节地的八种做法，可供各类城市在总体规划布局中参考借鉴。

四、城市地下空间的开发利用

城市在用地资源和环境等方面由于急剧的城市化进程，正面临着巨大的挑战。土地的稀缺、交通的拥堵及空间的紧张，使城市、特别是大城市用地的集约化发展，正成为解脱困境的必然出路。

城市地下空间的规划对城市各功能区用地，特别是交通设施用地、商业服务设施用地、行政办公用地、休憩设施用地等的总体布局，将会产生革命性的变化。

（一）背景

1982年，联合国自然资源委员会将地下空间正式列为“潜在和丰富的自然资源”，地下空间被认为是与宇宙、海洋并列的最后留下的未来开拓领域。城市地下空间的开发利用被提上了日程。1991年，城市地下空间国际学术会议通过了《东京宣言》，该宣言明确提出了“21世纪是人类开发利用地下空间的世纪”。2002年，在意大利都灵举行了地下空间学术会议将议题定为“城市地下空间——作为一种资源”，会议全面强调了地下空间是重要的空间资源。国际上有一个通行的观点：“一个城市的地下空间资源总量相当于城市总用地面积乘以合理开发深度的40%”，因此，城市地下空间是一个非常巨大的待开发利用资源。

（二）趋势

城市地下空间的开发利用与经济发展水平有密切的联系，它一般与人均GDP的水平相关。根据发达国家的经验显示，不同人均GDP水平，对开发利用城市地下空间有不同的理念与实践。一般的规律为：

人均GDP达到500美元——开始出现城市地下空间开发利用的需要；

人均GDP达到500~2000美元——城市地下空间开发利用会得到较广泛的发展；

人均GDP达到2000美元以上——城市地下空间开发利用向统一规划的更高水平发展。

在1954~1957年，英、法、德等国人均GDP达到或超过了1000美元，于是，许多大城市都开始进行了大规模的地下空间开发利用。

根据我国的经济发展规模预测，我国的人均GDP在2010年、2020年、2030年将分别达到1547美元、2543美元、3695美元，因此，我国在21世纪初，城市，特别是大城市地下空间的开发利用将得到广泛关注并付诸实施。并在2011年之后向更全面而高水平的发展。

（三）国外成功实例

1. 波士顿大开挖工程

美国东海岸城市波士顿在20世纪50年代，为缓解交通堵塞，开始沿海滨修建了一条93号高速公路。然而，新架设的市内高速路却吸引了更多的汽车交通量，致使更严重的交通拥堵。而且这条高架路把城市和海滨彻底隔绝，市民不能接近海岸，城市也失去了滨海城市的风貌特征。20世纪90年代，波士顿决定把93号高速公路入地，至2006年隧道主体工程基本完成。它是当时世界上仅有的城市内交通地下化大型项目。该项目对复兴城市空间形态、改善城市生态环境并提高城市交通运营效率，具有极其深远的示范意义（图5-91、图5-92）。

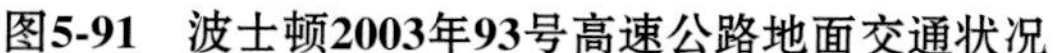

图5-91　波士顿2003年93号高速公路地面交通状况

图5-92　波士顿2005年已把隧道上方的地面建设为绿带

2. 加拿大蒙特利尔地下城

加拿大蒙特利尔中心区的地下城的萌芽阶段是在1962年。地下城主要由地铁、旅馆和广场组成。当时的市中心区地铁站已经出现了一些地下人行通道，人们可以从街道上直接下到地铁车站；20世纪80年代，蒙特利尔开设了4条地下商业走廊，每一条走廊都是朝着地铁方向发展的；1990~1995年，出现了多功能城市中心区的概念，2000年建设了很多地下通道，使通道之间建立联系，形成连续性的网络，这个网络遍布城市中心区的中心地点。现今，共有10个地铁站和这两条地铁线与30km的地下通道组成了覆盖市中心地下的完整网络系统，共有建筑面积360多万m^2，包括60余座相互连接方便的大厦，占全部市中心区80%的办公区域和35%的城市商业区的城市空间，每天有50万人出入，这座地下城实际上就是一个地下的蒙特利尔，它与地上的融为一体，这在气候严寒风烈的地区是尤为适宜的（图5-93、图5-94）。

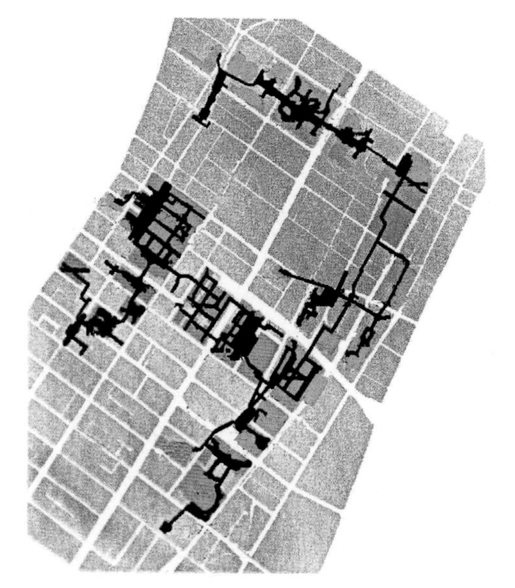

图5-93　2003年加拿大蒙特利尔地下步行系统平面图

图5-94　宽阔方便的加拿大蒙特利尔地下城共享空间

3. 韩国首尔清溪川改造工程

清溪川曾是首尔市区内的一条疏水内河。20世纪中叶，由于居住人口增多，清溪川沿岸环境恶化，将河流覆盖并辟为道路；20世纪70年代，为了缓解交通拥堵，又在被覆盖的清溪川上修建了高架路桥，成为横贯首尔市区东西的交通主干道。但是，高架路桥的修建虽然提高了城市交通运输能力，又带来了严重的交通噪声，汽车尾气污染以及扬尘，同时，高架路桥的庞然大物也破坏了古城首尔传统的街道肌理，切断了市区内部的联系。2003年，首尔为了提升国际大都会的品位，政府开始实施清溪川内河周边的环境改造和生态恢复，整治工程于2005年10月竣工。清溪川改造规划采取了相应的交通疏导以及限制措施，通过拆除高架路桥，进行河道水体复原及景观设计，提供了大量的宜人共享空间，复原了具有自然净化功能的生态系统，形成了“自然的城市河流”，恢复了600年古都首尔的历史文化属性；同时，在不同的河段采取了多样化的景观设计，建设了以自然和人为中心的城市绿色空间。时任首尔市长的李明博先生也因此被市民誉为“绿色市长”，以后又被韩国选民选为总统（图5-95、图5-96）。

图5-95　韩国首尔覆盖清溪川架设的高架路恶化了市区环境

图5-96　韩国首尔清溪川改造后形成宜人的滨河绿带

国外许多大城市中心区，由于充分发展了地下交通网络，地面交通均较为通畅，东京、巴黎、罗马等都有较成功的经验（图5-97~图5-99）。

图5-97　东京在上下班交通高峰时段的地面交通较通畅

图5-98　巴黎市区发达的地铁网有效疏解了地面交通

图5-99　罗马市区地面道路交通很通畅得益于地下交通的分流

4. 北京城市地下空间开发利用

北京作为特大的城市，其规划市区面积已经达到1040km²，中心地区面积达到324km²，市区中心地区的建设规模已近3亿m²。但是由于“摊大饼”的空间结构，中心城的“大城市病”已十分明显。地面建筑密集、交通堵塞，据称“交通痛苦系数”已在全世界名列前茅。为缓解上述困境，从21世纪初开始对中心城的地下空间开发利用，进行了系统的研究，并推广到一些新城新区的总体布局之中（图5-100、图5-101）。

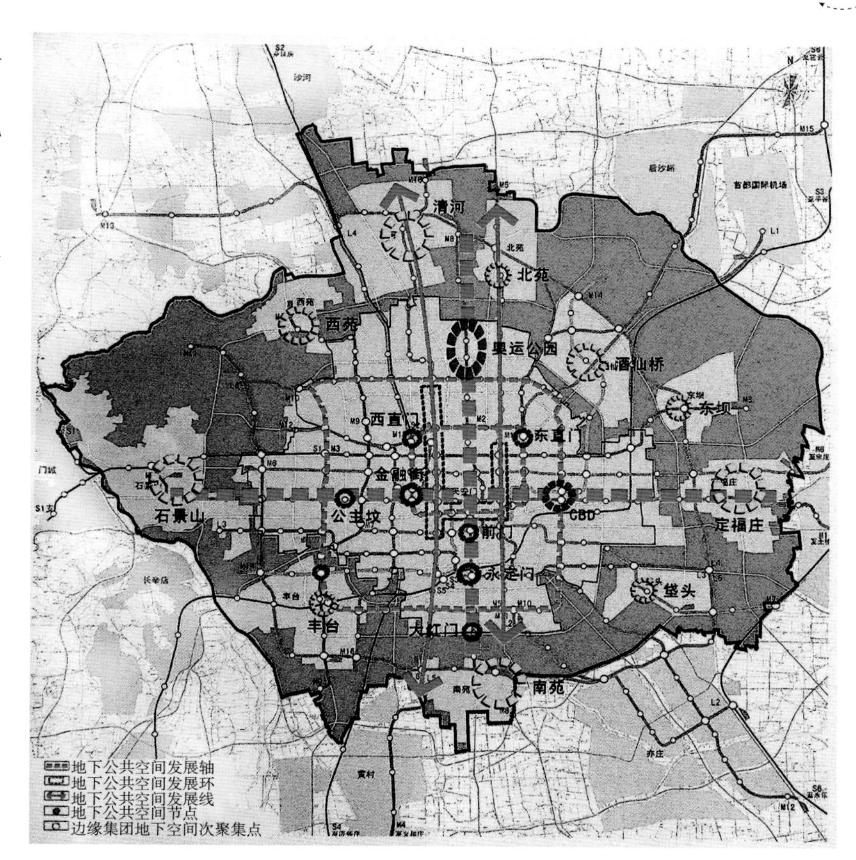

图5-100 北京市中心城区地下空间开发利用布局示意图

北京城市地下空间开发利用的主要策略是：强化北京战略地位，地下空间的开发利用加强了北京作为首都的战略地位，为防空、防灾提供充足的后备空间；建设地下北京城，使地下空间成为北京城市的新增长极，而促进北京城市地上空间、地面环境、地下空间的三维式协同发展；以地下铁道交通为骨架，以地铁站为地下空间开发利用的发展节点，以地铁线为地下空间乃至城市整体空间开发利用的发展轴；发展与保护相结合，注重保护历史文化名城丰富的地下文化遗存，增强城市可持续发展的能力；分层开发，充分利用地层深度，在不同深度统一进行竖向规划布局，充分利用地下空间。有专家计算：仅以北京地下10m的浅层深度的空间资源量来算，市区地下空间就可达416亿m³，其中在中心地区的地下空间资源量可达130亿m³。

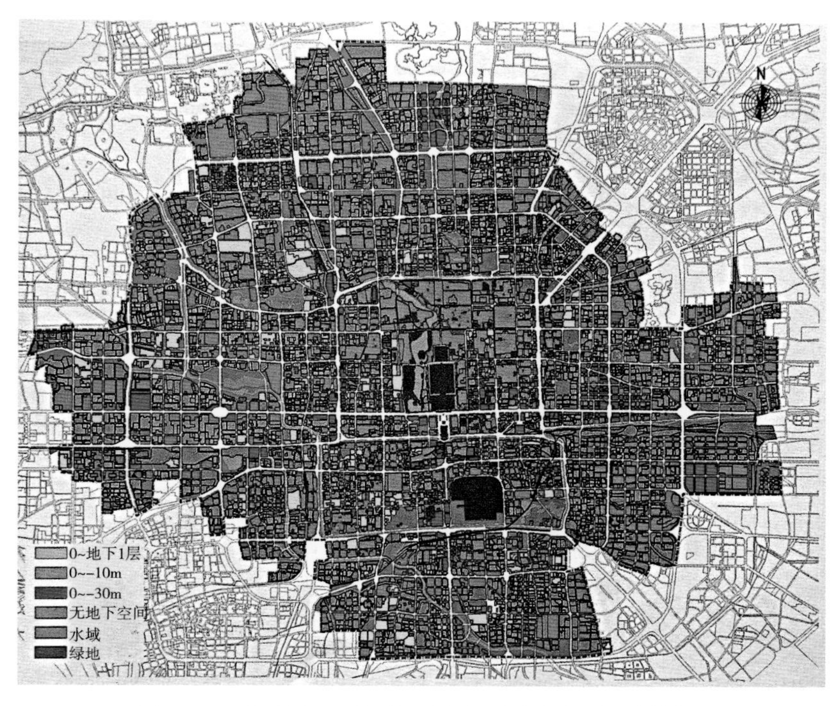

图5-101 北京中心城区地下空间开发利用层次规划图

同时，北京对某些重点街区，已进行了地下空间的具体布局研究。如在王府井商业区的地下，统一安排了人流、车流和地下管线的位置，使商业区的地上地下融为一体。在西二环路，规划把拥塞的地面交通移入地下，地面还以河道绿带，对改善交通、营造生态环境，都将有着十分积极的作用（图5-102~图5-104）。

图5-102　北京王府井商业区地下空间规划结构示意图

图5-103　北京西二环路现状拥挤的地面交通

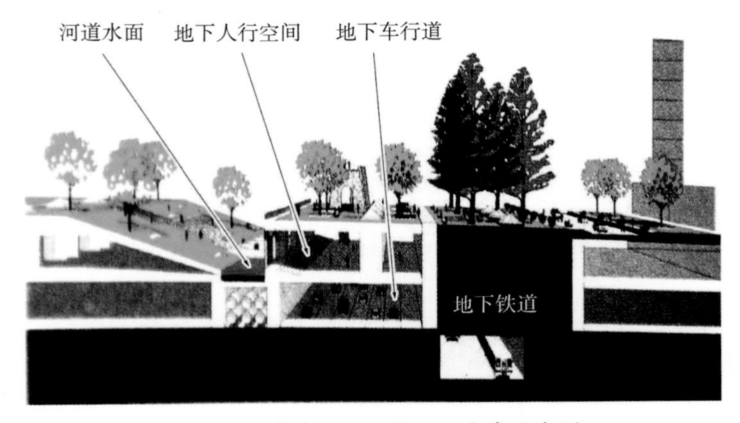

图5-104　北京西二环路入地方案示意图

第六节　低碳生态与城市布局的关系

一、城市规划低碳化的意义

（一）地球大气结构与城市化的关系

地球的大气成分中的二氧化碳气体，60多万年以来，一直保持在正常的浓度范围之内；然而在最近的半个多世纪以来，随着全球大规模的工业化，以二氧化碳为主体的“温室气体”排放量的急剧增加，已导致气温增高、极端天气与气候事件频发、海平面上升等灾难性后果，对自然生态系统和人类生存环境产生了严重影响（图5-105）。

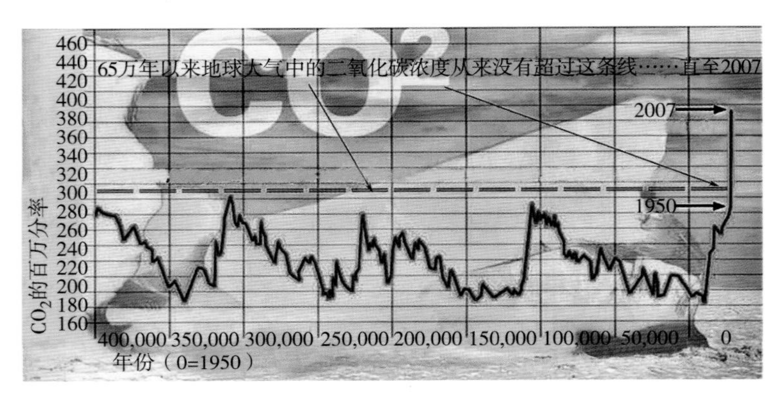

图5-105　地球大气中二氧化碳浓度变化趋势表

城市是大量的产业、人口和经济社会活动的聚集地，也是能源消耗和碳排放的主要源头。据统计，全世界大城市消耗的能源占全球的75%，温室气体排放量占世界的80%。联合国2010年发布的《世界城市化展望2009修正版》（United Nations，2010）曾经提出，到2010年底全世界有50.5%的人口生活在城市中，到2050年，这一比例将上升至69%。根据联合国的预测，到2025年，全球将有29个人口超过1000万人的巨型城市和46个人口在500万人~1000万人的特大城市，这些城市的人口将占总量的17%。在全球低碳行动的大形势下，各国政府也纷纷推出了国家低碳战略和行动计划，对低碳城市规划、建设和管理，进行了初步的探索。

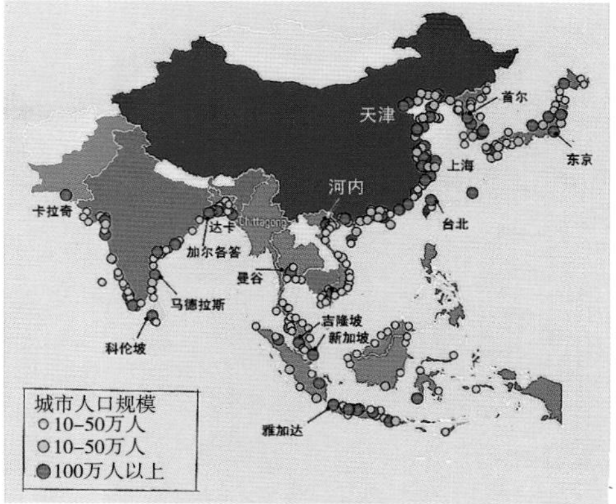

图5-106　受海平面上升威胁的东亚城市分布图

过去的100年中，因碳排放量的增加引起了气温升高、冰雪融化，海平面已升高了11.5cm，并由此引发接连不断的灾害性气候（图5-106）。

中国当前正处在城市化快速发展阶段，预测到2015年，将有近60%的人口生活在城市当中。因此促进节约能源、减少碳排放成为中国城市可持续发展的关键。因温室气体增加致使海平面上升，也危及了许多城市，尤其是沿海城市的可持续发展，甚至是城市的生存环境。若再继续上升15cm，珠江三角洲的城市群20%~30%将被海水所淹没；长江流域自21世纪以来气温也升高了1℃；我国沿黄海地区集中了8亿多人口，形势同样也十分严峻（图5-107）。

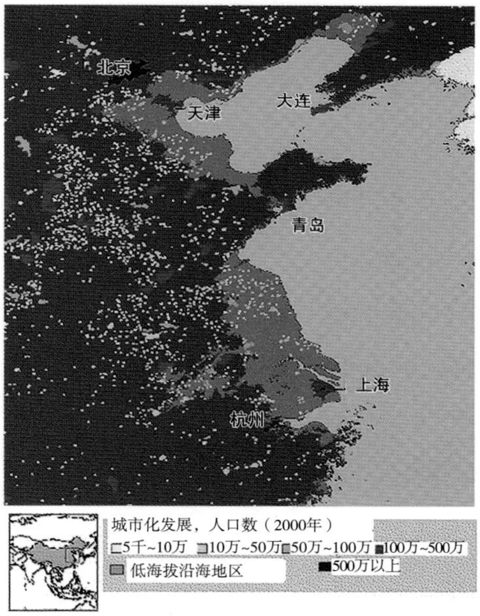

近几年，低碳理念的城市规划已成了规划领域的热点问题。今后衡量“现代国际城市”的标准之一，无疑会是体现低碳排放的生态文明城市，因此中国将在减排方面承担一定的责任。

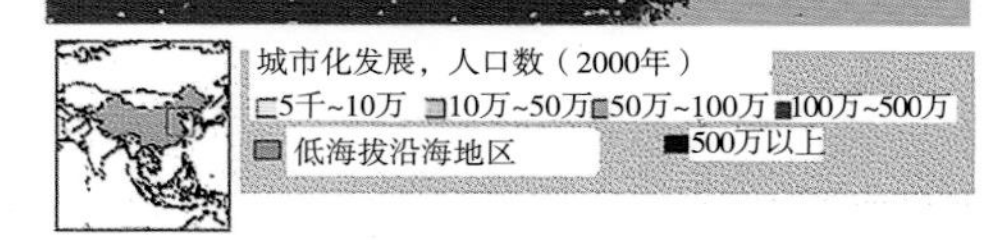

图5-107　我国黄海沿海地区城市分布图

（二）城市化活动与碳排放的关系

自然资源和生态环境是人类赖以生存和发展的永恒基础与支撑，城市也不例外。能源的终端使用会产生碳排放，而碳排放的来源可以包括交通（transportation）、居民生活（residence）和产业（industry）三部分。在美国，碳排放总量中交通碳排放占33%，建筑物碳排放占39%，产业碳排放占28%；可以看出，交通和建筑的碳排放量要占总量的72%，而这两方面也正是与城市规划密切相关的。低碳城市规划方面的理论研究主要涉及城市相关的碳排放总量、碳排放与城市空间布局以及通过科学的城市规划减少碳排放的手段等。

城市人口与碳排放总量水平成正比关系。我国各地区碳排放密度由东南部沿海向中西部地区递减，CO_2的高排放区域主要集中在我国的东南部沿海发达地区，尤其是珠三角、长三角和环渤海地区，这些地区也正是中国人口分市的集中地区。

保护城市资源与自然生态环境，是城市规划、建设的重要任务。为此，生态学家提出了“3R”的理念，即Reduce（减少资源消耗）、Reuse（增加资源的重复使用）和Recycle（资源的可再生）。它们是向低碳生态城市发展的三个不可缺少的内涵。

（三）城市规划布局与减排的关系

城市规划布局与减排的关系息息相关。规划学者在这方面研究得出：在一定程度上，人口密集度越高，由于运营效率的提高，从而有利于减少碳排放总量。同时，高密度、紧凑的发展模式将节约大量土地；而低密度、蔓延式的发展模式促使居民的出行会更多地选择小汽车，使基础设施的成本增加，并刺激人均居住面积的增加，从而大大增加碳排放。

因此，适当地紧凑布局、推广可兼容的用地功能综合化和提高城市公共空间的社会化水平，是城市总体规划布局低碳化的三要素。

（四）中国减排任重道远

我国是世界第二大能源生产国和消费国，温室气体排放量非常大，在世界上正面临着巨大的国际压力。在2009年12月召开的“联合国气候变化大会”（即哥本哈根会议）上，我国亦做出了到2020年单位国内生产总值CO_2排放比2005年下降40%~45%的单方面承诺。

然而，在实践中，规划的严肃性和连续性往往受到各方面的干涉而频繁更迭修改；大量的社会财富被糟蹋，加强了碳排放；在城市规划布局方面，如何深入理论研究和实践探索，尚处于初创阶段。总之，要顺应低碳减排的世界形势，可以说是任重而道远。

二、发展低碳生态城市的模式

世界上城市化的发展模式大致有三种：

（一）A模式——美国型（American Model）

这种模式的主要特征是低密度的城市化蔓延式发展，采用以私人轿车为主体的交通运行体制，对化石燃料的深度依赖。A模式的特点是高排放，是完全以追求利润为目标的发展模式，它进一步加大了生态环境的破坏。该模式是主要以美国为代表的西方发达国家采用的城市化发展模式。

（二）B模式——遏阻型（Brown Mode1）

这种模式的主要特征是缩减经济规模，用一种放缓经济增长的方式以缓解对生态造成的危机，从而实现经济社会的可持续发展。该模式的选择对于大多数发展中国家，虽然会冲淡诸如贫困、公平、生存危机一类的基本特征，但实际上可能走向一个更加不可持续的发展道路。这种模式为一些国际组织和专家所推崇，作为宣称的发展中国家城市化进程模式。

（三）C模式——中国型（Chinese Model）

这种模式主要是从传统的粗放扩张模式转向低碳能源技术、低碳经济发展和低碳社会消费的新型模式。它在坚持“发展”的前提下，充分体现了市场机制的高效，以有序发展的理念，实现低碳减排的目标，达到逐步改善城市发展中面临的生态环境问题的目的。

C模式大力倡导绿色交通、建筑节能和绿色生产，建设低碳社区、低碳家庭，是现今中国城市发展中的一条需要实践和探索的道路，是建设低碳生态城市的方向。

建设绿色城市是一项综合面很宽泛的规划、建设、管理一体化工程，大致包括六方面的系统性内涵，详见表5-34。

表5-34　建设绿色城市重点内涵

序号	项目	建设重点内涵
1	绿色建筑	推进既有建筑供热计量和节能改造，基本完成北方集中采暖地区居住建筑供热计量和节能改造，推进夏热冬冷地区建筑节能改造。逐步提高新建筑能效水平，执行节能标准。推进建筑工业化、标准化、部品化，提高住宅工业化比例。政府投资的公益性建筑、保障性住房和大型公共建筑全面执行绿色建筑标准和认证
2	绿色交通	发展新能源、小排量等环保型汽车，加快充电站、充电桩、加气站等配套设施建设，加强步行和自行车等绿色慢行交通系统规划建设，推进混合动力、纯电动、天然气等新能源和清洁燃料车辆在公共交通的示范应用。推进机场、车站、码头的节能节水改造，严格执行运营车辆燃料消耗量准入制度，到2020年淘汰全部黄标车
3	绿色能源	推进新能源示范建设和智能微电网示范工程建设，建设分布式光伏发电示范区。在北方地区城镇开展风力发电和清洁供暖示范工程，选择部分县镇开展可再生能源利用示范工程

（续）

序号	项目	建设重点内涵
4	产业园区循环化	以国家级和省级产业园区为重点，推进循环化改造，实现建设用地集约利用、废物交换利用、能量梯级利用、废水循环利用和污染物资源化集中处理
5	城市环境综合整治	强化大气污染综合防治，明显改善城市空气质量；实施安全饮用水工程，治理地表水和地下水，实现水质和水量双保障；开展存量生活垃圾治理和重金属污染防治工程，推进重点地区污染场地和土壤修复。实施森林、湿地的保护与修复
6	绿色新生活	在衣食住行游等方面，加快向简约适度、绿色低碳、文明节俭的方式转变。培育生态文化，引导绿色消费，推广节能环保型汽车、节能节地型住宅。健全城市废旧商品回收体系和餐厨废弃物资源化再利用体系

三、城市规划布局与低碳化的关系

（一）做好城市土地利用的生态规划是合理布局城市功能的前提

从生态角度分析研究城市各区块的最佳利用功能，合理利用土地资源，科学布局工业用地、居住用地、公共服务设施用地、农业用地及其他用地，能疏解中心城区过度叠加的城市功能，以减轻城市建设对自然生态系统的不良影响，维系自然生态系统的降解、净化和物质还原能力，为城市发展提供良好的土地资源保障。

（二）构建低碳化的城市交通系统

必须纠正时下的城市“以车为本”的思维模式偏向，真正回归“城市以人为本”的属性。小汽车平均能耗大约是地面公交和轨道交通的5倍左右。变革传统的道路系统，注重“绿色出行”，突出公共交通、非机动车交通和步行交通的地位，以减少交通碳排放和交通对城市的环境污染，增加步行、自行车及公共交通等绿色出行方式是碳减排的关键内容之一，也是城市总体规划布局必须关注的要点之一。各种交通方式的排序应该是：以良好的步行环境为先导，它的开发建设要优先于以方便自行车适用为导向的建设，再在此基础上倡导以公共交通为导向的开发建设，然后才考虑城市的小汽车交通；然而，当前自行车出行比例的下滑及小汽车出行比例上升的不良趋势，正好与构建绿色城市交通的目标背道而驰（图5-108）。

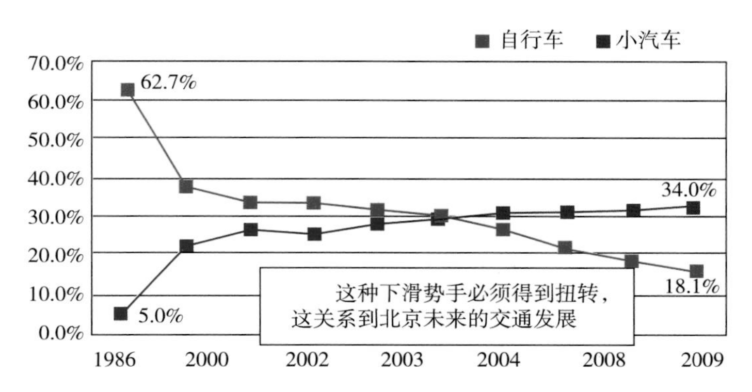

图5-108 北京市自行车和小汽车出行比例变化趋势

世界上许多大中城市，公共交通出行比例均在70%以上，其中利用轨道交通的比例更占公共交通总量的70%以上。越是中心区，公共交通的比重越高。伦敦的金融区、纽约的曼哈顿、东京的都心和副都心，无一例外都依靠公共交通。东京的公共交通占87%，而小汽车只占12%。在东京，绝大多数人用地下轨道交通，上下班时地面十分空畅。我国的差距是十分明显的。例如，北京市的工作出行方式中：公共交通仅占29.8%，小汽车高达37.9%（含出租车7.6%），自行车占29.8%，以往浩浩荡荡的自行车“洪流”盛况已不多见。由于小汽车交通量比例过高，是东京的3.16倍，而公共交通又仅为东京的34.25%，这种出行方式大大加剧了市中心区地面交通（包括静态交通）的拥堵。

城市交通要实现低碳化，必须改变出行方式，要压缩私人汽车作为通勤交通的比例（当然还要有效实施公车改革，这与中国的国情密不可分），增加公共交通，特别是轨道交通的比例，以形成一种合理的出行方式结构。

（三）合理确定街区尺度

我国大多数城市的街区受外来“小区”规划的影响，街区尺度较大、用地功能较单一、路网密度较稀。为建设低碳生态型城市，总的要求应该缩小街区尺度、强化用地功能的综合兼容性、增加路网密度、提高交通循环效率。2016年2月，《中共中央国务院关于进一步加强城市规划建设管理工作的若干意见》提出，我国新建住宅小区要推广街区制，原则上不再建设封闭住宅小区，已建成的住宅小区及单位大院要逐步打开，实现内部道路公共化。这样还有利于最大限度地促进职住平衡和缩短工作出行距离，并有利于引导发展步行和自行车等绿色交通模式，以更加节约能源消耗和减排。这对于特大城市来说尤为有效。

（四）建立物质再生循环体系

在维持城市的生产、生活、服务等过程中产生的大量生活垃圾、建筑废物、工业垃圾，要尽可能减少填埋、焚烧、抛弃对占用土地资源和环境的污染。避免城市的物质输入和输出的极不平衡，建立“封闭物质循环系统”，加强与自然生态系统的联系，把废料作为资源重新利用，尽量减少消耗性材料的使用，把城市的人为生态系统融合于它所依赖的自然生态系统。

可以采用四项城市的低碳自然循环系统：

1）自然系统——把所有已经硬化的河道恢复自然形态，重新发挥城市水道的自然净化作用。

2）降水回灌与回用系统——充分利用降水资源，让雨水回灌地下涵养地下水体，或直接排到绿化植被之下，形成自然的水循环系统。

3）绿色交通系统——形成非机动车绿色交通骨架，在城市道路规划布局中充分考虑方便行人与自行车出行需求。

4）本土绿化系统——发展乡土植物，减少养护成本，消除“生物入侵”带来的影响，实现绿化本土化，体现乡土绿色文化。

四、各国低碳城市规划政策和实践

世界各国都对低碳城市发展给予了高度的重视，包括各类学术研究、政策制定以及低碳城市的实践，在这几年大量涌现一些成功的实例。

（一）英国

英国于2003年首次提出了“低碳经济”的概念，并在2008年编制的《气候变化法案》中明确了英国中长期的减排目标，即到2020年，英国的二氧化碳排放量将在1990年的水平上至少减少26%，到2050年，再在1990年的水平上削减至少60%，计划到2050年把英国变成一个低碳经济的国家。

英国政府在2008年推行了低碳生态的城镇建设计划，并选定了牛津郡的西北比斯特（North—West Bicester）、诺福克郡的拉克希思（Rackheath）等城镇作为低碳生态城镇的示范性建设试点。其主要政策包括下列八方面：

1）提高步行、自行车和公共交通的出行比例，减少50%的小汽车交通量。

2）规划公交车站和社区服务商业中心的网络，使之在步行10min以内的距离能够到达。

3）城内街区实现混合商务和居住功能，减少通勤性出行比例。

4）建设可再生能源开发利用系统，实现碳的零排放。

5）全面实施建筑节能。

6）绿色空间面积不小于生态城总面积的40%。

7）加强节约用水。

8）垃圾处理与能源生产相结合。

（二）日本

日本建设省从1992年开始，就提出了建设生态型的城市至少应包括三个方面的内容:

1）节能、循环型城市系统。

2）水环境与水循环系统。

3）城市绿化系统。

对住宅、工业、交通、能源转换，相关部门也都提出了预期减排目标，并制定了到2050年日本的温室气体排放量比目前减少60%~80%的长期目标，它的努力目标是要成为世界上第一个“低碳社会”。

（三）澳大利亚

从1994年开始，在阿德莱德城中发起了一个低碳生态城市计划，它包括有下列四项主要内容:

1）控制发展规模——维持一个适当的经济发展水平；节约建设用地、恢复退化的土地；尊重生态条件，限制城市的过度扩展。

2）保护生态环境——开发强度必须与环境生态容量相协调，改善自然生态系统状况；建设工程应该体现适合于本土生物群落的特点；倡导生态文化建设，提高居民生态意识。

3）发展循环经济——优化能源利用结构，使用可再生的能源和资源，减少能源消耗，促进资源再利用。

4）重视软环境建设——保证社会发展公平性；尊重建设发展历史，保护自然景观和人文景观的沿袭；提供多样的社会和社区服务活动；提供健康与安全的生活条件。

与上述四项基本要求相适应，还制定了具体标准，到目前，这一计划已全面实施。

（四）巴西

巴西的库里蒂巴市是举世闻名的发展快速公共交通BRT（Bus Rapid Transit）的成功典范。其城市规划在探索城市可持续发展之路上取得了举世公认的成绩，世界银行和世界卫生组织都给予了库里蒂巴极高的评价，该市的废物回收和循环使用系统以及节约能源措施均分别得到联合国环境署和国际节约能源机构的嘉奖。其中最为突出的是库里蒂巴十分独特与城市融为一体的公共交通系统，它的城市发展和规划可以说是世界上最优秀的实例之一。

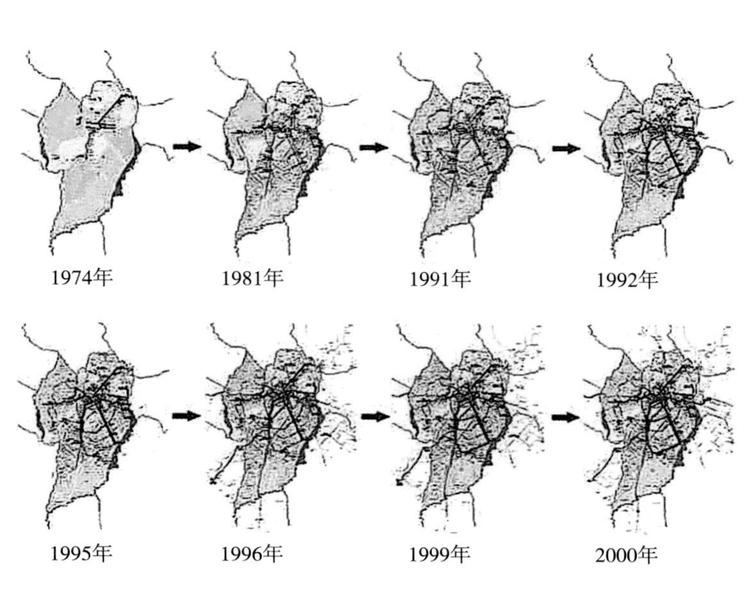

图5-109　库里蒂巴公共交通一体化发展历程

库里蒂巴市是巴西第三大城市。大都市区人口约280万，面积15622km^2；市区人口约160万，面积432km^2。该市的城市规划布局结构与交通体系紧密相连，它所建立的BRT快速公交系统在全球享有广泛的声誉，也是建设低碳城市的成功实践（图5-109~图5-111）。

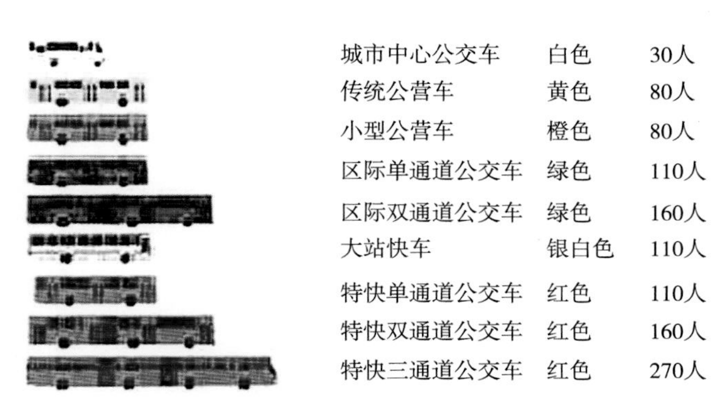

图5-110　库里蒂巴市六种不同颜色的公交车辆

图5-111　巴西库里蒂巴市区鸟瞰

（五）阿联酋

阿联酋的阿布扎比—马斯达城是一座沙漠中的“零排放”生态城（图5-112）。它的规划有三大特点：

1）禁用私人小汽车，上下班使用快速运输系统（BRT），该系统由大约3000 辆以回收镉锂电池驱动的汽车构成。

2）资源节约，与同等规模城市相比节水60%、节电75%，垃圾填埋空间少98%。

3）全方位利用可再生能源，可再生能源的使用比例达到100%，其中：

①光电太阳能：52%。

②大规模的太阳热能农场：26%。

③屋顶太阳能热水收集器：14%。

④将废物转化为能源的工厂：7%。

⑤风能：1%。

图5-112 阿联酋阿布扎比—马斯达城：沙漠中的“零排放”生态城

五、我国低碳生态城市建设的路径

2015年11月30日，在巴黎召开了一个世界上规模空前的“气候大会”，全世界约150多位国家的首脑和数千名外交官出席了这次盛会，170多个国家都提出了减排规划，以竭尽全力防止全球性的气候变暖趋势，总体目标是至2030年将碳排放相对于1990年减少至40%。

我国规划建设低碳城市的理念也在21世纪以来，特别是在“联合国气候变化大会”（即哥本哈根会议）之后蓬勃兴起。不少省市纷纷结合节能减排政策，通过公交优先、自行车出行、建筑节能、节能灯照明等措施推广低碳消费和低碳发展理念。这会使城市布局，尤其是交通系统的布局，产生较大的变革。

与此同时，我国许多城市都在积极创建环保城、生态城、宜居城，例如，武汉城市圈和长（沙）、株（州）、（湘）潭城市群成为全国“两型社会”建设综合配套改革试验区；山东日照市提出了建设低碳城市目标，上海市、保定市等也在与世界自然基金会合作建立低碳城市的试点。

厦门市在规划低碳城市方面进行了一些有益的尝试（图5-113）。2010年1月13日，该市在全国率先编制完成了《厦门市低碳城市总体规划纲要》，使低碳城市已经从抽象的概念走向了具体的实施阶段。该《纲要》将重点从交通、建筑、生产等三大领域探索低碳发展模式。规划到2020年，厦门GDP总量是2005年的7.14倍，单位能耗只是2005年的60%。占碳排放总量90%以上的交通、建筑和生产这三大领域将是探索低碳发展模式的三大重要领域。首先是要推行公共交通，以公共交通为主的快速公交系统（BRT）；推广经济型的小排量汽车、规划城市步行道系统以及完善城市轨道和海运高速公路网。同时，计划发展海水源的水冷式空调系

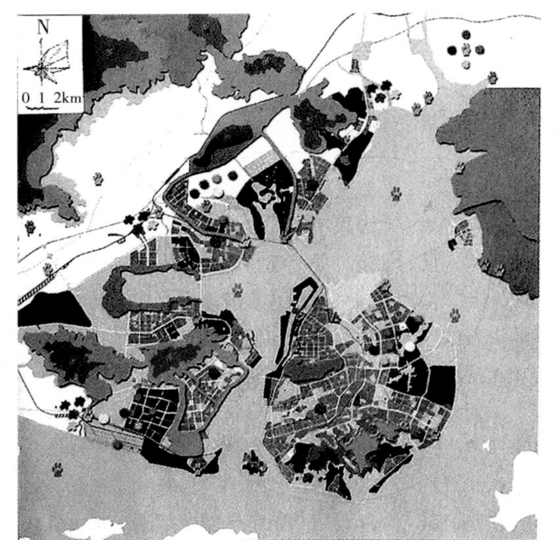

图5-113 厦门市低碳概念规划

统，因为热源温度全年较为稳定，它的制冷效率与常规的空调相比，要高出40%左右，运行费仅为普通中央空调的50%~60%。与传统供热方式相比，海水源热泵供热要比电锅炉供热节省2/3以上的电能。

山东省德州市有个占地5000余亩的“中国太阳能城”，被国家命名为“中国太阳谷”。它是太阳能利用的重要基地，涵盖了太阳能热水器、太阳能光伏发电及照明、太阳能与建筑结合、太阳能高温热发电、温屏节能玻璃、太阳能空调、海水淡化等可再生能源应用的众多门类。根据规划，这里将成为世界可再生能源的生产制造中心、研发检测中心、科普教育中心、观光旅游中心、会议交流中心等五大中心。2010年9月，主题为“太阳能改变生活”的第四届世界太阳城大会在德州举行，该市积极开展太阳能推广利用工作，启动实施了“百万屋顶”计划，大力推广建筑与太阳能一体化（图5-114~图5-117）。

同时，一些城市在完善公交服务网络布局方面，亦进行了探索，使居民出行到公交站点的距离达到在500m之内的全覆盖（图5-118）。

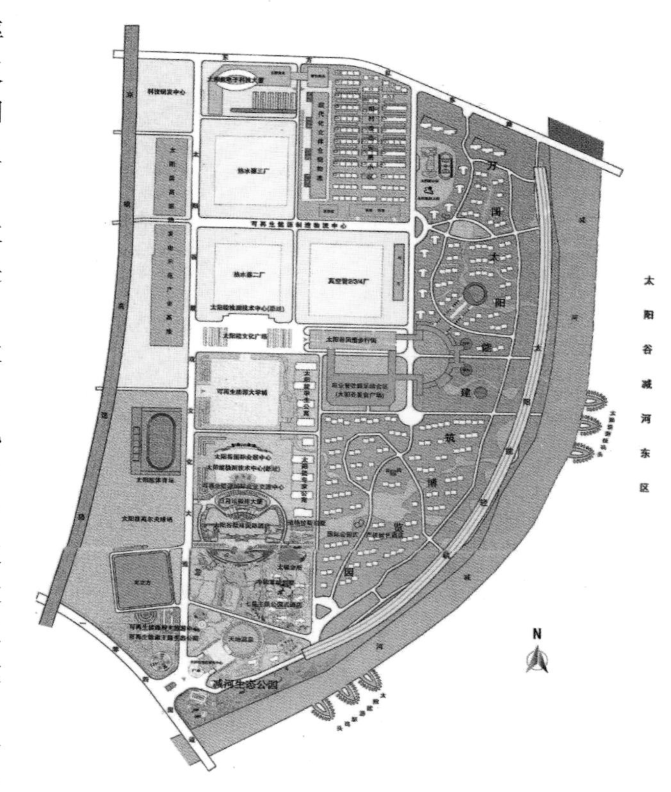

图5-114 德州太阳谷减河西区规划总平面图

图5-115 德州太阳谷减河西区规划鸟瞰图

图5-116 德州全市所有交通照明设施基本实现利用太阳能光伏能源

图5-117 德州市“太阳谷”主体建筑物“太阳城”微排大厦

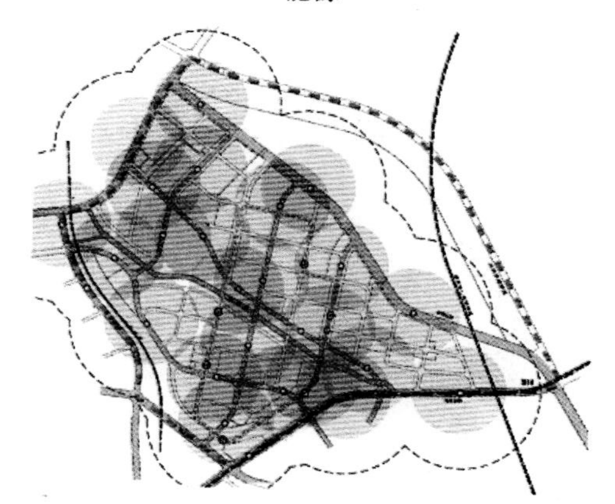

图5-118 某规划区公交服务网络可达性布局图

总之，城市建设的目标已从单一的经济繁荣走向三维的复合生态繁荣。从城市布局形态方面看，蔓延式的分散布局（包括传统的组团式结构）会使得市民的出行过分依赖小汽车。它不仅从根本上克服不了“潮汐式”（即俗称的“钟摆式”）交通压力，更不利于节省土地和能源，是不可持续的。而顺着交通干线呈带型城市的紧凑布局，既能体现低碳化，又可造就良好的生态环境保障。

六、变革城市布局形态是实施低碳化的保障

（一）发展紧凑型城市

中国城市发展应走紧凑型的道路，是防治城市“摊大饼”式蔓延通病的良方；在规划布局方面必须调整城市增长方式以控制城市的无序扩张。可以制定出一条 “城市增长边界”（Urban Growth Boundary），以扭转当前许多城市跑马圈地、以大取胜的浮躁心态。

（二）实施“绿楔规划”

变革城市绿化模式，建设森林型城市，在城市绿化中，森林碳库的保护和增容可以将大量的碳固定于森林生物量中，木材对能源和原材料的替代可以有效地避免大量化石能源的消费和温室气体的排放。使城市整体布局与生态廊道相结合，通过生态廊道建设，密切城市建成区与绿地之间的生态联系。

碳汇主要是指森林吸收并储存二氧化碳的容量，或者说是森林吸收和储存二氧化碳的能力，城市绿地系统是城市重要的碳汇地，它对于吸收二氧化碳、调节城市气候有着十分关键的作用。城市总体规划中的绿地系统规划和林业规划，是重要的减碳规划措施。森林与灌木的碳汇量要占城市碳汇总量的78%，在规划实践中，实施“绿楔规划”战略可大大提升城市的“碳汇”水平。因此，绿地系统，特别是森林绿地系统，对构建低碳城市至关重要。例如，至2007年年底对北京市森林资源的碳储量进行专项的研究结果表明，人均公共绿化达到12.6m^2，北京市森林覆盖率达到36.5%，林木覆盖率达到51.6%，森林资源总碳储量为1.1亿t，森林资源年固定二氧化碳量约为972万t（碳汇量），年释放氧气量约为710万t。

以绿楔间隔的公共交通走廊型的城市空间扩张方式，将新的开发集中于公共交通枢纽，有利于公共交通的组织，实现有控制的紧凑型疏解，实现规划建设“低碳城市”的战略目标。并且可以结合城市发展的实际需要在走廊方向进行分段分时序的开发。如澳大利亚墨尔本在20世纪60年代后期开始就开始推进“绿楔规划”。这种发展模式可以适应人口增长的不确定性，鼓励公共交通的发展和实现城乡发展的协调（图5-119、图5-120）。而我国的包头、遂宁等城市也进行了类似的“绿楔规划”（图5-121、图5-122）。

图5-119　墨尔本“绿楔规划”示意图

图5-120　花园城市澳大利亚堪培拉核心区国会大厦位于绿轴的交汇点

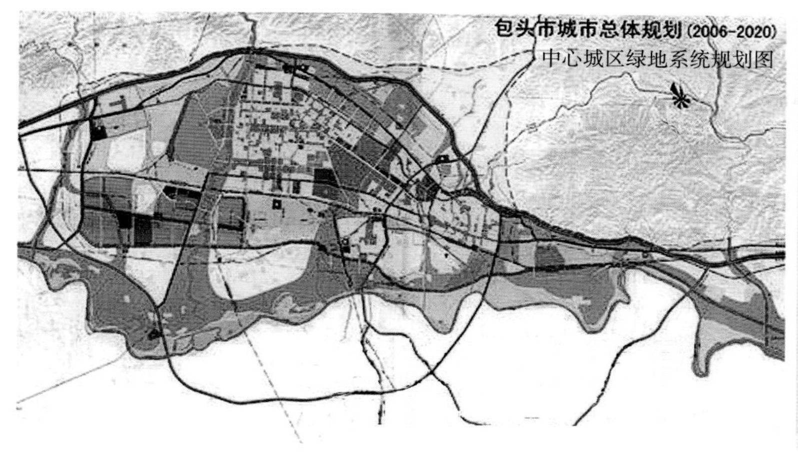

图5-121　包头市中心城区由绿带所分割

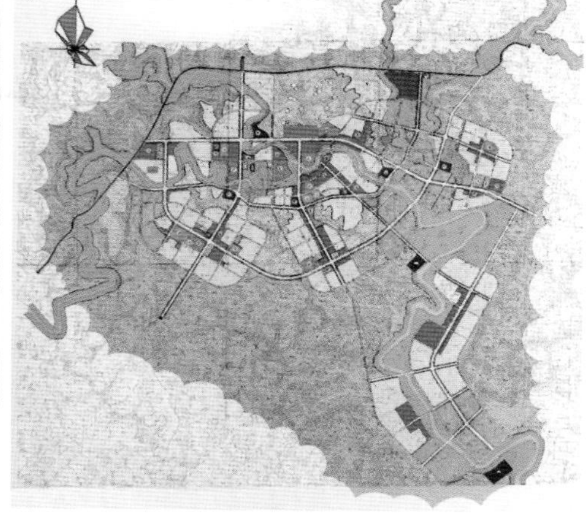

图5-122　四川遂宁市安居区由绿带水系所串联

（三）建成“绿色交通”体系

“现代城市交通为首”，然而，交通出行又是城市二氧化碳的重要排放源。城市中二氧化碳排放的85%来自于机动车，发展低碳的绿色交通成为现今城市规划的新热点。绿色交通包括公共交通、自行车交通和步行交通三方面。对于大部分城市而言，实施快速公交是行之有效的办法。快速公交运量大而投资少，其客运能力相当于轨道交通，但投资只有轨道交通的1/3。再加上采用全程红绿灯优先技术，使得它成为城市交通新的“发展极”。据北京市交通委介绍，北京市将建设总共18条快速公交线，届时，北京市将基本形成快速公交通达网络。

对于特大城市和大城市，轨道交通在城市公共客运系统中占据骨干地位。2009年，北京中心城90%乘客到车站不超过500m，地面公交日均客运量达1500万人次以上，大大地提升了城市运营效率和方便乘客。目前北京交通部门正加快轨道交通新线建设，计划2015年达到561km。截止到2009年，我国内地已有北京、上海等10个城市的29条轨道交通线路建成并投入运营，运营里程近800km。同时还有14个城市共46条轨道线路正在开工建设，建设总里程为1200多km。到2015年将规划建设70条轨道交通线路，总长度约2100km。到2020年，我国内地城市轨道交通总体规划模将达到3000~3500km。

同时，换乘中心可以为市民的出行提供高效、方便而安全的服务，是提高公共交通吸引力的关键因素之一。发展综合客运枢纽和换乘中心，规划建设步行、自行车交通街区是建设低碳生态城市的重要内涵，如巴西库里蒂巴市的快速公交线（图5-123）。

图5-123　巴西库里蒂巴市的快速公交线

（四）引入“限建区”规划理念

为切实构建低碳生态城市，在总体规划布局中，应该先行确定对城市发展有制约的诸要素，做出禁建限建的区划。这些要素大体上有8个：

1）水系湿地控制区。

2）山林控制区。

3）基本农田控制区。

4）地上地下历史文化保护区。

5）地质构造断裂带。

6）自然保护区。

7）风景资源保护区。

8）矿产资源保护区及采空塌陷区。

限建区规划对于引导城市空间合理布局、处理好生态保护与资源利用、避免城市无序蔓延、促进城市可持续发展等，都具有很积极的意义。在规划指导思想方面，不能过分局限于城市化需求和人口发展预测作为城市空间扩展的依据，而是以合理的资源承载力和维系生态环境平衡为前提，进行城市空间的布局；限建区的规划可以作为低碳城市规划中重要的组成部分，应该在城市总体规划布局中广为推行。尤其是在交通政策上，优先考虑建立非机动车绿色廊道体系。

近些年来，在规划界提出了“反规划”的理论，它实际是对编制规划的一种反向制约的思维，意在编制城市体规划中，应首先确定哪些是禁止或不宜作为建设用地，除此以外，才可以进行规划建设用地的布局研究。这种指导思想对检讨完善规划布局有一定的积极意义。“反规划”的宗旨，也是在保障城市可持续发展的前提下，对规划理念和工作程序提出一种新的思考角度，其实它本身也是规划工作的内涵；不过简而言之为“反规划”，似不失偏颇，因为其指导思想仍属规划的必要范畴，只是意在编制规划的理念应该更科学、更全面，程序更合理。

北京市已编制完成了《北京市限建区规划（2006—2020年）》，规划确定了摸清各类限建要素的空间分布和限建要求，第一次按照生态条件划分出限建等级，其中包括了55.5km^{2}的绝对禁建区，而明确可以搞房地产开发或其他建设的适宜建设区只有527.1km^2，仅占全市面积的3.2%，限建区规划从“水”“绿”“文”“地”“环”五大方面分析建设限制要素，依据自然灾害易发的风险、资源环境保护的价值、污染源防护的影响等差异，划定建设限制分区，从而为城镇化时期北京的城市空间发展提供合理的规划和决策依据。

国内一些城市从有利于环境保护和建设低碳生态城市出发，正陆续编制类似的限制性总体规划方案（图5-124、图5-125）。

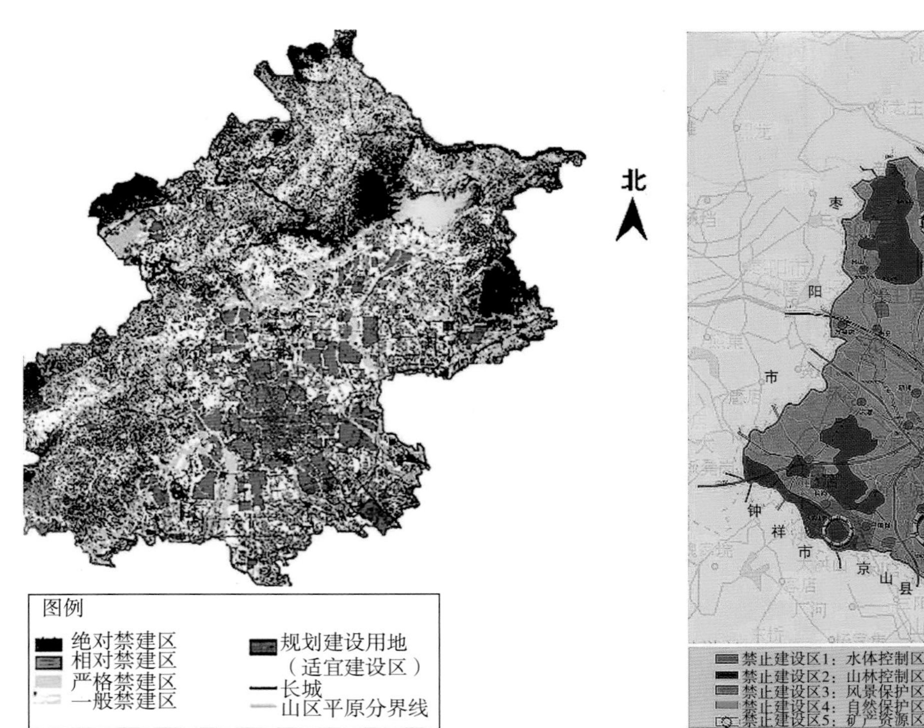

图5-124　北京市市域建设限制性分区规划图

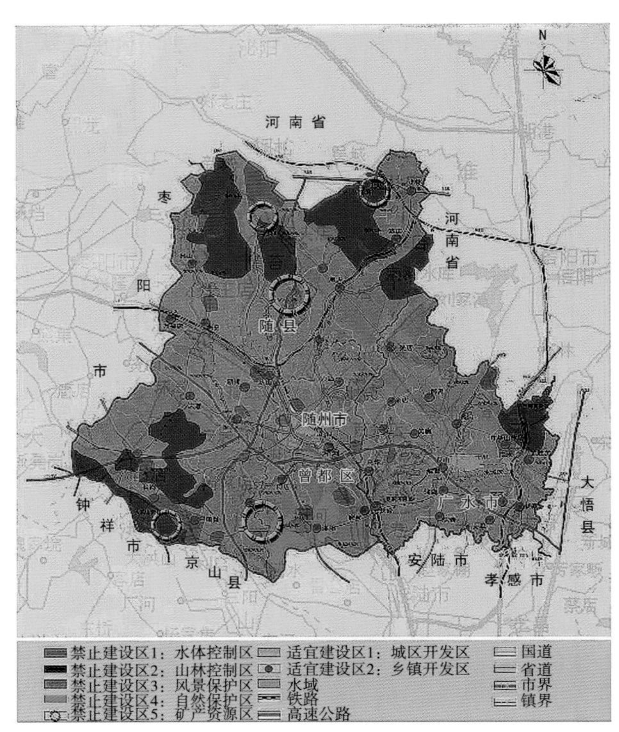

图5-125　湖北省随州市城市市域建设限制性总体规划图（2009—2020）

低碳生态城市是一个综合性的内涵，它必须以发展低碳经济为导向，以市民的低碳生活理念和模式为特征，以政府管理建设低碳社会的相关法规为指针，城市规划仅是其中一环。因此，现代城市总体规划研究在这方面的积极意义可以归结为：倡导减少碳源、增加碳汇，在发展城市建设的同时，为城市提供生态服务功能。

第六章　数字化时代的城市总体规划

2015年12月16~18日，在我国的历史文化名镇乌镇召开了第二届世界互联网大会，来自全球120多个国家（地区）和20多个国际组织的2000多位代表与会。会后发布的《乌镇倡议》提出要“共享网络发展成果。大力发展数字经济，促进互联网与各产业深度融合”，城市规划正面临着前所未有的大变革新形势。

城市规划者应该清醒地认识到：随着社会和科技的不断发展创新，城市规划的数字化，必定不会是终结的完成式，它只是发展历程中的一个阶段。

第一节　数字化时代的城市特性

进入21世纪，数字化已日渐广泛而深入融合至各个领域，包括城市规划范畴。

在我国的新型城镇化背景下，冲击了原有的蓝图式、扩张型规划思维，更关注人的需求，面向社区、面向管理、面向存量“三面向”的新的规划模式方兴未艾，“大数据”将成为新的规划方法论的核心，它造就了包括智慧城市的感知数据、社交网络和公众参与等诸多的新规划要素。

大数据的新一代技术思维，真正实现了让城市规划从“物”走向“人”的质的飞跃。同时，大数据及与之有关技术正在冲击并颠覆着各个传统行业，这种变革不同于以往引进CAD、GIS之类的技术革新，而是重新构建城市规划的理论基础、编制办法、技术指标及评价体系，使编制城市规划在智慧、数据、技术以及来自于规划行业以外的资源能够在更大的平台汇集起来，这就是建立城市规划“云平台”的根基。

在北京，以互联网思维的开放态度，以跨学科开展城市定量研究为宗旨，正组建新一代的相应机制，“城市实验室”（BCL）则是迈出了的第一步，北京市规划院设立了CityIF网站（WWW.CityIF.com），它是城市规划云平台实践的大胆尝试。

大数据技术、产业结构与城市规划的关系可以从表6-1中一览其梗概。

表6-1　大数据技术、产业结构与城市规划的关系

层面	涉及技术	相关产业	规划业
采集层	遥感、感知、采集等技术	终端设备制造、传感器设备制造、在线服务运营、数据提供和交易	城市感知与数据获取能力：包括人的活动轨迹、交通、空气质量、经济活动、媒体、能源、地图等
传输层	通信及物联网等专网、实时接入传输控制等	网络设备制造和运营、接入服务	技术与服务的利用
存储层	海量数据存储、维护、管理等	存储设备制造、存储服务	技术与服务的利用
处理层	云计算平台、数据清洗、智能搜索引擎等	计算设备制造、云计算服务供应和解决方案供应	技术与服务的利用
应用层	数据挖掘、数据可视、数据脱敏、机器学习、语义网络、行业专用技术等	数据挖掘机及解决方案供应、数据服务供应、行业应用解决方案供应	规划领域知识图谱、数据挖掘技术应用、城市数据分析等

现今，“数字化”已具象化为“互联网+”的概念，其本质特征将体现在社会的开放创新、大众创新及协同创新，以形成有利于创新涌现的全新形态。作为城市规划的在“互联网+”中的“+”，不仅仅是技术上的“+”，也是思维、理念和模式上的“+”。

所谓“互联网+”，实际上是创新2.0下的互联网发展新形态、新业态，是知识社会的互联网形态演进。而新一代的城市则是在新一代信息技术支撑下一代创新环境（创新2.0）下的城市形态，是基于全面透彻的感知、宽带泛在的互联以及智能融合的应用，凸显出城市公共空间为每一位市民提供全新高效而安全的服务体系，从而实现城市与区域可持续发展。因此，“互联网+”也被认为是创新时代城市的基本秉性，从而进一步完善城市的管理与运行功能，实现更好的公共服务，让人们生活更便利、出行更便捷和环境更宜居（图6-1）。

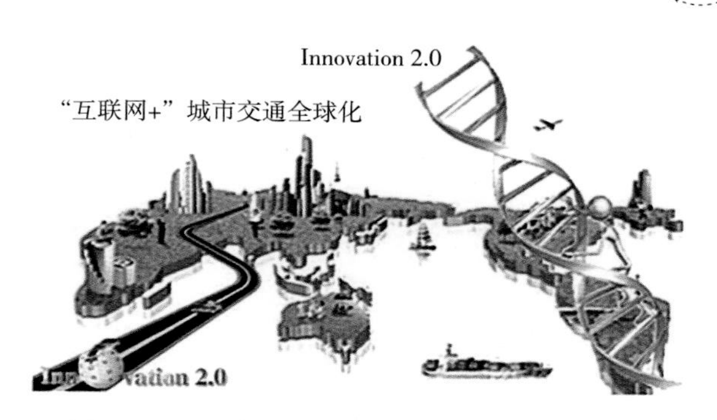

图6-1 “互联网+”影响全世界交通通信示意图

新世纪的城市首先将体现在高水平运营效率。由我国首创的高德软件（它于2010年登陆美国纳斯达克全球精品市场Nasdaq：AMAP），以数字地图、导航和位置提供高效准确的服务。比如在北京，已据此初步形成了北京区域内的交通“热力图”，政府相关部门在城市规划建设中，就可以做到合理布局、合理建设，使得交通治堵的措施在一开始就被考虑进来，还可以考虑开辟完善的自行车道、提供免费便捷的自行车站点，为绿色出行者提供更多的便利。

第二节 构建智慧城市

21世纪是数字化时代，建设“智慧城市”已成为总体规划的新内涵。

2015年3月5日，在第十二届全国人民代表大会第三次会议的政府工作报告中首次提出了《“互联网+”行动计划》，并强调要发展“智慧城市”，我国的智慧城市的规划建设大体可包含6类内涵（表6-2）。

表6-2 智慧城市规划建设方向内涵

序号	智慧城市内涵	规划建设方向
1	信息网络宽带化	光纤入户实现“光进铜退”，光纤网络基本覆盖城市家庭，城市宽带接入能力达到50Mbps，50%家庭达到100Mbps，发达城市部分家庭达到1Gbps，推动4G网络建设，加快城市热点区域无线局域网覆盖
2	规划管理信息化	发展数字化城市管理，推动平台建设和功能拓展，建立城市统一的地理空间信息平台及建（构）筑物数据库，构建智慧城市公共信息平台，统筹推进城市规划、国土利用、城市管网、园林绿化、环境保护等市政基础设施管理的数字化和精准化
3	基础设施智能化	发展智能交通，实现交通诱导、指挥控制、调度管理和应急处理的智能化。发展智能电网，支持分布式能源接入、居民和企业用电的智能管理，发展智能水务，构建覆盖供水全过程、保障供水质量安全的智能供排水和污水处理系统。发展智能管网，实现城市地下空间、地下管网的信息化管理和运营监控智能化，发展智能建筑，实现建筑设施、设备、节能、安全的智能化管控
4	公共服务便捷化	建立跨部门跨地区业务协同、共建共享的公共服务信息体系。利用信息技术，发展城市教育、就业、社保、养老、医疗和文化的服务创新模式
5	产业结构现代化	加快传统产业信息化改造，推进制造业向数字化、网络化、智能化的服务化转变。发展信息服务业，推动电子商务和物流信息化集成发展，创新并培育新型业态
6	社会治理精细化	在市场监管、环境监管、信用服务、应急保障、治安防控、公共安全等社会治理领域，深化信息利用，建立完善相关信息服务体系，创新社会治理方式

《国家新型城镇化规划（2014—2020年）》在“推进智慧城市建设”一节中指出，智慧城市建设要“统筹城市发展的物质资源、信息资源和智力资源利用，推动物联网、云计算、大数据等新一代信息技术创新应用，实现与城市经济社会发展深度融合。强化信息网络、数据中心等信息基础设施建设。促进跨部门、跨行业、跨地区的政务信息共享和业务协同，强化信息资源社会化开发利用，推广智慧化信息应用和新型信息服务，促进城市规划管理信息化、基础设施智能化、公共服务便捷化、产业发展现代化、社会治理精细化。增强城市要害信息系统和关键信息资源的安全保障能力。”要“继续推进创新城市、智慧城市、低碳城镇试点”。可以预期，以宽带网络和云计算为代表的新信息通信基础，在城市和国家的经济和社会发展中的作用将日益显现。

长期以来，由于缺乏城市的统一顶层规划设计，没有管理制度的整合，各部门的信息系统多头开发，数据中心重复建设，致使城市运营的效率低下，浪费严重。同时，由于缺乏数据的统一标准和高效率的交换体制，城市中出现诸多的“信息孤岛”的现象严重，制约了信息系统的应有效率。“智慧城市”的规划建设将会极大地加强城市信息系统的统筹力度，通过“云规划”等新技术手段，将为城市信息系统间的共享和协作提供有力支撑。

一、智慧城市的内涵

“智慧城市”是一门新颖的学科，但在进入21世纪的信息化、自动化、高效化时代后，城市规划已不可避免地要有“智慧化”的内涵融入，才能适应新世纪对城市规划的要求。

（一）智慧城市的定义

智慧城市是一个由多种要素组成的综合体，要素之间联袂互动、相辅相成。其关系结构如图6-2所示。

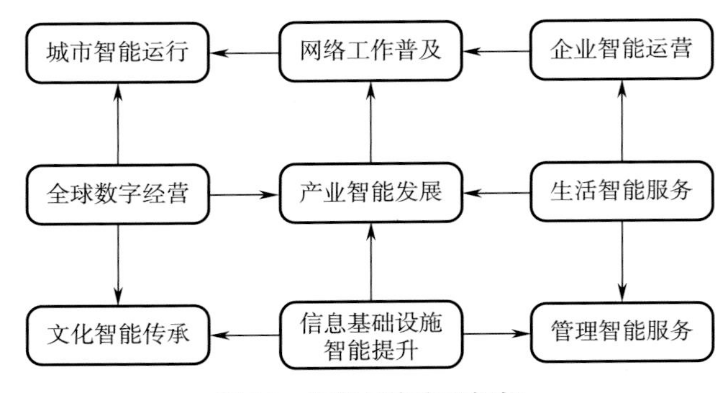

图6-2　智慧城市定义框架

（二）构建智慧城市的指导方针

1）以实现建设和谐社会、低碳生态绿色环保、经济社会可持续发展为功能定位的目标。

2）以科学发展观为纲领，以国家《2006—2020年国家信息化发展战略》《中国信息化城市发展指南（2012）》及《国家十三五规划》为智慧城市建设的指导方向。

3）以构建具有国家特色的社会管理创新和民生公共服务为城市功能定位的起始点和立足点。

4）建设电子政务信息化、综合管理信息化、社会民生信息化、企业经济信息化的“四化”为一体的城市综合管理与公共服务体系。

智慧城市/园区功能规划基于低碳环保理念，在传统城市规划外注重利用信息化手段设计城市的高效、便捷、宜居功能，如智慧的建筑、智慧的交通、智慧的水管理和智慧的医疗等。

（三）智慧城市的三目标

1）“智慧城市”是一种知识经济，它是生活、工作、管理等城市重要功能的支撑保障。

2）“智慧城市”是新一代信息技术，它已全面融入城市社区、交通、基础设施及城市管理。

3）“智慧城市”是城市创新发展的新引擎，是促进经济社会发展的重要驱动力。

（四）构成智慧城市的四要素

1. 建设智慧城市的8个应用层

①应急指挥；②数字城市管理；③平安城市；④政府热线；⑤数字医疗；⑥环境监控；⑦智能交通；⑧数字物流。

2. 构筑智慧城市的3个平台层

①IT能力；②CT能力；③城市大数据中心。

3. 建设智慧城市的3大网络层

①通信网；②互联网；③物联网。

4. 形成智慧城市的10个感知层

①手机系统；②视频电话；③呼叫中心；④无线网；⑤云计算；⑥个人计算机（PC）；⑦internet；⑧视频系统；⑨无线射频识别系统；⑩传感器网络系统。

上述四要素的表述可参见图6-3。

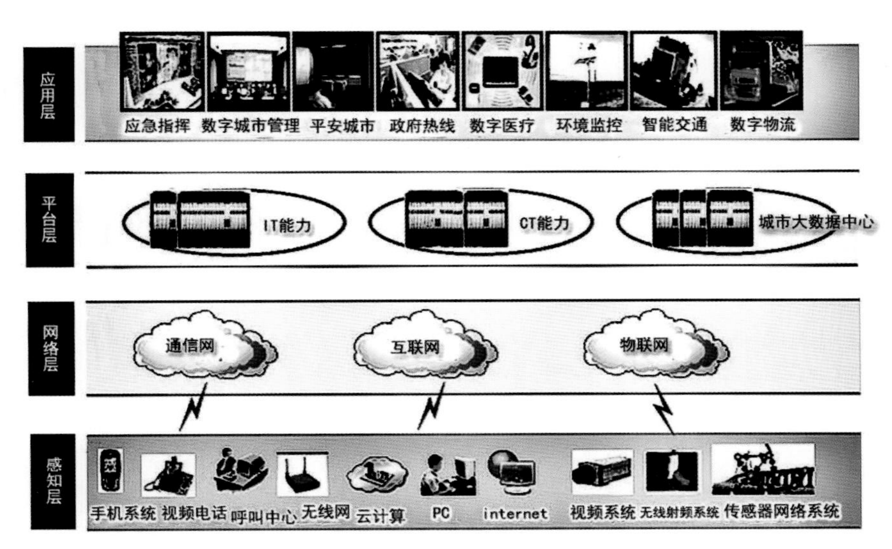

图6-3 智慧城市总体构成要素示意图

二、智慧城市的发展趋势

2009年以来，新一代信息技术的发展和应用成为各国抢占竞争优势的核心战略，智慧城市建设受到人们的广泛关注。

近年来一些国家、地区和城市先后推出了新的城市信息通信技术基础设施建设、技术研发以及产业发展规划，城市“智慧化”日益成为未来人类发展的共同目标。欧盟制定了智慧城市框架及物联网等智慧产业发展路线图，韩国、日本先后推出U-Korea、U-Japan等国家战略规划；美国在2010年底，为了提高政府信息系统运行效率，提出了联邦政府信息技术管理模式改革的实施计划；新加坡提出了要在2015年建成“智慧国”的计划；我国台湾地区也提出了建设“智慧台湾”的发展战略。在当前国际金融危机的背景下，美国更是迅即提出了加强智慧型基础设施建设和推进智慧应用项目的经济刺激计划。

我国推进生态文明建设的内涵可概括为实现“五化”战略，即：新型工业化、信息化、城镇化、农业现代化和绿色化，而建设智慧城市是其核心内容之一。国内许多城市已把建设智慧城市作为转型发展的战略选择，高度重视物联网、云计算、泛在网等技术研发和产业发展，把新一代信息技术产业作为战略性新兴产业重点推进。特别是2009年8月中央提出了建设“感知中国”后，国内一些经济较发达的城市纷纷提出各自的发展思路，制定相关智慧城市规划，掀起发展物联网产业、建设智慧城市的热潮。

三、中国智慧城市规划建设的发展历程

中国对智慧城市规划建设的研究和实践在世界上属于较先开始的，21世纪以来，已大致走了11步。

1）2006年：《国家中长期科学和技术发展规划纲要（2006—2020年）》中的“城镇化和城市发展”要求建立“城市信息平台”。

2）2009年：科技部开始在国家“863”计划布局，立项对“智慧城市”开展研究。

3）2010年年底：科技部在国家“863”计划中推出“智慧城市”主题项目，围绕城市信息基础设施建设、信息产业和现代服务业发展、战略型新兴产业等国家重大需求，设定了完成总体规划研究的战略目标。

4）2012年：住建部发布了《关于开展国家智慧城市试点工作的通知》。

5）2013年1月：住建部发布《关于做好国家智慧城市试点工作的通知》，公布了90个首批国家智慧城市试点名单。

6）2013年8月：科技部和国家标准委下发通知，在20座城市开展智慧城市试点示范工作。它们分别是南京、无锡、扬州、太原、阳泉、大连、哈尔滨、大庆、合肥、青岛、济南、武汉、襄阳、深圳、惠州、成都、西安、延安、杨凌示范区和克拉玛依。

7）2013年10月：住建部公布了103个第二批智慧城市试点名单。

8）2014年4月：《现代智慧城市》杂志应运而生，由新华社・现代快报社和住建部・数字城市工程研究中心出品。

9）2014年11月：发改委、工信部、科技部、公安部、财政部、国土部、住建部、交通部八部委联合印发《关于促进智慧城市健康发展的指导意见》。

10）2014年12月：国家广电新闻出版总局正式批复《现代智慧城市》杂志刊号申请，国内统一刊号：CN31-2109/GO。

11）2015年4月：住建部办公厅和科技部办公厅4月7日联合发布了第三批国家智慧城市试点，截至目前，我国的智慧城市试点达到299个。

至今，许多城市已着手研究编制智慧城市规划，有的已纳入城市总体规划、详细规划的内容。

四、智慧城市的功能

智慧城市是全方位、多系统的综合体，它的功能目标是实现城市的“五化”：公共服务便捷化、城市管理精细化、生活环境宜居化、基础设施智能化、网络安全长效化。其规划的功能体系一般包含50多个（平台）内容，详见表6-3~表6-5。

表6-3　智慧城市规划功能体系构成一览表之一——基础设施类

等级		建设平台内容
城市级	应用平台	1. 互联网 2. 城市无线网 3. 城市视频与控制网 4. 电子政务外网
	共享数据库	
	信息管理中心	
产业级	应用平台	
业务级	应用平台	

表6-4　智慧城市规划功能体系构成一览表之二——城市功能类

体系分类	建设内容
城市公共服务	1. 智慧社区服务
	2. 公共信息服务
	3. 公共卫生服务
	4. “一站式”门户
	5. 电子商务
	6. “市民卡”
城市应急指挥	1. 突发安全事件处理
	2. 疫情控制
	3. 舆情监控
	4. 重大交通事故处理
	5. 重大生产事故处理
	6. 重大聚会监控

（续）

体系分类	建设内容
城市综合管理	1. 平安城市
	2. 智慧交通
	3. 基础设施
	4. 智慧城市管理
软环境建设	1. 专业技术人才的培养
	2. 建立相关机构

表6-5　智慧城市规划功能体系构成一览表之三——城市系统类

体系分类	建设内容
城市信息化	1. 城市综合管理平台
	2. 城市应急指挥平台
	3. 城市智慧交通监管平台
	4. 城市公共安全监管平台
	5. 城市公共设施监管平台
	6. 城市基础设施监管平台
	7. 城市基础网络设施平台
	8. 城市网络安全体系
社会信息化	1. 智慧社区服务平台
	2. 城市公共服务信息平台
	3. 城市“一站式”门户
	4. 城市电子商务平台
	5. 城市公共卫生信息平台
	6. 智慧住宅区物业系统
	7. 智慧建筑信息集成系统
	8. “市民卡”工程
企业信息化	1. 企业发展计划系统
	2. 企业经济服务平台
	3. 企业客户关系系统
	4. 企业电子商务系统
	5. 企业市场管理系统
政府信息化	1. 网上电子监察
	2. 网上电子审批
	3. 办公自动化平台
	4. 移动办公系统
	5. 政府门户网站
	6. 电子政务外网系统
	7. 电子政务内网系统
	8. 电子政务安全平台

五、智慧城市的规划要点

（一）智慧城市的规划结构

智慧城市的规划建设在构建智慧城市总体框架中属于顶层地位，它与评价体系和运行管理一起，三者组成紧密的一副框架结构（图6-4）。

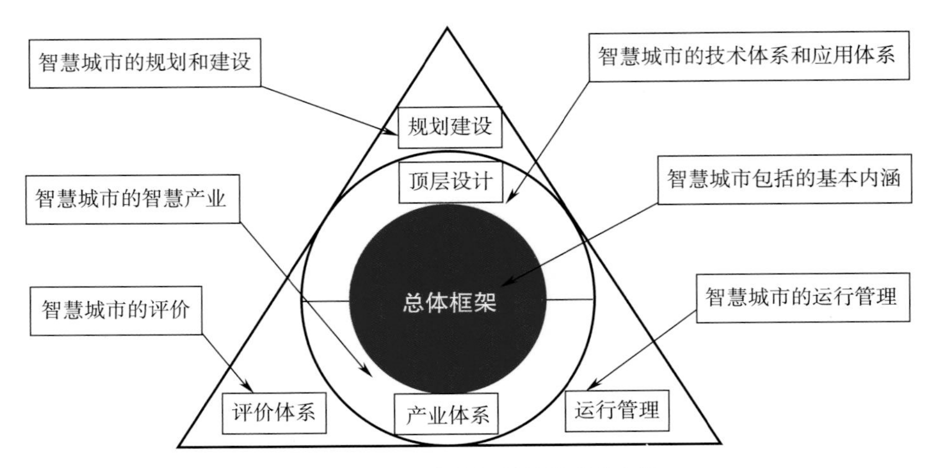

图6-4　智慧城市的规划结构总体框架

（二）智慧城市总体规划要求

智慧城市正在影响到传统的产业构成、交通组成、物流运输、公共服务及城市管理等多种功能的总体布局，目前在许多城市尚处于初创阶段，国家尚无健全的指导性法规体系可供遵循。为便于开展工作，建议可编制下列图纸：

1）智慧城市土地利用决策分析图。

2）智慧城市总体系统平台结构示意图。

3）智慧城市总体网络结构分布图。

4）智慧城市地下管网管理与应用平台图。

5）智慧城市一级平台结构图。

6）智慧城市总体软件结构图。

7）智慧城市数据资源中心结构图。

8）智慧城市机房站点布局分布方案图。

除此以外，尚应编制规划说明文本及系统工程总体概算。

以下为编制智慧城市总体规划可供参考的例图（图6-5、图6-6）。

图6-5　三维辅助规划决策系统

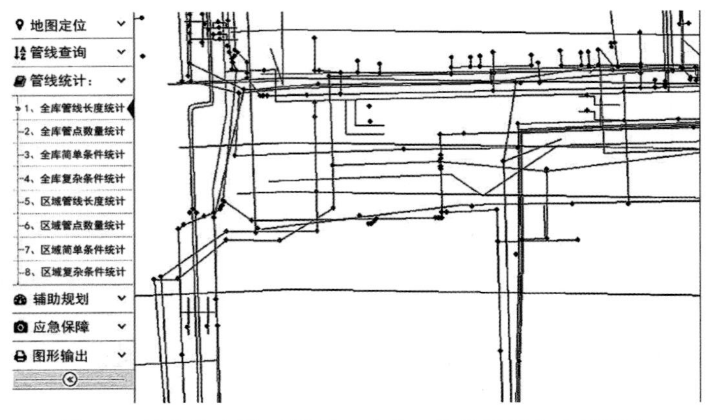

图6-6　城市综合地下管网二三维一体化管理与应用平台

（三）智慧城市的交通规划经验

1. 用信息化降低通行时间：增加实施智能接入解决方案

不少国际大都市如纽约、斯德哥尔摩、新加坡等，都有用提供智能科技设备缓解交通拥堵的成功经验，如纽约在1.2万个交通灯上安装了摄像机，用采集的数据分析控制，以此提高了道路效率，弹性地调整交通灯时长，使平均通过时间减少了12%。

2. 发展“绿波”交通

所谓“绿波”交通，就是在一系列交叉口上，安装一套具有一定周期的自动控制的联动信号，使主干道上的车流依次到达前方各交叉口时，均会遇上绿灯。这种“绿波”交通减少车辆在交叉口的停歇，提高了平均行车速度和通行能力。在单向交通的道路系统组织“绿波”交通，由于没有对向交通的约束，就比较容易实现。

早从20世纪中叶开始，在欧美一些汽车交通繁忙的城市，开始研究发展绿波式交通系统。我国近年来也有一些经济较发达的城市开始规划绿波交通，如烟台市的绿波交通设计通过图解法和数解法很好地解决了交通堵塞难题，达到了降低路口停车率，缩短路口停车延误时间的目的。

达到“绿波”的三项技术前提是：

1）交叉口的间距大致相等。

2）车流与信号灯变化的周期相适应。

3）按设定车速匀速行驶。

3. 将智能科技融入城市的整体交通

经验证明，只有成为城市综合交通的一部分，造价高昂的智能技术才能真正发挥自己的作用。智能科技还可以通过不断完善系统，以改善易堵车的局部道路状况。北京正在推进智能技术的应用可以与政策和基础设施一起发挥叠加效应，从而着手解决严重的交通拥堵问题。

第三节 数字化城市对规划工作的要求

一、“数字城市”概念

“数字城市”是在“数字地球”的背景下提出的新学科。它是对传统的实体城市及其相关体系的数字化认知和重现，是一种可以融入大量数据的、三维的表述。影响城市规划的技术主要包括网络技术、3S技术（遥感、GPS、GIS）、数字化野外测量技术、CAD技术、虚拟现实技术等。

“数字城市”的规划建设将对现实城市布局及城市生活产生巨大冲击，并必然会对城市的各行各业都带来巨大的机遇和挑战。城市规划作为城市建设和城市生活的重要组成部分，数字城市在“互联网+”引领下，对城市的规划建设将产生更为巨大的影响。

二、数字化技术在城市规划中的应用

在国外，数字化技术和城市规划相互结合的研究较为成熟和系统，并已经成为城市规划中重要的信息管理和分析工具。首先，欧洲国家城市规划最先使用GIS技术，其中英国是较早应用数字城市技术进行了发展战略和规划制定的国家之一，并已经初步建立了符合英国国情的国家层面的数字城市管理体系。根据不同部门的需求，英国的数字化城市规划管理体系已经形成了面向各种不同需求的信息管理框架。在20世纪90年代中期开始，美国地方政府的城市规划、管理业务中的GIS技术基本普及到物流、商业服务、医疗卫生、社会治安、防灾救灾等方面，数字化技术也得到了广泛应用。随着全球地理信息的快速发展，在20世纪80年代中期、90年代末期，GIS技术已经应用到我国的城市规划工作中。目前GIS技术已经广泛应用到土地利用、资源管理、环境监测、交通运输、地震灾害、医疗卫生、经济建设以及

政府部门行政管理等方面，一些部门已经将它作为分析、决策、模拟甚至预测的工具，成为协助政府科学管理、决策的重要依据。与此同时，数字化技术也越来越多地应用到城市规划领域，并从政府规划管理向教学科研及规划设计扩散。

随着城市化进程的加快，传统的城市规划手段已远不能满足城市飞速发展的需求。数字化技术将规划中的各项要素，包括它们的空间位置形状及分布特征和与之有关的社会、经济等专题信息以及这些信息之间的联系等进行获取、组织、存储、检索、分析，以解决复杂的规划和管理问题。由于GIS技术在空间数据管理与计算方面的特殊优势，将其引入城市规划进程中具有历史必然性。

三、数字化技术对城市规划的影响

（一）传统工作方式被颠覆

城市规划设计由于更广泛应用数字化技术，使规划设计师进行设计更为方便，而不影响规划人员创造力的发挥。

由于设计过程中所需的数据将数字化，其获取也变得更加方便快捷，通过采用遥感图像直接作为背景进行规划设计，由于数据库的建立，各种用地、交通、地下管线等的资料可以更加方便被获取。目前比较难以研究的诸如人口空间分布、交通流量等信息，也可以更方便地获得。

（二）加快规划工作流程

由于虚拟现实技术的发展与应用，规划设计成果因三维动态的建模，使设计成果更加形象和直观，便于交流和审批。

在规划设计和规划审批中由于规划成果的数字化，使得对各种规划成果和方案的定量分析、模拟和预测成为可能，经济可行性分析也更为方便，促进规划决策的科学化。

互联网可以促使规划设计与规划管理更紧密地结合，实现规划设计与管理的一体化，审批的结果也可以电子数据的形式迅速地反馈给规划设计部门，而规划设计部门可尽快地将设计结果以电子数据的形式提交给管理部门。

（三）规划机构面临变革

借助互联网络，各地的专家可以在家里对规划成果进行评审，由分布在各地的规划设计专家共同合作完成设计也将成为可能，并可以构建一个不受空间分布制约的虚拟规划设计事务所或合伙机构。规划成果还可以利用虚拟技术展现专家所需的各种信息（如建筑物三维动态模型），通过网络会议交流意见，甚至可以实现规划师之间的实时交流，提出自己意见和设想。

互联网还能构建成一个巨大的电子图书馆，各种城市规划研究成果将以电子出版物的形式出现，城市规划研究者将通过因特网查到各种城市规划资料，并可通过电子邮件、BBS（电子公告栏）及其他一些网络通信方式进行交流。与此同时，互联网也将形成一个覆盖面巨大的远程教育网，城市规划专业的学生可以通过网络、利用多媒体技术学习城市规划的知识和实践。

四、城市空间组成的数字化变革

非互联网理念下的规划模式，未来会造成城市空间和资源的浪费，阻碍城市发展。全新的网络化城市将会使其空间组成产生哪些变革呢?

（一）城市综合体为中心的模式将紧缩

传统的城市规划一般都热衷设置以集商业、酒店、办公等为一体的城市综合体为中心，并向周围辐射，以带动周边街区配套发展。而现在由于网络的飞速发展，随着互联网4G时代的到来，实现了信息共享和协同合作，诸如移动商务、城市活动预约及居家购物等已经打破了时间与空间局限，改变了传统的运作模式。因此，传统的城市规划已经不能适应如今的互联网时代，非互联网理念下的规划模式，必将造成城市空间的浪费，进而阻碍城市的可持续发展。

（二）某些项目的定额指标将调整

1. 办公楼

随着互联网的飞速发展，互联网时代下的办公模式已然改变，网络办公软件产生的多方视频会议已经完全可以取代传统的办公模式，尤其移动4G的发展，办公更是变得随时随地，跨地域办公已成为现实。由此，全新一代的网络化办公模式的产生必将导致办公楼市场的颠覆，互联网技术可以实现弹性的远程办公，使得有时晚上或者周末办公楼仅有几间在正常上班，浪费了大量的空间资源。随着网络时代的到来，办公已经不需要大家集中在同一个地方，那么，办公楼的需求量将会不断减少，既然未来的办公楼就不必建那么多了，未来城市规划还有没有必要继续增加办公地产的开发建设，值得规划决策工作者进一步研究探索。

2. 商业设施

城市商业服务设施正面对互联网的强烈冲击。从城市规划角度考虑，一个城市商业中心（mall）的建设一般需要大约10万人次的流量来支撑运营，如今，实体商业的业态也因互联网的普及而遭受了前所未有的巨大冲击，正日渐一日地面临将被变革而颠覆的命运。现今诸如一般的百货商场及国美、大中等专卖店，其转型升级已经变成社会极为关注焦虑的问题。网上购物的营业额已经超过实体店，传统商场的转型已迫在眉睫，有些业内专家提出建议，实体店是商业文化和城市商业活动的重要体现，更是城市文化的重要组成部分，必需保存并适度重组。可以按“综合体”方式多方面地满足客户体验式的消费需求，譬如在一层、二层可以为主力店，三层或以上融入餐饮、娱乐、电影院和主题电动商城，乃至附设培训中心、儿童或成人教育中心等（如“大悦城”一类的商业综合体）。这样以“逛式”联动取代单一消费为主的商业活动模式，并可以将城市商业综合体与城市公共交通及轨道交通实行一体化的规划设计，有序而高效地引导大量的流动人群，从而盘活商机。因此，商业娱乐文化教育的综合体将会渐成主流。

3. 物流设施

随着“网购”的普遍受欢迎，消费者可以随时随地，比价购物，优惠而快速、便捷地购置到自己所需的产品，送货上门成为时尚业态。快递配送业因之获得迅猛发展的机遇，淘宝、京东、58同城、当当、微信商城等移动电子商务平台正在迅速颠覆传统的消费模式，规划中为物流快递提供的空间，已成为必需。

4. 通信设施

数字化城市应充分考虑到互联网的设置及宽带网络平台必需占用一定的空间，其硬件设施的配套定额和布局，应该充实到城市规划定额体系中，并对其合理布局做出可操作的具体规定。

5. 交通设施

数字化城市的运营必将影响到城市道路交通组织，其路网的变革必然会调整。具体规定应由相应的部门深入研究探求。

参考文献

[1] 沈玉麟.外国城市建设史[M].北京：中国建筑工业出版社，1989.

[2] 王军. 城记[M].上海：生活·读书·新知三联书店，2004.

[3] 董鉴泓. 中国城市建设史[M].3版. 北京：中国建筑工业出版社，2004.

[4] 朱祖希，朱耀廷. 营国匠意[M].北京：中华书局，2007.

[5] 国土资源部，等. 全国土地利用总体规划纲要（2006—2020年）[M].北京：中国法制出版社，2008.

[6] 中国城市规划设计研究院. GB 50357—2005 历史文化名城保护规划规范[S].北京：中国建筑工业出版社，2005.

[7] 王旭科，赵黎明. 旅游区规划的城市化问题及其对策研究[J].人文地理，2007（6）：94-97.

[8] 陈占祥. 马丘比丘宪章[J].国外城市规划，1979（00）.

[9] 赵耕，等.交通规划思路要以人为本[N].北京日报，2010-4-9.

[10] 石晓冬. 潜在而丰富的城市空间资源——北京城市地下空间的开发利用[J].北京规划建设，2003（02）：23-25.

[11] 金磊. 走出生态城市建设误区[N].城市导报，2004-6-3.

[12] 余俊杰.可持续发展的城市规划—生态城市规划[J/OL].第一园林，[2012-12-13].http：//www.yuanlin1.com/news/lunwen/201212139512195074.html.

[13] 张彩虹，董岩. 建设生态化可持续发展的中国城市[J].城市开发，2002（5）：29-32.

[14] 唐晓岚. 生态型城市与循环型城市的建设[J].科技与经济，2004，15（1）：38-40.

[15] 曹凤中. 实现从工业文明到生态文明观的跨越[J].陕西环境，2004（04）：1-2.

[16] 俞孔坚，李迪华，等. 中国科协2002年学术年会第22分会场论文集[C].2002.

[17] 单霁翔. 20世纪遗产保护的理念与实践（二）[J].建筑创作，2008（7）.

[18] 王军. 采访本上的城市[M].上海：生活·读书·新知三联书店，2008.

[19] 中国城市科学研究会. 宜居城市科学评价标准[S].北京：建设部科技司，2007.

[20] 中国城市规划设计研究院. GB 50137—2011 城市用地分类与规划建设用地标准[S].北京：中国计划出版社，2012.

[21] 马红杰. “智慧规划”助力北京城市建设[J].北京规划建设，2015（2）.

[22] 广东省城乡规划设计研究院. 城市规划资料集：第二分册[M].北京：中国建筑工业出版社，2004.

[23] 李定平，柳展辉. “数字城市”理念及技术在现代城市规划中的应用——以长沙为例[J].中外建筑，2004（3）：50-52.

[24] 杨艳静，王林. 浅析GIS技术在城市规划中的应用[J].科技创新与应用，2014（11）：6-7.

[25] 茅明睿. 大数据时代的规划变革[J] 北京规划建设，2015（2）.